名校名师精品系列教材

Linux Systems
Administration

U0265047

Linux

系统管理项目教程

RHEL 8/CentOS 8 | 微课版

杨云 吴敏 郑丛 ◉ 主编

薛立强 孙庆利 姜猛 ◉ 副主编

人民邮电出版社

北 京

图书在版编目（CIP）数据

Linux系统管理项目教程：RHEL 8/ CentOS 8：微课版 / 杨云，吴敏，郑丛主编. -- 北京：人民邮电出版社，2022.8
名校名师精品系列教材
ISBN 978-7-115-52837-7

Ⅰ. ①L… Ⅱ. ①杨… ②吴… ③郑… Ⅲ. ①Linux操作系统—教材 Ⅳ. ①TP316.85

中国版本图书馆CIP数据核字(2021)第267993号

内 容 提 要

本书部分对接"全国职业技能大赛"和"世界技能大赛"，符合"三教"改革精神。本书是国家精品课程、国家级精品资源共享课和浙江省精品在线开放课程"Linux 网络操作系统"的配套教材，是基于"项目驱动、任务导向"的"双元"模式的纸质教材+电子活页的项目化零基础教程。

本书以 RHEL 8/CentOS 8 为平台，分为 7 个学习情境，分别为系统安装与常用命令、系统管理与配置、shell 编程与调试、网络配置与安全管理、服务器配置与管理（电子活页）、系统安全与故障排除（电子活页）、拓展与提高（电子活页）。全书共 11 个教学项目，分别为安装与配置 Linux 操作系统、Linux 常用命令与 vim、管理 Linux 服务器的用户和组、配置与管理文件系统、配置与管理硬盘、配置网络和使用 SSH 服务、shell 基础、学习 shell script、使用 gcc 和 make 调试程序、配置与管理防火墙和 SELinux 以及配置与管理代理服务器。此外，还有 24 个拓展项目（电子活页）。项目配有"项目实训"等结合实践应用的内容，源自大量的企业应用实例，配以知识点微课和项目实训慕课，使"教、学、做"融为一体，实现理论与实践的统一。

本书可作为高职高专院校计算机网络技术、大数据技术、云计算技术与应用、计算机应用技术、软件技术等专业的教材，也可作为 Linux 系统管理和网络管理人员的自学用书。

◆ 主　编　杨　云　吴　敏　郑　丛
　　副 主 编　薛立强　孙庆利　姜　猛
　　责任编辑　马小霞
　　责任印制　王　郁　焦志炜
◆ 人民邮电出版社出版发行　　北京市丰台区成寿寺路 11 号
　　邮编　100164　　电子邮件　315@ptpress.com.cn
　　网址　https://www.ptpress.com.cn
　　北京市艺辉印刷有限公司印刷
◆ 开本：787×1092　1/16
　　印张：15　　　　　　　　　　2022 年 8 月第 1 版
　　字数：382 千字　　　　　　　2024 年 7 月北京第 5 次印刷

定价：49.80 元

读者服务热线：(010)81055256　印装质量热线：(010)81055316
反盗版热线：(010)81055315
广告经营许可证：京东市监广登字 20170147 号

前言 PREFACE

1. 编写背景

党的二十大报告指出"科技是第一生产力、人才是第一资源、创新是第一动力"。大国工匠和高技能人才作为人才强国战略的重要组成部分，在现代化国家建设中起着重要作用。高等职业教育肩负着培养大国工匠和高技能人才的使命，近几年得到了迅速发展和普及。

云计算技术、人工智能技术、大数据技术等专业直接服务于国家战略性新兴产业，而 Linux 系统管理是这些专业的平台课程。伴随着新兴专业的快速发展，以及"三教"改革的要求，编写一本"易教易学""项目导向、任务驱动"的"双元"模式教材是非常有必要的。

2. 本书特点

本书为教师和学生提供一站式课程解决方案和立体化教学资源，助力"易教易学"，同时部分对接"全国职业技能大赛"和"世界技能大赛"。本书特点如下。

（1）落实立德树人根本任务。

本书精心设计，在专业内容的讲解中融入科学精神和爱国情怀，通过介绍我国计算机领域的重要事件和人物，弘扬精益求精的专业精神、职业精神和工匠精神，培养学生的创新意识，激发学生的爱国热情。

（2）在形式上，本书采用"纸质教材+电子活页"的形式。

本书采用知识点微课和项目实训慕课的形式辅助教学，增加丰富的数字资源。电子活页包括"服务器配置与管理""系统安全与故障排除""拓展与提高"3 个学习情境（24 个项目实录的视频）。纸质教材和电子活页以项目为载体，以工作过程为导向，以职业素养和职业能力培养为重点，按照技术应用从易到难，教学内容从简单到复杂、从局部到整体的原则归纳教材内容。

（3）国家精品课程和国家级精品资源共享课配套教材。

本书相关教学视频和实训视频全部放在爱课程网站以供读者下载学习和在线收看。本书用到的PPT 课件、电子教案、实践教学、授课计划、课程标准、题库、论坛、学习指南、习题解答、补充材料等内容，也都放在了爱课程网站上。国家级精品资源共享课"Linux 网络操作系统"的网址为http://www.icourses.cn/sCourse/course_2843.html。

（4）提供"教、学、做、导、考"一站式课程解决方案。

本书是浙江省精品在线开放课程 Linux 网络操作系统的配套教材，教学资源建设获省级教学成果二等奖。本书提供"微课+3A 学习平台+共享课程+资源库"四位一体教学平台，配有知识点微课和项目实训慕课，国家级精品资源共享课建有开放共享型资源 1321 条，为院校提供"教、学、做、导、考"一站式课程解决方案。

（5）产教融合、书证融通、课证融通，校企"双元"合作，开发"理实一体"教材。

本书内容对接职业标准和岗位需求，以企业"真实工程项目"为素材进行项目设计及实施，将教学内容与 Linux 资格认证相融合，由业界专家拍摄项目视频，书证融通、课证融通。

（6）符合"三教"改革精神，创新教材形态。

本书将教材、课堂、教学资源、LEEPEE 教学法四者融合，实现线上线下有机结合，为"翻转课堂"和"混合课堂"改革奠定基础。除纸质教材外，本书还提供丰富的数字资源，包含视频、音频、作业、试卷、拓展资源、讨论、扩展的项目实录等，力争实现纸质教材三年修订、电子活页随时增减和修订的目标。

3．配套的教学资源

（1）知识点微课（11 个）、项目实训慕课（31 个）。全部的知识点微课和全套的项目实训慕课都可扫描书中二维码观看。

（2）课件、教案、授课计划、项目指导书、课程标准、拓展提升、任务单、实训指导书等，以及可供参考的服务器的配置文件。

（3）大赛试题（试卷 A、试卷 B）及答案、本书习题及答案。

4．教材姊妹篇

本书是《网络服务器搭建、配置与管理——Linux（RHEL 8/CentOS 8）（微课版）（第 4 版）》（人民邮电出版社出版，杨云等编著）、《Linux 网络操作系统项目教程（微课版）（第 4 版）（RHEL 8/CentOS 8）》（人民邮电出版社出版，杨云等主编）的姊妹篇。

这 3 本书的成功出版将为高职高专院校开设 Linux 相关课程提供更灵活和方便的选择。根据教学要求、教学重点和学生层次的不同，可以选用任意一本教材。当然，如果时间允许，可以同时选用两本教材（两学期连上），学生将能得到更大的收获。

本书由杨云、吴敏、郑丛任主编，薛立强、孙庆利、姜猛任副主编。特别感谢浪潮集团有限公司、山东鹏森信息科技有限公司提供了教学案例，感谢付强、左安顺、董爱民等老师，以及 Linux 教师群里 2500 多位教师的帮助和支持。订购教材后可以向编者获取全套备课包，编者 QQ 号为 68433059。欢迎加入"计算机研讨&资源共享"教师 QQ 群，号码为 414901724。

编　者

2023 年 5 月于泉城

目录 CONTENTS

学习情境一

系统安装与常用命令

合抱之木，生于毫末；九层之台，起于累土；千里之行，始于足下。

——《道德经》

项目1
安装与配置Linux操作系统

项目导入

　　某高校组建校园网，需要部署具有 Web、FTP、DNS、DHCP、Samba、VPN 等功能的服务器来为校园网用户提供服务，现需要选择一种既安全又易于管理的网络操作系统。Linux 由于开源、稳定的性能越来越受用户的欢迎，本书的核心内容是 Red Hat Enterprise Linux 8（RHEL 8）操作系统的安装、配置与使用。本项目主要介绍安装与配置 RHEL 8 的相关知识和基本技能。通过对本项目的学习，希望学生达到以下职业能力目标和要求。

职业能力目标和要求

- 理解 Linux 操作系统的体系结构。
- 掌握搭建 RHEL 8 服务器的方法。
- 掌握登录、退出 Linux 服务器的方法。

- 掌握重置 root 管理员密码的方法。
- 掌握 yum 软件仓库的使用方法。
- 掌握启动和退出系统的方法。

素养提示

- 了解核高基和国产操作系统，理解自主可控于我国的重大意义，激发学生的爱国情怀和学习动力。

- 明确操作系统在新一代信息技术中的重要地位，激发科技报国的家国情怀和使命担当。

///// 1.1 项目知识准备

　　Linux 操作系统是一款类似于 UNIX 的操作系统。Linux 操作系统是 UNIX 在计算机上的完整实现，它的标志是一个名为 Tux 的可爱的小企鹅形象，如图 1-1 所示。UNIX 操作系统是 1969 年由肯尼思·莱恩·汤普森（Kenneth Lane Thompson）和丹尼斯·里奇（Dennis Ritchie）在美国贝尔实验室开发的一款操作系统。由于具有良好且稳定

图 1-1　Linux 的标志 Tux

的性能，该操作系统迅速在计算机中得到广泛应用，在随后的几十年中又不断地被改进。

1.1.1 Linux 操作系统的历史

1990 年，芬兰人莱纳斯·贝内迪克特·托瓦尔兹（Linus Benedict Torvalds）（以下简称莱纳斯）接触了为教学而设计的 Minix 系统后，开始着手研究编写一个开放的、与 Minix 系统兼容的操作系统。1991 年 10 月 5 日，莱纳斯在芬兰赫尔辛基大学的一台文件传送协议（File Transfer Protocol，FTP）服务器上发布了一个消息，这标志着 Linux 操作系统的诞生。莱纳斯公布了 Linux 的第一个内核 0.02 版本。开始，莱纳斯的兴趣在于了解操作系统的运行原理，因此 Linux 早期的版本并没有考虑最终用户的使用，只是提供了核心的框架，使得 Linux 开发人员可以享受编制内核的乐趣，但这样也保证了 Linux 操作系统内核的强大与稳定。互联网（Internet）的兴起使得 Linux 操作系统也十分迅速地发展，很快就有许多程序员加入 Linux 操作系统的编写行列。

1-1 微课

自由开源的 Linux
操作系统

随着编程行列的扩大和完整的操作系统基础软件的出现，Linux 开发人员意识到 Linux 已经逐渐变成一个成熟的操作系统。1994 年 3 月，内核 1.0 版本的推出标志着 Linux 的第一个正式版本诞生。

1.1.2 Linux 的版权问题及特点

1. Linux 的版权问题

Linux 是基于 Copyleft（无版权）的软件模式进行发布的。Copyleft 是与 Copyright（版权所有）相对立的新名称，它是 GNU 项目制定的通用公共许可证（General Public License，GPL）。GNU 项目是由理查德·斯托尔曼（Richard Stallman）于 1984 年提出的。他建立了自由软件基金会（Free Software Foundation，FSF），并提出 GNU 项目的目的是开发一款完全自由的、与 UNIX 类似但功能更强大的操作系统，以便为所有的计算机用户提供功能齐全、性能良好的基本系统。GNU 的标志（角马）如图 1-2 所示。

图 1-2 GNU 的
标志（角马）

> **小资料** GNU 使用了有趣的递归缩写，它是 "GNU's Not UNIX" 的缩写形式。由于递归缩写是一种在全称中递归引用它自身的缩写，因此无法精确地解释出它的真正全称。

2. Linux 操作系统的特点

Linux 操作系统作为自由、开放的操作系统，其发展势不可当。它拥有高效、安全、稳定、支持多种硬件平台、用户界面友好、网络功能强大，以及支持多任务、多用户等特点。

1.1.3 理解 Linux 的体系结构

1-2 拓展阅读

Linux 系统的
特点

Linux 一般由 3 个部分组成：内核（kernel）、命令解释层（shell 或其他操作环境）、实用工具。

1. 内核

内核是系统的"心脏"，是运行程序、管理磁盘及打印机等硬件设备的核心程序。命令解释层向用户提供一个操作界面，从用户那里接收命令，并把命令送入内核执行。由于内核提供的都是操作系统最基本的功能，因此如果内核出现问题，整个操作系统就可能会崩溃。

2. 命令解释层

命令解释层在操作系统内核与用户之间提供操作界面，可以称其为解释器。操作系统对用户输入的命令进行解释，再将其发送到内核。Linux 存在几种操作环境，分别是桌面（desktop）、窗口管理器（window manager）和命令行 shell（command line shell）。Linux 操作系统中的每个用户都可以拥有自己的用户界面，即根据自己的需求进行定制。

shell 是系统的用户界面，提供用户与内核进行交互操作的接口。它接收用户输入的命令，并且将命令送入内核执行。

shell 也是一个命令解释器，解释由用户输入的命令，并把命令送入内核。不仅如此，shell 还有自己的编程语言，可用于命令的编辑，它允许用户编写由 shell 命令组成的程序。shell 编程语言具有普通编程语言的很多特点，如循环结构和分支控制结构等。用 shell 编程语言编写的 shell 程序与用其他编程语言编写的应用程序具有相似的效果。

3. 实用工具

标准的 Linux 操作系统有一套叫作实用工具的程序，它们是专门的程序，如编辑器、过滤器等。用户也可以使用自己的工具。

实用工具可分为以下 3 类。

- 编辑器：用于编辑文件。
- 过滤器：用于接收数据并过滤数据。
- 交互程序：允许用户发送信息或接收来自其他用户的信息。

1.1.4 Linux 的版本

Linux 的版本分为内核版本和发行版本两种。

1. 内核版本

内核是系统的"心脏"，是运行程序、管理磁盘及打印机等硬件设备的核心程序，它提供了一个在裸设备与应用程序间的抽象层。例如，程序本身不需要了解用户的主板芯片集或磁盘控制器的细节，就能在高层次上读/写磁盘。

内核的开发和规范一直由莱纳斯领导的开发小组负责，版本也是唯一的。开发小组每隔一段时间公布新的版本或其修订版，从 1991 年 10 月莱纳斯向世界公开发布的内核 0.0.2 版本（0.0.1 版本功能相当"简陋"，所以没有公开发布）开始，到本书完稿前最新的是内核 5.10.12 版本，Linux 的功能越来越强大。

Linux 内核的版本号命名是有一定规则的，版本号的格式通常为"主版本号.次版本号.修正号"。主版本号和次版本号表示重要的功能变更，修正号表示较小的功能变更。以 2.6.12 为例，2 代表主版本号，6 代表次版本号，12 代表修正号。读者可以到 Linux 内核官方网站下载最新的内核代码，如图 1-3 所示。

2. 发行版本

仅有内核而没有应用软件的操作系统是无法使用的，所以一些公司或社团将内核、源码及相关的应用软件组织构成完整的操作系统，让一般的用户可以简便地安装和使用 Linux，这就是所谓的发行版本（distribution）。一般谈论的 Linux 操作系统便是针对这些发行版本的。目前各种发行版本超过 300 种，它们的版本号各不相同，使用的内核版本号也可能不一样。现在流行的 Linux 操作系统套件有 RHEL、CentOS、Fedora、OpenSUSE、Debian、Ubuntu 等。

图 1-3　Linux 内核官方网站

1-3　拓展阅读

Linux 发行版本

本书是基于 RHEL 8 编写的，书中内容及实训完全通用于 CentOS、Fedora 等系统。也就是说，当读者学完本书后，即便生产环境中部署的是 CentOS，读者也照样会使用。更重要的是，本书配套资料中的 ISO 映像文件与红帽认证系统管理员（Red Hat Certified System Administrator，RHCSA）及红帽认证工程师（Red Hat Certified Engineer，RHCE）考试内容基本保持一致，因此也适合备考红帽认证的考生使用（加入 QQ 群 414901724 可随时获取备课包、ISO 映像文件及其他资料，后面不再说明）。

1.1.5　RHEL 8

作为面向云环境和企业 IT 的强大企业级 Linux 操作系统，RHEL 8 于 2019 年 5 月 8 日发布。在 RHEL 7 系列发布约 5 年之后，RHEL 8 在优化诸多核心组件的同时引入了诸多强大的新功能，支持多种工作负载，从而可以让用户轻松驾驭各种环境。

RHEL 8 为"混合云时代"的到来引入了大量新功能，包括用于配置、管理和修复 RHEL 8 的 Red Hat Smart Management 扩展程序，以及包含快速迁移框架、编程语言和诸多开发者工具在内的 Application Streams。

RHEL 8 同时对管理员和管理区域进行了改善，让系统管理员、Windows 管理员更容易访问。此外，通过 Red Hat Enterprise Linux System Roles，Linux 初学者可以更快地自动化执行复杂任务，以及通过 RHEL Web 控制台管理和监控 RHEL 的运行状况。

在安全方面，RHEL 8 内置了对 OpenSSL 1.1.1 和 TLS 1.3 加密标准的支持。它还为红帽容器工具包提供了全面的支持，用于创建、运行和共享容器化应用程序，改进了对高级精简指令集机器（Advanced RISC Machine，ARM）和 POWER 架构、系统应用和产品（System Applications and products，SAP）解决方案和实时应用程序，以及红帽混合云基础架构的支持。

1.2　项目设计与准备

中小型企业在选择网络操作系统时，首选企业版 Linux 网络操作系统。一是考虑到其开源的优势，二是考虑到其安全性较高。

要想成功安装 Linux，首先必须对硬件的基本要求、多重引导、磁盘分区和安装方式等进行充分准备，并获取发行版本，查看硬件是否兼容，再选择适合的安装方式。只有做好这些准备工作，Linux 安装之旅才会一帆风顺。

1.2.1 项目设计

本项目需要的设备和软件如下。
- 一台安装了 Windows 10 操作系统的计算机，名称为 Win10-1，IP 地址为 192.168.10.31/24。
- 一套 RHEL 8 的 ISO 映像文件。
- 一套 VMware Workstation 15.5 Pro 软件。

> **特别说明** 原则上，本书中 RHEL 8 服务器可使用的 IP 地址范围是 192.168.10.1/24～192.168.10.10/24，Linux 客户端可使用的 IP 地址范围是 192.168.10.20/24～192.168.10.30/24，Windows 客户端可使用的 IP 地址范围是 192.168.10.30/24～192.168.10.50/24。

本项目借助虚拟机软件完成如下 3 项任务。
- 安装 VMware Workstation。
- 安装 RHEL 8 第一台虚拟机，名称为 Server01。
- 完成对 Server01 的基本配置。

1.2.2 项目准备

RHEL 8 支持目前绝大多数主流的硬件设备，不过由于硬件配置、规格更新速度极快，若想知道自己的硬件设备是否被 RHEL 8 支持，则最好访问硬件认证网页，查看哪些硬件通过了 RHEL 8 的认证。

1-4 拓展阅读

多重引导

1. 多重引导

Linux 和 Windows 的多重引导（多系统引导）有多种实现方式，常用的有 3 种。

在这 3 种实现方式中，目前用户使用最多的是通过 Linux 的 GRUB（Grand Unified Boot Loader）或者 LILO（Linux Loader）实现 Windows、Linux 多重引导。

2. 安装方式

任何硬盘在使用前都要进行分区。硬盘的分区有两种类型：主分区和扩展分区。RHEL 8 提供了多达 4 种安装方式，可以从 CD-ROM/DVD 启动安装、从硬盘安装、从网络文件系统（Network File System，NFS）服务器安装和从 FTP/超文本传送协议（Hypertext Transfer Protocol，HTTP）服务器安装。

3. 规划分区

在启动 RHEL 8 安装程序前，需根据实际情况的不同，准备 RHEL 8 DVD 安装映像，同时要进行分区规划。

对于初次接触 Linux 的用户来说，分区方案越简单越好，较好的方案是为 Linux 准备 3 个分区，即用户保存系统和数据的根分区（/）、启动分区（/boot）和交换分区（swap）。其中，交换分区不用太大，与物理内存大小相同即可；启动分区用于保存系统启动时所需的文件，一般 500MB 就够了；根分区大小则需要根据 Linux 操作系统安装后占用资源的大小和所需保存数据的多少来调整（一般情况下，15GB～20GB 就足够了）。

> **特别注意** 如果选择的固件类型为统一可扩展固件接口（Unified Extensible Firmware Interface，UEFI），则 Linux 操作系统必须至少建立 4 个分区：根分区、启动分区、可扩展固件接口（Extensible Firmware Interface，EFI）启动分区（/boot/efi）和交换分区。

当然，对于 Linux "熟手"，或者要安装服务器的管理员来说，这种分区方案就不太适合了。此时，他们一般会再创建/usr 分区，操作系统基本都在这个分区中；/home 分区，所有的用户信息都在这个分区中；/var 分区，服务器的登录文件、邮件、Web 服务器的数据文件都放在这个分区中。Linux 服务器的常见分区方案如图 1-4 所示。

图 1-4　Linux 服务器的常见分区方案

1-5　课堂慕课

安装与基本配置 Linux 操作系统

下面，通过 RHEL 8 来启动计算机，并逐步安装程序。

1.3　项目实施

任务 1-1　安装与配置虚拟机

（1）成功安装 VMware Workstation 后的界面如图 1-5 所示。

图 1-5　VMware Workstation 的界面

（2）在图 1-5 所示的界面中，单击"创建新的虚拟机"，在弹出的"新建虚拟机向导"对话框中选中"典型"单选按钮，然后单击"下一步"按钮，如图 1-6 所示。

（3）在"安装客户机操作系统"界面中选中"稍后安装操作系统"单选按钮，然后单击"下一步"按钮，如图 1-7 所示。

图 1-6 "新建虚拟机向导"对话框

图 1-7 "安装客户机操作系统"界面

> **注意** 一定要选中"**稍后安装操作系统**"单选按钮。如果选中"**安装程序光盘映像文件**"单选按钮，并把下载好的 RHEL 8 的映像选中，则虚拟机会通过默认的安装策略部署最精简的 Linux 操作系统，而不会再询问安装设置的选项。

（4）在图 1-8 所示的界面中，选择"客户机操作系统"的类型为"Linux"，"版本"为"Red Hat Enterprise Linux 8 64 位"，然后单击"下一步"按钮。

（5）在"命名虚拟机"界面输入虚拟机名称，单击"浏览"按钮，选择安装位置，然后单击"下一步"按钮，如图 1-9 所示。

图 1-8 "选择客户机操作系统"界面

图 1-9 "命名虚拟机"界面

（6）在"指定磁盘容量"界面将虚拟机的"最大磁盘大小"设置为 100GB（默认为 20GB），然后单击"下一步"按钮，如图 1-10 所示。

（7）在"已准备好创建虚拟机"界面单击"自定义硬件"按钮，然后单击"完成"按钮，如

图 1-11 所示。

（8）在图 1-12 所示的"硬件"对话框中单击"内存"，将虚拟机的内存可用量设置为 2GB（最低应不低于 1GB）。单击"处理器"，根据宿主机的性能设置处理器数量以及每个处理器的内核数量，并开启虚拟化功能，如图 1-13 所示。

图 1-10 "指定磁盘容量"界面

图 1-11 "已准备好创建虚拟机"界面

图 1-12 设置虚拟机的内存可用量

图 1-13 设置虚拟机的处理器参数

（9）单击"新 CD/DVD（SATA）"，此时应在"使用 ISO 映像文件"中选择下载好的 RHEL 系统映像文件，如图 1-14 所示。

（10）单击"网络适配器"，选中"仅主机模式"单选按钮，如图 1-15 所示。虚拟机软件为用户提供了 3 种可选的网络模式，分别为桥接模式、NAT 模式与仅主机模式。

- **桥接模式**：相当于在物理主机与虚拟机网卡之间架设了一座"桥梁"，从而可以通过物理主机的网卡访问外网。在实际使用中，桥接模式虚拟机网卡对应的网卡为 VMnet0。
- **NAT 模式**：让虚拟机的网络服务发挥路由器的作用，使得通过虚拟机软件模拟的主机可以通过物理主机访问外网。在实际使用中，NAT 模式虚拟机网卡对应的网卡是 VMnet8。
- **仅主机模式**：仅让虚拟机内的主机与物理主机通信，不能访问外网。在实际使用中，仅主机模式虚拟机网卡对应的网卡是 VMnet1。

图 1-14　设置虚拟机的光驱设备　　　　　　　　图 1-15　设置虚拟机的网络适配器

（11）分别选中"USB 控制器""声卡""打印机"等条目，并单击"移除"按钮，将不需要的设备分别移除。移除声卡后可以避免在输入错误时发出提示声音，确保自己在今后实践中的思绪不被打断。单击"关闭"→"完成"按钮。

（12）右击新建的虚拟机，在弹出的快捷菜单中选择"设置"命令，在打开的"虚拟机设置"对话框中单击"选项"标签，再单击"高级"，根据实际情况选择固件类型，如图 1-16 所示。

图 1-16　"虚拟机设置"对话框

（13）单击"确定"按钮，顺利完成虚拟机的配置。当看到图 1-17 所示的界面时，说明虚拟机已经配置成功了。

图 1-17　虚拟机配置成功的界面

任务 1-2　安装 RHEL 8

安装 RHEL 8 时，计算机的中央处理器（Central Processing Unit，CPU）需要支持虚拟化技术（Virtualization Technology，VT）。VT 指的是让单台计算机分割出多个独立资源区，并让每个资源区按照需要模拟系统的一项技术，其本质就是通过中间层实现系统资源的管理和再分配，让系统资源的利用率最大化。如果开启虚拟机后依然提示"CPU 不支持 VT"等报错信息，则重启计算机并进入 BIOS，把 VT 功能开启即可。

（1）在虚拟机管理界面中单击"开启此虚拟机"后数秒就可看到 RHEL 8 安装界面，如图 1-18 所示。在界面中，"Test this media & install Red Hat Enterprise Linux 8.2"和"Troubleshooting"的作用分别是校验光盘完整性后再安装和启动救援模式。此时通过方向键选择"Install Red Hat Enterprise Linux 8.2"选项来安装 Linux 操作系统。

（2）按"Enter"键，开始加载安装映像，所需时间一般为 30~60s，请耐心等待。选择系统的安装语言（简体中文）后单击"继续"按钮，如图 1-19 所示。

（3）在图 1-20 所示的"安装信息摘要"界面，"软件选择"保留系统默认值，不必更改。RHEL 8 的软件选择界面可以根据用户的需求调整系统的基本环境，例如，把 Linux 操作系统作为基础服务器、文件服务器、Web 服务器或工作站等。RHEL 8 已默认选中"带 GUI 的服务器"单选按钮（如果不选中此单选按钮，则无法进入图形界面），可以不做任何更改。在图 1-20 所示的界面中直接单击"软件选择"按钮，显示图 1-21 所示的界面。

图 1-18　RHEL 8 安装界面

图 1-19　选择系统的安装语言

图 1-20　"安装信息摘要"界面

图 1-21　"软件选择"界面

（4）单击"完成"按钮返回"安装信息摘要"界面，单击"网络和主机名"，在打开的界面中将"主机名"设置为 Server01，将以太网的连接状态改为"打开"，然后单击左上角的"完成"按钮，如图 1-22 所示。

（5）返回"安装信息摘要"界面，单击"时间和日期"，在打开的界面中设置时区为"亚洲/上海"，单击"完成"按钮。

（6）返回"安装信息摘要"界面，单击"安装目的地"，在打开的"安装目标位置"界面中选中"自定义"单选按钮，然后单击左上角的"完成"按钮，如图 1-23 所示。

图 1-22　配置网络和主机名

图 1-23　"安装目标位置"界面

（7）开始配置分区。磁盘分区允许用户将一个磁盘划分成几个单独的部分，每一部分都有自己的盘符。在分区之前，首先规划分区，以 100GB 硬盘为例，做如下规划。

- 启动分区大小为 500MB。
- EFI 启动分区大小为 500MB。
- 根分区大小为 10GB。
- /home 分区大小为 8GB。
- 交换分区大小为 4GB。
- /usr 分区大小为 8GB。
- /var 分区大小为 8GB。
- /tmp 分区大小为 1GB。
- 预留 60GB 左右。

下面进行具体分区操作。

① 创建启动分区。在"新挂载点将使用以下分区方案"下拉列表框中选择"标准分区"。单击"+"按钮，在"挂载点"下拉列表选择挂载点为"/boot"（**也可以直接输入挂载点**），将"期望容量"设置为 500M，然后单击"添加挂载点"按钮，如图 1-24 所示。在图 1-25 所示的界面中设置**文件系统**，默认文件系统为"xfs"。

图 1-24　添加"/boot"挂载点

图 1-25　设置"/boot"挂载点的文件系统

注意　① "设备类型"一定要选中"标准分区"，以保证/home 为独立分区，为后面的配额实训做必要准备。

② 单击图 1-25 所示的"–"按钮，可以删除选中的分区。

② 创建交换分区。单击"+"按钮，创建交换分区。在"文件系统"中选择"swap"选项，大小一般设置为物理内存的两倍即可。例如，计算机物理内存大小为 2GB，那么设置的交换分区大小为 4GB。

说明　什么是交换分区？简单地说，交换分区就是虚拟内存分区，它类似于 Windows 的 PageFile.sys 页面交换文件。就是当计算机的物理内存不够时，利用硬盘上的指定空间作为"后备军"来动态扩充内存的大小。

③ 创建 EFI 启动分区。用与上面类似的方法创建 EFI 启动分区，大小为 500MB。

④ 创建根分区。用与上面类似的方法创建根分区，大小为 10GB。

⑤ 用与上面类似的方法创建/home 分区（大小为 8GB）、/usr 分区（大小为 8GB）、/var 分区（大小为 8GB）、/tmp 分区（大小为 1GB）。"文件系统"全部设置为"xfs"，"设备类型"全部设置为"标准分区"。设置完成后如图 1-26 所示。

特别注意 ① 不可与根分区分开的目录是/dev、/etc、/sbin、/bin 和/lib。系统启动时，内核只载入一个分区，那就是根分区，内核启动时要加载/dev、/etc、/sbin、/bin 和/lib 这 5 个目录的程序，所以以上几个目录必须和根分区在一起。

② 最好独立分区的目录是/home、/usr、/var 和/tmp。出于安全和管理方便的目的，最好将以上 4 个目录独立出来。例如，在 Samba 服务中，/home 目录可以配置磁盘配额；在 Postfix 服务中，/var 目录可以配置磁盘配额。

⑥ 单击左上角的"完成"按钮。然后单击"接受更改"按钮完成分区，如图 1-27 所示。

图 1-26　手动分区界面

图 1-27　完成分区后的结果界面

在本例中，/home 使用了独立分区/dev/nvme0n1p2。分区号与分区顺序有关。

注意 对于非易失性存储器标准（Non-Volatile Memory express，NVMe）硬盘要特别注意，这是一种固态硬盘。/dev/nvme0n1 表示第 1 个 NVMe 硬盘，/dev/nvme0n2 表示第 2 个 NVMe 硬盘，/dev/nvme0n1p1 表示第 1 个 NVMe 硬盘的第 1 个主分区，/dev/nvme0n1p5 表示第 1 个 NVMe 硬盘的第 1 个逻辑分区，以此类推。

（8）返回"安装信息摘要"界面，如图 1-28 所示，单击"开始安装"按钮，在打开的"配置"界面中可看到安装进度。接着单击"根密码"，如图 1-29 所示。

（9）设置根密码。若坚持用弱口令的密码，则需要单击两次"完成"按钮才可以完成设置。这里需要说明的是，在虚拟机中做实验时，密码无所谓强弱，但在生产环境中一定要让 root 管理员的密码足够复杂，否则系统可能面临严重的安全问题。完成根密码设置后，单击"完成"按钮。

图 1-28 "安装信息摘要"界面

图 1-29 "配置"界面

（10）Linux 安装时间一般在 30~60min，用户在安装期间耐心等待即可。安装完成后单击"重启"按钮。

（11）重启系统后将看到系统初始化界面，如图 1-30 所示，单击"License Information"，打开"许可信息"界面。

图 1-30 系统初始化界面

（12）选中"我同意许可协议"复选框，然后单击左上角的"完成"按钮。

（13）返回系统初始化界面，单击"结束配置"按钮，系统自动重启。

（14）重启后，连续单击"前进"或"跳过"按钮，直到出现图 1-31 所示的设置本地普通用户界面，输入用户名和密码等信息。例如，该账户的用户名为"yangyun"，密码为"12345678"，然后单击两次"前进"按钮。

（15）在图 1-32 所示的界面中单击"开始使用 Red Hat Enterprise Linux(S)"按钮，系统自动重启（若没有自动重启，请手动重启系统），然后出现图 1-33 所示的登录界面。

（16）单击"未列出？"按钮，以 root 管理员身份登录 RHEL 8。

（17）在"欢迎"界面的语言选项选择默认设置"汉语"，然后单击"前进"按钮，出现"输入"界面。

（18）在"输入"界面，选择系统的键盘布局或输入方式的默认值为"汉语"，然后单击"前进"按钮。

图 1-31　设置本地普通用户界面　　　　　　　　图 1-32　系统初始化结束界面

（19）持续单击"前进"或"跳过"按钮，直到再次出现图 1-32 所示的界面，再次单击"开始使用 Red Hat Enterprise Linux(S)"按钮，出现图 1-34 所示的"Getting Started（开始）"界面。

图 1-33　登录界面　　　　　　　　　图 1-34　"Getting Started(开始)"界面

（20）关闭"Getting Started（开始）"界面，呈现新安装的 RHEL 8 的"炫酷"界面。与之前版本不同，之前版本右击就可以打开命令行界面，RHEL 8 则需要在"活动"菜单中打开需要的应用程序。单击"活动"→"显示应用程序"，如图 1-35 所示。

图 1-35　"显示应用程序"的界面

> **特别
> 提示**　单击"活动"→"显示应用程序"会显示全部应用程序，包括工具、设置、文件
> 和 Firefox 等常用应用程序。

任务 1-3 重置 root 管理员密码

如果把 Linux 操作系统的 root 管理员密码忘记了，不用紧张，执行下面几个简单的步骤，即可重置 root 管理员密码。如果读者刚刚接触 Linux，则要先确定它是否为 RHEL 8。如果是，则可进行下面的操作。

（1）在 RHEL 8 中选择"活动"→"终端"命令，然后在打开的终端中执行如下命令。

```
[root@Server01 ~]# cat /etc/redhat-release
Red Hat Enterprise Linux release 8.2 (Ootpa)
```

（2）在终端输入"reboot"，或者单击右上角的关机按钮Ø，再单击"重启"，重启 Linux 主机。当出现引导界面时，如图 1-36 所示，按"E"键进入内核编辑界面。

图 1-36　Linux 的引导界面

（3）在 linux 参数行的最后面追加"rd.break"参数，然后按"Ctrl + X"组合键运行修改过的内核程序，如图 1-37 所示。

图 1-37　内核编辑界面

（4）大约 30s 后，系统进入紧急救援模式。依次执行以下命令，等待系统重启操作完毕，就可以使用新密码 newredhat 登录 Linux 操作系统了。

```
mount -o remount,rw /sysroot
chroot /sysroot
passwd
touch /.autorelabel
```

```
exit
reboot
```

命令的执行效果如图 1-38 所示。

```
Generating "/run/initramfs/rdsosreport.txt"

Entering emergency mode. Exit the shell to continue.
Type "journalctl" to view system logs.
You might want to save "/run/initramfs/rdsosreport.txt" to a USB stick or /boot
after mounting them and attach it to a bug report.

switch_root:/# mount -o remount,rw /sysroot
switch_root:/# chroot /sysroot
sh-4.4# passwd
    root
passwd
sh-4.4# touch /.autorelabel
sh-4.4# exit
exit
switch_root:/# reboot
```

图 1-38　命令的执行效果

> **注意**　输入"passwd"后，输入密码和确认密码是不显示的！

任务 1-4　使用 yum 和 dnf

尽管 rpm 命令能够帮助用户查询软件相关的依赖关系，但具体问题还是要由运维人员自己解决。而有些大型软件可能与数十个程序都有依赖关系，在这种情况下安装软件是非常痛苦的。yum 软件仓库便是为了进一步降低软件安装难度和复杂度设计的软件。

1. yum 软件仓库

yum，全称 Yellow dog Updater, Modifier，是一个自由、开源的命令行软件包管理工具，运行在基于 RPM 包管理的 Linux 操作系统（如 RedHat、CentOS、Suse 等）上。

基于 RPM 包管理，能够从指定的服务器自动下载 RPM 包并安装，可以自动处理依赖性关系，并且一次安装所有依赖的软件包，无须繁琐地一次次下载、安装。

RHEL 先将发布的软件存放到 yum 服务器内，再分析这些软件的依赖属性问题。它将软件内的记录信息写下来，然后将这些信息分析后记录成软件相关的清单列表。这些列表数据与软件所在的位置可以称为容器（repository）。当 Linux 客户端有安装软件的需求时，Linux 客户端主机会主动向网络上的 yum 服务器的容器网址请求下载清单列表，然后将清单列表的数据与本机软件包管理器（Red Hat Package Manager，RPM）数据库已存在的软件数据相比较，就能够一次性安装所有需要的具有依赖属性的软件。yum 的使用流程如图 1-39 所示。

当 Linux 客户端有升级、安装软件的需求时，会向容器要求更新清单列表，将清单列表下载到本机的/var/cache/yum 中。当 Linux 客户端实施升级、安装时，会用清单列表的数据与本机的 RPM 数据库的数据进行比较，这样就知道该下载什么软件了。接下来 Linux 客户端会到 yum 服务器下载所需的软件，然后通过 RPM 的机制开始安装软件。这就是整个流程，整个流程仍然离不开 RPM。

图 1-39   yum 使用流程

dnf 和 yum 都是 rpm 软件包管理工具, 但是目前比较新的 Linux 发行版 yum 已经被 dnf 替代。
RHEL 8 提供了基于 Fedora 28 中 dnf 的包管理系统 yum v4, 兼容 RHEL 7 的 yum v3。常用的
dnf 命令如表 1-1 所示。

表 1-1   常用的 dnf 命令

命 令	作 用
dnf repolist all	列出所有仓库
dnf list all	列出仓库中的所有软件包
dnf info 软件包名称	查看软件包信息
dnf install 软件包名称	安装软件包
dnf reinstall 软件包名称	重新安装软件包
dnf update 软件包名称	升级软件包
dnf remove 软件包名称	移除软件包
dnf clean all	清除所有仓库缓存
dnf check-update	检查可更新的软件包
dnf grouplist	查看系统中已经安装的软件包组
dnf groupinstall 软件包组	安装指定的软件包组
dnf groupremove 软件包组	移除指定的软件包组
dnf groupinfo 软件包组	查询指定的软件包组信息

2. BaseOS 和 AppStream

在 RHEL 8 中提出了一个新的设计理念, 即应用程序流 (AppStream), 这样可以比以往
更轻松地升级用户空间软件包, 同时保留核心操作系统软件包。AppStream 允许在独立的生命
周期中安装其他版本的软件, 并使操作系统保持最新。这使用户能够安装同一个软件的多个主
要版本。

RHEL 8 软件源分为两个主要仓库: BaseOS 和 AppStream。

① BaseOS 仓库以传统 RPM 软件包的形式提供操作系统底层软件的核心集, 是基础软件安
装库。

② AppStream 包括额外的用户空间应用程序、运行时语言和数据库，以支持不同的工作负载和用例。AppStream 中的内容有两种格式——熟悉的 RPM 格式和被称为模块的 RPM 格式扩展。

【例 1-1】配置本地 yum 源，安装 network-scripts。

创建挂载 ISO 映像文件的文件夹。/media 一般是系统安装时建立的，读者不必新建文件夹，直接使用该文件夹即可。但如果想把 ISO 映像文件挂载到其他文件夹中，则需自建。

（1）新建配置文件/etc/yum.repos.d/dvd.repo。

```
[root@Server01 ~]# vim /etc/yum.repos.d/dvd.repo
[root@Server01 ~]# cat /etc/yum.repos.d/dvd.repo
[Media]
name=Media
baseurl=file:///media/BaseOS
gpgcheck=0
enabled=1

[rhel8-AppStream]
name=rhel8-AppStream
baseurl=file:///media/AppStream
gpgcheck=0
enabled=1
```

 注意 在 baseurl 语句 baseurl=file:/// media/BaseOS 中，"file:" 后有 3 个 "/"。

（2）挂载 ISO 映像文件（保证/media 存在）。在本书中，**黑体**一般表示输入的命令。

```
[root@Server01 ~]# mount /dev/cdrom /media
mount: /media: WARNING: device write-protected, mounted read-only.
[root@Server01 ~]#
```

（3）清理缓存并建立元数据缓存。

```
[root@Server01 ~]# dnf clean all
[root@Server01 ~]# dnf makecache          //建立元数据缓存
```

（4）查看软件包信息。

```
[root@Server01 ~]# dnf repolist           //查看系统中可用和不可用的所有 DNF 软件库
[root@Server01 ~]# dnf list                //列出所有 RPM 包
[root@Server01 ~]# dnf list installed       //列出所有安装了的 RPM 包
[root@Server01 ~]# dnf search network-scripts      //搜索软件库中的 RPM 包
[root@Server01 ~]# dnf provides /bin/bash          //查找某一文件的提供者
[root@Server01 ~]# dnf info network-scripts        //查看软件包详情
```

（5）安装 network-scripts 软件（无须信息确认）。

```
[root@Server01 ~]# dnf install network-scripts -y
```

任务 1-5　systemd 初始化进程服务

Linux 操作系统的开机过程为：从 BIOS 开始，进入引导加载程序，再加载系统内核，然后内核进行初始化,最后启动初始化进程。初始化进程作为 Linux 操作系统的第一个进程,需要完成 Linux 操作系统中相关的初始化工作,为用户提供合适的工作环境。RHEL 8 已经替换了以前的初始化进程服务 System V init,正式采用全新的 systemd 初始化进程服务。systemd 初始化进程服务采用并发启动机制,开机速度得到了不小的提升。

RHEL 8 选择 systemd 初始化进程服务已经是一个既定事实,因此也没有"运行级别"这个概念。Linux 操作系统在启动时要进行大量的初始化工作,如挂载文件系统、交换分区和启动各类进程服务等,这些都可以看作一个一个的单元(unit)。systemd 用目标(target)代替了 System V init 中运行级别的概念,这两者的区别如表 1-2 所示。

表 1-2 systemd 与 System V init 的区别

System V init 运行级别	systemd 目标名称	System 目标命令的作用
0	poweroff.target	关机
1	rescue.target	单用户模式
2	multi-user.target	等同于级别 3
3	multi-user.target	多用户的文本界面
4	multi-user.target	等同于级别 3
5	graphical.target	多用户的图形界面
6	reboot.target	重启
emergency	emergency.target	紧急 shell

下面在 RHEL 8 中实现 2 个实例。

【例 1-2】多用户的图形界面转换为多用户的文本界面。

```
[root@Server01 ~]# systemctl get-default
graphical.target
[root@Server01 ~]# systemctl set-default multi-user.target
Removed /etc/systemd/system/default.target.
Created symlink /etc/systemd/system/default.target→
 /usr/lib/systemd/system/multi-user.target.
[root@Server01 ~]# reboot
```

【例 1-3】多用户的文本界面转换为多用户的图形界面。

```
[root@Server01 ~]# systemctl set-default graphical.target
Removed /etc/systemd/system/default.target.
Created symlink /etc/systemd/system/default.target →
 /usr/lib/systemd/system/graphical.target.
[root@Server01 ~]# reboot
```

任务 1-6 启动 shell

Linux 中的 shell 又称为命令行,在命令行终端窗口中,用户输入命令,操作系统执行命令并将结果显示在屏幕上。

1. 使用 Linux 操作系统的终端窗口

现在的 RHEL 8 默认采用图形界面的自由计算机软件桌面环境（The GNU Network Object Model Environment，GNOME）或者 K 桌面环境（K Desktop Environment，KDE）操作方式，要想使用 shell 功能，就必须像在 Windows 中那样打开一个终端窗口。普通用户可以单击"活动"→"终端"来打开终端窗口，如图 1-40 所示。

图 1-40　打开终端窗口

执行以上步骤后，就可以打开一个白字黑底的终端窗口，在这里可以使用 RHEL 8 支持的所有命令行的命令。

2. 使用 shell 提示符

登录之后，普通用户的 shell 提示符以"$"结尾，root 用户的 shell 提示符以"#"结尾。

```
[root@RHEL 8-1 ~]#                    ;root 用户以"#"结尾
[root@RHEL 8-1 ~]# su - yangyun       ;切换到普通用户 yangyun，"#"提示符将变为"$"
[yangyun@RHEL 8-1 ~]$ su - root       ;再切换回 root 用户，"$"提示符将变为"#"
密码：
```

3. 退出系统

在终端窗口输入"shutdown -P now"，或者单击右上角的关机按钮 ⏻，选择"关机"，可以退出系统。

4. 再次登录

如果再次登录，为了后面的实训顺利进行，请选择以 root 用户身份登录。在图 1-41 所示的选择用户登录界面中单击"未列出？"按钮，在出现的登录对话框中输入 root 用户名及密码，以 root 用户身份登录。

图 1-41　选择用户登录界面

任务 1-7　制作系统快照

安装成功后，请一定要使用虚拟机的快照功能进行快照备份，这样一旦需要，可立即恢复到系统的初始状态。读者请注意，对于重要实训节点，也可以进行快照备份，以便后续可以恢复到适当断点。

1.4　拓展阅读　核高基与国产操作系统

"核高基"是"核心电子器件、高端通用芯片及基础软件产品"的简称，是中华人民共和国国务院于 2006 年发布的《国家中长期科学和技术发展规划纲要（2006—2020 年）》中和载人航天与探月工程并列的 16 个重大科技专项之一。近年来，一批国产基础软件的领军企业的强势发展给我国软件市场增添了几许信心，而"核高基"犹如助推器，给国产基础软件提供了更强劲的发展支持力量。

自 2008 年 10 月 21 日起，微软公司对盗版 Windows 和 Office 用户进行"黑屏"警告性提示。自"黑屏事件"发生之后，我国大量的计算机用户将目光转移到 Linux 操作系统和国产办公软件上，国产操作系统和办公软件的下载量一时间以几倍的速度增长，国产 Linux 操作系统和办公软件的发展也引起了大家的关注。

我国国产软件尤其是基础软件的时代已经来临，我们期望未来不会再受类似"黑屏事件"的制约，也希望我国所有的信息化建设都能基于"安全、可靠、可信"的国产基础软件平台。

1.5 项目实训 安装与基本配置 Linux 操作系统

1. 视频位置

实训前请扫描二维码，观看"项目实录 安装与基本配置 Linux 操作系统"慕课。

2. 项目背景

1-6 慕课

项目实录 安装与基本配置 Linux 操作系统

某公司需要新安装一台带有 RHEL 8 的计算机。该计算机硬盘大小为 100GB，固件启动方式仍采用传统的 BIOS 模式，而不采用 UEFI 启动模式。

3. 项目要求

（1）规划好 2 台计算机（Server01 和 Client1）的 IP 地址、主机名、虚拟机网络连接方式等内容。

（2）在 Server01 上安装完整的 RHEL 8。

（3）硬盘大小为 100GB，按以下要求完成分区创建。

- 启动分区大小为 600MB。
- 交换分区大小为 4GB。
- 根分区大小为 10GB。
- /usr 分区大小为 8GB。
- /home 分区大小为 8GB。
- /var 分区大小为 8GB。
- /tmp 分区大小为 6GB。
- 预留约 55GB 不进行分区。

（4）简单设置新安装的 RHEL 8 的网络环境。

（5）安装 GNOME 桌面环境，将显示分辨率调至 1280 像素×768 像素。

（6）制作快照。

（7）使用虚拟机的"克隆"功能新生成一台 RHEL 8 计算机，主机名为 Client1，并设置该主机的 IP 地址等参数。（"克隆"生成的主机系统要避免与原主机的冲突。）

（8）使用 ping 命令测试这 2 台 Linux 主机的连通性。

4. 深度思考

在观看视频时思考以下几个问题。

（1）分区规划为什么必须慎之又慎？

（2）第一个系统的虚拟内存至少设置为多大？为什么？

5. 做一做

根据项目实录进行项目实训，检查学习效果。

1.6 练习题

一、填空题

1. GNU 的含义是_____。

2. Linux 一般有 3 个主要部分：_____、_____、_____。

3. Linux 是基于_____的软件模式发布的，它是 GNU 项目制定的通用公共许可证，英文是_____。

4. 斯托尔曼成立了自由软件基金会，它的英文是_____。

5. 当前的 Linux 常见的应用可分为_____与_____两个方面。

6. Linux 的版本分为_____和_____两种。

7. 安装 Linux 最少需要两个分区，分别是_____和_____。

8. Linux 默认的系统管理员账号是_____。

9. UEFI 是_____的缩写，中文含义是_____。

10. NVMe 是_____的缩写，中文含义是_____。

11. 非易失性存储器标准硬盘是一种固态硬盘。/dev/nvme0n1 表示第_____个 NVMe 硬盘，/dev/nvme0n2 表示第_____个 NVMe 硬盘，/dev/nvme0n1p1 表示_____，/dev/nvme0n1p5 表示_____，以此类推。

12. 传统的 BIOS 启动由于_____的限制，默认是无法引导超过_____TB 以上的硬盘的。

13. 如果选择的固件类型为"UEFI"，则 Linux 操作系统必须至少建立 4 个分区：_____、_____、_____和_____。

二、选择题

1. Linux 最早是由计算机爱好者（　　　）开发的。

A. Richard Petersen   B. Linus Benedict Torvalds

C. Rob Pike   D. Linux Sarwar

2. 下列中，（　　　）是自由软件。

A. Windows 10   B. UNIX

C. Linux   D. Windows Server 2016

3. 下列中，（　　　）不是 Linux 的特点。

A. 多任务   B. 单用户   C. 设备独立性   D. 开放性

4. Linux 的内核 2.3.20 版本是（　　　）的版本。

A. 不稳定   B. 稳定   C. 第三次修订   D. 第二次修订

5. Linux 安装过程中的硬盘分区工具是（　　　）。

A. PQmagic   B. FDISK   C. FIPS   D. Disk Druid

6. Linux 的根分区可以设置成（　　　）。

A. FATl6   B. FAT32   C. xfs   D. NTFS

三、简答题

1. 简述 Linux 的体系结构。

2. 使用虚拟机安装 Linux 操作系统时，为什么要选择"稍后安装操作系统"，而不是选择"安装程序光盘映像文件"？

3. 安装 RHEL 系统的基本磁盘分区有哪些？

4. RHEL 系统支持的文件类型有哪些？

5. 丢失 root 口令如何解决？

6. RHEL 8 采用了 systemd 作为初始化进程服务，那么如何查看某个服务的运行状态？

1.7 实践习题

用虚拟机和安装光盘安装与配置 RHEL 8，试着在安装过程中对 IPv4 进行配置。

1.8 超级链接

请访问并学习**国家精品资源共享课程网站**中与学习情境相关的内容。后面的项目也请访问该学习网站进行学习，不再一一标注。

国家精品资源共享课程网站

项目2
Linux常用命令与vim

02

项目导入

在文本模式和终端模式下，我们经常使用 Linux 命令来查看系统的状态和监视系统的操作，如对文件和目录进行浏览、操作等。在 Linux 较早的版本中，由于不支持图形化操作，用户基本上都是使用命令行方式对系统进行操作的，因此掌握常用的 Linux 命令是必要的。

系统管理员的一项重要工作是修改与设定某些重要软件的配置文件，因此系统管理员至少要学会使用一种以上文字接口的文本编辑器。所有的 Linux 发行版本都内置了 vim。vim 不但可以用不同颜色显示文本内容，还能够进行诸如 shell script、C 等程序的编辑。因此，可以将 vim 视为一种程序编辑器。

掌握 Linux 常用命令和 vim 编辑器是学好 Linux 的必备基础。

职业能力目标和要求

- 熟悉 Linux 操作系统的基础命令。
- 掌握文件目录类命令。
- 掌握系统信息类命令。

- 掌握进程管理类命令及其他常用命令。
- 掌握 vim 编辑器的使用方法。

素养提示

- 明确职业技术岗位所需的职业规范和精神，树立社会主义核心价值观。

- "大学之道，在明明德，在亲民，在止于至善。""'高山仰止，景行行止。'虽不能至，然心向往之"。了解华罗庚教授，知悉读大学的真正含义，以德化人，激发学生的科学精神和爱国情怀。

2.1 项目知识准备

Linux 命令是对 Linux 操作系统进行管理的命令。对于 Linux 操作系统来说，无论是中央处理器、内存、磁盘驱动器、键盘、鼠标，还是用户等，都是文件。Linux 命令是 Linux 正常运行的核心，与

DOS 命令类似。掌握 Linux 命令对于管理 Linux 操作系统来说是非常必要的。

2.1.1 了解 Linux 命令的特点

2-1 微课

Linux 常用命令
与 vim

在 Linux 操作系统中，命令区分大小写。在命令行中，可以按"Tab"键来自动补齐命令，即只输入命令的前几个字符，然后按"Tab"键补齐。

按"Tab"键时，如果系统只找到一个与输入字符相匹配的目录或文件，则自动补齐；如果没有匹配的内容或有多个相匹配的内容，则系统将发出警鸣声，再按"Tab"键将列出所有相匹配的内容（如果有），以供用户选择。

例如，在命令提示符后输入"mou"，然后按"Tab"键，系统将自动补全该命令为"mount"；如果在命令提示符后只输入"mo"，然后按"Tab"键，则系统将发出一声警鸣声，再次按"Tab"键，系统将显示所有以"mo"开头的命令。

另外，利用向上或向下的方向键，可以翻查曾经执行过的命令，并可以再次执行。

如果要在一个命令行上输入和执行多条命令，则可以使用分号来分隔命令，如"cd /;ls"。

如果要断开一个长命令，则可以使用"\"。它可以将一个较长的命令分成多行表达，增强命令的可读性。执行后，shell 将自动显示提示符">"，表示正在输入一个长命令，此时可继续在新的命令行上输入命令的后续部分。

2.1.2 后台运行程序

一个文本控制台或一个仿真终端在同一时刻只能执行一个程序或命令。在执行结束前，一般不能进行其他操作。此时可采用在后台运行程序的方式，以释放控制台或终端，使其仍能进行其他操作。要使程序以后台方式运行，只需在要执行的命令后输入一个"&"即可，如"top &"。

2.2 项目设计与准备

2-2 课堂慕课

Linux 常用命令
与 vim

本项目的所有操作都在 Server01 上进行，主要命令包括文件目录类命令、系统信息类命令、进程管理类命令以及其他常用命令等。

可使用"hostnamectl set-hostname Server01"修改主机名（关闭终端后重新打开即可生效）。

```
[root@localhost ~]# hostnamectl set-hostname Server01
```

2.3 项目实施

下面通过实例来了解常用的 Linux 命令。先把打开的终端关闭，再重新打开，让新修改的主机名生效。

任务 2-1 熟练使用文件目录类命令

文件目录类命令是对目录和文件进行各种操作的命令。

1. 熟练使用浏览目录类命令

（1）pwd 命令

pwd 命令用于显示用户当前所处的目录。

```
[root@Server01 ~]# pwd
/root
```

（2）cd 命令

cd 命令用于在不同的目录中切换。用户在登录系统后，会处于用户的"家目录"（$HOME）中，该目录一般以/home 开始，后接用户名，这个目录就是用户的初始登录目录（root 用户的家目录为/root）。如果用户想切换到其他的目录中，则可以使用 cd 命令，其后接想要切换的目录名。例如：

```
[root@Server01 ~]# cd ..           //改变目录位置至当前目录的父目录
[root@Server01 /]# cd etc          //改变目录位置至当前目录下的 etc 子目录下
[root@Server01 etc]# cd ./yum      //改变目录位置至当前目录下的 yum 子目录下
[root@Server01 yum]# cd ~          //改变目录位置至用户登录时的家目录
[root@Server01 ~]# cd ../etc       //改变目录位置至当前目录的父目录下的 etc 子目录下
[root@Server01 etc]# cd /etc/xml   //利用绝对路径表示改变目录至 /etc/xml 目录下
[root@Server01 xml]# cd            //改变目录位置至用户登录时的工作目录
[root@Server01 ~]#
```

> **说明** 在 Linux 操作系统中，用"."代表当前目录；用".."代表当前目录的父目录；用"~"代表用户的家目录（主目录）。例如，root 用户的家目录是/root，不带任何参数的 cd 命令相当于 cd ~命令，即将目录切换到用户的家目录。

（3）ls 命令

ls 命令用于列出文件或目录信息。该命令的格式为：

```
ls  [选项]  [目录或文件]
```

ls 命令的常用选项如下。

- -a：显示所有文件，包括以"."开头的隐藏文件。
- -A：显示指定目录下所有的子目录及文件，包括隐藏文件。但不显示以"."和".."开头的隐藏文件。
- -t：依照文件最后修改时间的顺序列出文件。
- -F：列出当前目录下的文件名及其类型。
- -R：显示指定目录下及其所有子目录下的文件名。
- -c：按文件的修改时间排序。
- -C：分成多列显示各行。
- -d：如果参数是目录，则只显示其名称，而不显示其下的各个文件。往往与"-l"选项一起使用，以得到目录的详细信息。
- -l：以长格形式显示文件的详细信息。
- -g：同上，但不显示文件的所有者工作组名。
- -i：在输出的第一列显示文件的 i 节点号。

例如：

```
[root@Server01 ~]#ls        //列出当前目录下的文件及目录
[root@Server01 ~]#ls -a     //列出包括以"."开头的隐藏文件在内的所有文件
```

```
[root@Server01 ~]#ls -t      //依照文件最后修改时间的顺序列出文件
[root@Server01 ~]#ls -F      //列出当前目录下的文件名及其类型
//以 "/" 结尾表示目录名，以 "*" 结尾表示可执行文件，以 "@" 结尾表示符号链接
[root@Server01 ~]#ls -l      //列出当前目录下所有文件的权限、所有者、文件大小、修改时间及名称等信息
[root@Server01 ~]#ls -lg     //同上，但不显示文件的所有者工作组名
[root@Server01 ~]#ls -R      //显示指定目录下及其所有子目录下的文件名
```

2. 熟练使用浏览文件类命令

（1）cat 命令

cat 命令主要用于滚动显示文件内容，或将多个文件合并成一个文件。该命令的格式为：

`cat [选项] 文件名`

cat 命令的常用选项如下。

- -b：对输出内容中的非空行标注行号。
- -n：对输出内容中的所有行标注行号。

通常使用 cat 命令查看文件内容，但是 cat 命令的输出内容不能分页显示，要查看超过一屏的文件内容，需要使用 more 或 less 等其他命令。如果在 cat 命令中没有指定参数，则 cat 命令会从标准输入（键盘）中获取内容。

例如，查看/etc/passwd 文件内容的命令为：

```
[root@Server01 ~]#cat /etc/passwd
```

利用 cat 命令还可以合并多个文件。例如，把 file1 和 file2 文件合并为 file3，且 file2 文件的内容在 file1 文件的内容前面，则命令为：

```
[root@Server01 ~]# echo "This is file1!">file1     //先建立 file1 文件
[root@Server01 ~]# echo "This is file2!">file2     //先建立 file2 文件
[root@Server01 ~]# cat file2 file1>file3            //如果 file3 文件存在，则此命令的执行
结果会覆盖 file3 文件中的原有内容
[root@Server01 ~]# cat file3
This is file2!
This is file1!
[root@Server01 ~]# cat file2 file1>>file3
//如果 file3 文件存在，则此命令的执行结果是把 file2 和 file1 文件的内容附加到 file3 文件中原有内容的后面
```

（2）more 命令

在使用 cat 命令时，如果文件内容太长，则用户只能看到文件的最后一部分。这时可以使用 more 命令一页一页地分页显示文件内容。在大部分情况下，可以不加任何选项直接执行 more 命令查看文件内容。执行 more 命令后，进入 more 状态，按 "Enter" 键可以向下移动一行，按 "空格" 键可以向下移动一页，按 "Q" 键可以退出 more 状态。该命令的格式为：

`more [选项] 文件名`

more 命令的常用选项如下。

- -num：这里的 num 是一个数字，用来指定分页显示时每页的行数。
- +num：指定从文件的第 num 行开始显示。

例如：

```
[root@Server01 ~]#more /etc/passwd       // 使用more命令以分页方式查看passwd文件的内容
[root@Server01 ~]#cat /etc/passwd |more  // 使用cat命令以分页方式查看passwd文件的内容
```

more 命令经常在管道中被调用，以实现各种命令输出内容的分屏显示。上述的第二个命令就是利用 shell 的管道功能分屏显示 passwd 文件的内容。关于管道的内容将在项目 7 中详细介绍。

（3）less 命令

less 命令是 more 命令的改进版，比 more 命令的功能更强大。more 命令只能实现向下翻页，而 less 命令不但可以实现向下、向上翻页，还可以实现前、后、左、右移动。执行 less 命令后，进入 less 状态，按"Enter"键可以向下移动一行，按"Space"键可以向下移动一页，按"B"键可以向上移动一页，也可以按方向键向前、后、左、右移动，按"Q"键可以退出 less 状态。

less 命令还支持在文本文件中快速查找。先按"/"键，再输入要查找的单词或字符。less 命令会在文本文件中进行快速查找，并把找到的第一个搜索目标高亮显示。如果希望继续查找，就再次按"/"键，然后按"Enter"键即可。

less 命令的用法与 more 命令的用法基本相同，例如：

```
[root@Server01 ~]#less /etc/passwd   // 以分页方式查看 passwd 文件的内容
```

（4）head 命令

head 命令用于显示文件内容的开头部分，默认情况下只显示文件前 10 行的内容。该命令的格式为：

```
head [选项] 文件名
```

head 命令的常用选项如下。

- -n num：显示指定文件内容的前 num 行。
- -c num：显示指定文件内容的前 num 个字符。

例如：

```
[root@Server01 ~]#head -n 20 /etc/passwd   //显示 passwd 文件内容的前 20 行
```

> **说明** 若-n num 中的 num 为负值，则表示倒数第|num|行后面的所有行都不显示。例如，num 为 -3 时，表示文件中倒数第 3 行后面的行都不显示，其余行都显示。

（5）tail 命令

tail 命令用于显示文件内容的末尾部分，默认情况下，只显示文件内容的末尾 10 行。该命令的格式为：

```
tail [选项] 文件名
```

tail 命令的常用选项如下。

- -n num：显示指定文件内容的末尾 num 行。
- -c num：显示指定文件内容的末尾 num 个字符。
- -n+num：从第 num 行开始显示指定文件的内容。

例如：

```
[root@Server01 ~]#tail -n 20 /etc/passwd   //显示 passwd 文件内容的末尾 20 行
```

tail 命令"最强悍"的功能是可以持续刷新文件的内容，想要实时查看最新日志文件时，这个功能特别有用。此时命令的格式为：

```
tail -f 文件名
```

例如：

```
[root@Server01 ~]# tail -f /var/log/messages
 Aug 19 17:37:44 RHEL8-1 dbus-daemon[2318]: [session uid=0 pid=2318] Successfully
activated service 'org.freedesktop.Tracker1.Miner.Extract'
 ......
 Aug 19 17:39:11 RHEL8-1 dbus-daemon[2318]: [session uid=0 pid=2318] Successfully
activated service 'org.freedesktop.Tracker1.Miner.Extract'
```

3. 熟练使用目录操作类命令

（1）mkdir 命令

mkdir 命令用于创建一个目录。该命令的格式为：

```
mkdir  [选项]  目录名
```

上述目录名可以为相对路径，也可以为绝对路径。

mkdir 命令的常用选项如下。

-p：在创建目录时，如果父目录不存在，则同时创建该目录及该目录的父目录。

例如：

```
[root@Server01 ~]#mkdir dir1    //在当前目录下创建 dir1 子目录
[root@Server01 ~]#mkdir -p dir2/subdir2
//在当前目录的 dir2 目录中创建 subdir2 子目录，如果 dir2 目录不存在，则同时创建
```

（2）rmdir 命令

rmdir 命令用于删除空目录。该命令的格式为：

```
rmdir  [选项]  目录名
```

上述目录名可以为相对路径，也可以为绝对路径。但所删除的目录必须为空目录。

rmdir 命令的常用选项如下。

-p：在删除目录时，一同删除父目录，但父目录中必须没有其他目录及文件。

例如：

```
[root@Server01 ~]#rmdir dir1    //在当前目录下删除 dir1 空子目录
[root@Server01 ~]#rmdir -p dir2/subdir2
//删除当前目录中的 dir2/subdir2 空子目录，删除 subdir2 空子目录时，如果 dir2 目录中无其他目录及
文件，则一同删除
```

4. 熟练使用 cp 命令

（1）cp 命令的使用方法

cp 命令主要用于复制文件或目录。该命令的格式为：

```
cp  [选项]  源文件或目录  目标文件或目录
```

cp 命令的常用选项如下。

- -a：尽可能将文件状态、权限等属性按照原状予以复制。
- -f：如果目标文件或目录存在，则先删除它们再进行复制（覆盖），并且不提示用户。
- -i：如果目标文件或目录存在，则提示用户是否覆盖已有的文件。
- -R：递归复制目录，即包含目录下的各级子目录。

特别提示 若加选项-f 后仍提示用户，则说明"cp -i"命令设置了别名 cp。可使用 unalias cp 取消别名设置。

（2）使用 cp 命令的范例

cp 命令是非常重要的，以不同身份执行这个命令会有不同的结果产生，尤其是加上-a、-p 选项，对于不同身份来说，差异非常大。在下面的练习中，有的身份为 root，有的身份为一般账号（在这里用 yangyun 这个账号），练习时要特别注意身份的差别。请观察下面的复制练习。另外，/tmp 是在安装时建立的独立分区，如果安装时没有建立，则请自行建立。

【例 2-1】用 root 身份将家目录下的.bashrc 复制到/tmp 下，并更名为 bashrc。

```
[root@Server01 ~]# cp ~/.bashrc /tmp/bashrc
[root@Server01 ~]# cp -i ~/.bashrc /tmp/bashrc
cp: 是否覆盖'/tmp/bashrc'？ n 不覆盖，y 为覆盖
# 重复两次，由于/tmp 下已经存在 bashrc，加上-i 选项后
# 在覆盖前会询问用户是否确定覆盖。可以按"N"键或者"Y"键来二次确认
```

【例 2-2】变换目录到/tmp，并将/var/log/wtmp 复制到/tmp，观察其目录属性。

```
[root@Server01 ~]# cd /tmp
[root@Server01 tmp]# cp /var/log/wtmp . <==复制到当前目录，最后的"."不要忘记
[root@Server01 tmp]#ls -l /var/log/wtmp wtmp
-rw-rw-r--. 1 root utmp 7680 8月 19 17:09 /var/log/wtmp
-rw-r--r--. 1 root root 7680 8月 19 18:02 wtmp
# 注意上面的特殊字体，在不加任何选项复制的情况下，文件的某些属性/权限会改变
# 这是个很重要的特性，连文件建立的时间也改变了，要注意
```

如果想将文件的所有特性都一起复制该怎么办？可以加上-a，如下所示。

```
[root@Server01 tmp]# cp -a /var/log/wtmp wtmp_2
[root@Server01 tmp]# ls -l /var/log/wtmp wtmp_2
-rw-rw-r--. 1 root utmp 7680 8月 19 17:09 /var/log/wtmp
-rw-rw-r--. 1 root utmp 7680 8月 19 17:09 wtmp_2
```

cp 命令的功能很多，由于我们常常会进行一些数据的复制，因此也常常会用到这个命令。一般来说，如果复制别人的数据（当然，你必须要有读取的权限），我们总是希望复制到的数据最后是自己的。所以，在预设的条件中，cp 命令的源文件与目标文件的权限是不同的，目标文件的所有者通常会是命令执行者。

例如，在例 2-2 中，由于是 root 身份，因此复制过来的文件所有者与群组就变为 root。由于 cp 命令具有这个特性，因此我们在进行备份时，需要特别注意某些特殊权限文件。例如，密码文件（/etc/shadow）以及一些配置文件就不能直接用 cp 命令复制，而必须加上-a 或-p 等选项。若加-p 选项，则表示除复制文件的内容外，还把文件的修改时间和访问权限也复制到新文件中。

 注意 想要复制文件给其他用户，也必须注意文件的权限（包含读、写、执行以及文件所有者等），否则，其他用户还是无法对你给的文件进行修改。

【例 2-3】复制/etc/目录下的所有内容到/tmp 文件夹。

```
[root@Server01 tmp]# cp /etc /tmp
cp: 未指定 -r；略过目录'/etc' <== 如果是目录，则不能直接复制，要加上-r 选项
[root@Server01 tmp]# cp -r /etc /tmp
# 再次强调：-r 可以复制目录，但是文件与目录的权限可能会被改变
# 所以，在备份时，常常利用 cp -a 命令保持复制前后的对象权限不发生变化
```

【例 2-4】只有~/.bashrc 比/tmp/bashrc 更新时，才进行复制。

```
[root@Server01 tmp]# cp -u ~/.bashrc /tmp/bashrc
# -u 的特性是只有在目标文件与源文件有差异时，才会复制
# 所以-u 常用于"备份"的工作中
```

 思考 你能否使用 yangyun 身份完整地复制/var/log/wtmp 文件到/tmp 中，并将其更名为 bobby_wtmp 呢？

参考答案：

```
[root@Server01 tmp]# su - yangyun
[yangyun@Server01 ~]$ cp -a /var/log/wtmp /tmp/bobby_wtmp
```

```
[yangyun@Server01 ~]$ ls -l /var/log/wtmp  /tmp/bobby_wtmp
-rw-rw-r--. 1 yangyun yangyun 7680 8月  19 17:09 /tmp/bobby_wtmp
-rw-rw-r--. 1 root    utmp    7680 8月  19 17:09 /var/log/wtmp
[yangyun@Server01 ~]$ exit
[root@Server01 tmp]#
```

5. 熟练使用文件操作类命令

（1）mv 命令

mv 命令主要用于文件或目录的移动或改名。该命令的格式为：

mv ［选项］ 源文件或目录　　目标文件或目录

mv 命令的常用选项如下。

- –i：如果目标文件或目录存在，则提示用户是否覆盖目标文件或目录。

- –f：无论目标文件或目录是否存在，均直接覆盖目标文件或目录，不提示。

例如：

```
//将当前目录下的/tmp/wtmp 文件移动到/usr/目录下，文件名不变
 [root@Server01 tmp]# cd
[root@Server01 ~]# mv /tmp/wtmp /usr/
//将/usr/wtmp 文件移动到根目录下，移动后的文件名为 tt
[root@Server01 ~]# mv /usr/wtmp /tt
```

（2）rm 命令

rm 命令主要用于删除文件或目录。该命令的格式为：

rm ［选项］ 文件名或目录名

rm 命令的常用选项如下。

- –i：删除文件或目录时提示用户。

- –f：删除文件或目录时不提示用户。

- –R：递归删除目录，即包含目录下的文件和各级子目录。

例如：

```
//删除当前目录下的所有文件，但不删除子目录和隐藏文件
[root@Server01 ~]# mkdir /dir1;cd /dir1              //";"用于分隔连续执行的命令
[root@Server01 dir1]# touch aa.txt  bb.txt; mkdir subdir11;ll
[root@Server01 dir1]# rm *
//删除当前目录下的子目录 subdir11，包含其下的所有文件和子目录，并提示用户确认
[root@Server01 dir]# rm -iR subdir11
```

（3）touch 命令

touch 命令用于建立文件或更新文件的存取和修改日期。该命令的格式为：

touch ［选项］ 文件名

touch 命令的常用选项如下。

- –d yyyymmdd：把文件的存取或修改时间改为 yyyy 年 mm 月 dd 日。

- –a：只把文件的存取时间改为当前时间。

- –m：只把文件的修改时间改为当前时间。

例如：

```
[root@Server01 dir]# cd
[root@Server01 ~]# touch aa
//如果当前目录下存在 aa 文件，则把 aa 文件的存取和修改时间改为当前时间
//如果不存在 aa 文件，则新建 aa 文件
[root@Server01 ~]# touch -d 20220808 aa         //将 aa 文件的存取和修改时间改为 2022 年 8 月 8 日
```

（4）rpm 命令

rpm 命令主要用于对 RPM 软件包进行管理。RPM 软件包是 Linux 的各种发行版本中应用最为广泛的软件包格式之一。学会使用 rpm 命令对 RPM 软件包进行管理至关重要。该命令的格式为：

```
rpm  [选项]  软件包名
```

rpm 命令的常用选项如下。

- -qa：查询系统中安装的所有软件包。

2-3　拓展阅读

diff 命令、ln 命令、
gzip、gunzip 命令、
tar 命令

- -q：查询指定的软件包在系统中是否安装。
- -qi：查询系统中已安装软件包的描述信息。
- -ql：查询系统中已安装软件包包含的文件列表。
- -qf：查询系统中指定文件所属的软件包。
- -qp：查询 RPM 软件包文件中的信息，通常用于在未安装软件包之前了解软件包中的信息。
- -i：用于安装指定的 RPM 软件包。
- -v：显示较详细的信息。
- -h：以"#"显示安装进度。
- -e：卸载已安装的 RPM 软件包。
- -U：升级指定的 RPM 软件包。软件包的版本必须比当前系统中安装的软件包的版本高才能正确升级。如果当前系统中并未安装指定的软件包，则直接安装。
- -F：更新软件包。

【例 2-5】使用 rpm 命令查询软件包及文件。

```
[root@Server01 ~]#rpm -qa|more           //查询系统安装的所有软件包
[root@Server01 ~]#rpm -q selinux-policy   //查询系统是否安装了 selinux-policy 软件包
[root@Server01 ~]#rpm -qi selinux-policy  //查询系统已安装的软件包的描述信息
[root@Server01 ~]#rpm -ql selinux-policy  //查询系统已安装软件包包含的文件列表
[root@Server01 ~]#rpm -qf /etc/passwd     //查询 passwd 文件所属的软件包
```

【例 2-6】可以利用 rpm 命令安装 network-scripts 软件包（在 RHEL 8 中，网络相关服务管理已经转移到 NetworkManager 中了，不再是 network。若想使用网卡配置文件，则必须安装 network-scripts 软件包，该软件包默认没有安装），其安装与卸载过程如下。

```
[root@Server01 ~]# mount /dev/cdrom /media   //挂载光盘
[root@Server01 ~]#cd /media/BaseOS/Packages  //改变目录到软件包所在的目录
[root@Server01 Packages]# rpm -ivh network-scripts-10.00.6-1.el8.x86_64.rpm
//安装软件包，系统将以"#"显示安装进度和安装的详细信息
[root@Server01 Packages]#rpm -Uvh network-scripts-10.00.6-1.el8.x86_64.rpm
//升级 network-scripts 软件包
[root@Server01 Packages]#rpm -e network-scripts-10.00.6-1.el8.x86_64
//卸载 network-scripts 软件包
```

注意　卸载软件包时不加扩展名.rpm，如果使用命令 rpm -e network-scripts-10.00.6-1.el8.x86_64--nodeps，则表示不检查依赖性。另外，软件包的名称会因系统版本而稍有差异，不要机械照抄。

（5）whereis 命令

whereis 命令用于寻找命令的可执行文件所在的位置。该命令的格式为：

```
whereis   [选项]   命令名称
```
whereis 命令的常用选项如下。

- -b: 只查找二进制文件。
- -m: 只查找命令的联机帮助手册部分。
- -s: 只查找源码文件。

例如:

```
//查找命令 rpm 的可执行文件所在位置
[root@Server01 Packages]# cd
[root@Server01 ~]# whereis rpm
rpm: /usr/bin/rpm /usr/lib/rpm /etc/rpm /usr/share/man/man8/rpm.8.gz
```

（6）whatis 命令

whatis 命令用于获取命令简介。它可从某个命令的使用手册中获取一行简单的介绍性文件，帮助用户迅速了解这个命令的具体功能。该命令的格式为:

```
whatis   命令名称
```
例如:

```
[root@Server01 ~]# whatis ls
ls (1)              - list directory contents
ls (1p)             - list directory contents
```

（7）find 命令

find 命令用于查找文件。它的功能非常强大。该命令的格式为:

```
find   [路径]   [匹配表达式]
```
find 命令的匹配表达式主要有以下几种类型。

- -name filename: 查找指定名称的文件。
- -user username: 查找属于指定用户的文件。
- -group grpname: 查找属于指定组的文件。
- -print: 显示查找结果。
- -size n: 查找大小为 n 块的文件，一块为 512B。符号 "+n" 表示查找大于 n 块的文件; 符号 "-n" 表示查找小于 n 块的文件; 符号 "nc" 表示查找大小为 n 个字符的文件。
- -inum n: 查找索引节点号为 n 的文件。
- -type: 查找指定类型的文件。文件类型有: b（块设备文件）、c（字符设备文件）、d（目录）、p（管道文件）、l（符号链接文件）、f（普通文件）。
- -atime n: 查找 n 天前被访问过的文件。"+n" 表示查找超过 n 天前被访问的文件; "-n" 表示查找未超过 n 天前被访问的文件。
- -mtime n: 类似于 -atime n，但检查的是文件内容被修改的时间。
- -ctime n: 类似于 -atime n，但检查的是文件索引节点被改变的时间。
- -perm mode: 查找与给定权限匹配的文件，必须以八进制的形式给出访问权限。
- -newer file: 查找比指定文件更新的文件，即最后修改时间离现在较近。
- -exec command {} \;: 对匹配指定条件的文件执行 command 命令。
- -ok command {} \;: 与 -exec command {} \;相同，但执行 command 命令时需请求用户确认。

例如：

```
[root@Server01 ~]# find . -type f -exec ls -l {} \;
//在当前目录下查找普通文件，并以长格形式显示
[root@Server01 ~]# find /tmp -type f -mtime 5 -exec rm {} \;
//在/tmp 目录中查找修改时间为 5 天以前的普通文件，并删除。保证/tmp 目录存在
[root@Server01 ~]# find /etc -name "*.conf"
//在/etc/目录下查找文件名以".conf"结尾的文件
[root@Server01 ~]# find . -type d -perm 755 -exec ls {} \;
//在当前目录下查找权限为 755 的目录并显示
```

 注意 由于 find 命令在执行过程中将消耗大量资源，因此建议以后台方式执行。

（8）grep 命令

grep 命令用于查找文件中包含指定字符串的行。该命令的格式为：

```
grep [选项] 要查找的字符串 文件名
```

grep 命令的常用选项如下。

- -v：列出不匹配的行。
- -c：对匹配的行计数。
- -l：只显示包含匹配模式的文件名。
- -h：抑制包含匹配模式的文件名的显示。
- -n：每个匹配行只按照相对的行号显示。
- -i：对匹配模式不区分大小写。

在 grep 命令中，字符"^"表示行的开始，字符"$"表示行的结尾。如果要查找的字符串中带有空格，则可以用单引号或双引号标注。

例如：

```
[root@Server01 ~]# grep -2 root /etc/passwd
//在文件 passwd 中查找包含字符串"root"的行，如果找到，则显示该行及该行前后各 2 行的内容
[root@Server01 ~]# grep "^root$" /etc/passwd
//在 passwd 文件中搜索只包含"root"这 4 个字符的行
```

 提示 grep 命令和 find 命令的差别在于，grep 命令是在文件中搜索满足条件的行，而 find 命令是在指定目录下根据文件的相关信息查找满足指定条件的文件。

【例 2-7】可以利用 grep 命令的-v 选项，过滤带"#"的注释行和空白行。下面的例子将 /etc/man_db.conf 中的空白行和注释行删除，将简化后的配置文件存放到当前目录下，并更改文件名为 man_db.bak。

```
[root@Server01 ~]# grep -v "^#" /etc/man_db.conf |grep -v "^$">man_db.bak
[root@Server01 ~]# cat man_db.bak
```

（9）dd 命令

dd 命令用于按照指定大小和数量的数据块来复制文件或转换文件。该命令的格式为：

```
dd [选项]
```

dd 命令是一个比较重要而且有特色的命令，它能够让用户按照指定大小和数量的数据块来复制文

件。当然，如果需要，还可以在复制过程中转换其中的数据。Linux 操作系统中有一个名为/dev/zero 的设备文件，因为这个文件不会占用系统存储空间，却可以提供无穷无尽的数据，所以可以使用它作为 dd 命令的输入文件来生成一个指定大小的文件。dd 命令的选项及其作用如表 2-1 所示。

表 2-1　dd 命令的选项及其作用

选　项	作　用
if	从指定文件中读取数据（"if ="后面可以是文件名，也可以是设备名称）
of	向文件中写入数据（"of ="后面可以是文件名，也可以是设备名称）
bs	设置每个数据块的大小
count	设置要复制数据块的数量

例如，可以用 dd 命令从/dev/zero 设备文件中取出两个大小为 560MB 的数据块，然后将其保存成名为 file1 的文件。理解这个命令后，就能创建任意大小的文件了（**进行配额实训时很有用**）。

```
[root@Server01 ~]# dd if=/dev/zero of=file1 count=2 bs=560M
记录了 2+0 的读入
记录了 2+0 的写出
1174405120 bytes (1.2 GB, 1.1 GiB) copied, 8.23961 s, 143 MB/s
[root@Server01 ~]# rm file1
```

dd 命令的功能也绝不仅限于复制文件这么简单。如果想把光驱设备中的光盘制作成 ISO 映像文件，在 Windows 操作系统中需要借助第三方软件，但在 Linux 操作系统中可以直接使用 dd 命令来压制映像文件，将它变成可立即使用的 ISO 映像文件，最后，用 vm 命令删除 dd 命令产生的 RHEL-server-8.0-x86_64.iso 临时文件。

```
[root@Server01 ~]# dd if=/dev/cdrom of=RHEL-server-8.0-x86_64.iso
7311360+0 records in
7311360+0 records out
3743416320 bytes (3.7 GB) copied, 370.758 s, 10.1 MB/s
[root@Server01 ~]# rm RHEL-server-8.0-x86_64.iso
```

任务 2-2　熟练使用系统信息类命令

系统信息类命令是对系统的各种信息进行显示和设置的命令。

（1）dmesg 命令

dmesg 命令用实例名称和物理名称来标识连接到系统上的设备。dmesg 命令也用于显示系统诊断信息、操作系统版本号、物理内存大小以及其他信息。例如：

```
[root@Server01 ~]#dmesg|more
```

提示　系统启动时，屏幕上会显示系统 CPU、内存、网卡等硬件的信息。但通常显示时间较短，如果用户没来得及看清，则可以在系统启动后用 dmesg 命令查看。

（2）free 命令

free 命令主要用于查看系统内存、虚拟内存的大小及占用情况。例如：

```
[root@Server01 ~]# free
```

```
            total      used       free     shared   buff/cache   available
Mem:       1843832    1253956    166480    16976      423396       414636
Swap:      3905532     25344    3880188
```

（3）timedatectl 命令

timedatectl 命令对 RHEL /CentOS 7 的分布式系统来说，是一个新工具，RHEL 8 仍然沿用它。timedatectl 命令作为 systemd 系统和服务管理器的一部分，代替旧的、传统的、基于 Linux 分布式系统的 sysvinit 守护进程的 date 命令。

timedatectl 命令可以查询和更改系统时钟和设置，可以使用此命令来设置或更改当前的日期、时间和时区，或实现与远程网络时间协议（Network Time Protocol，NTP）服务器的自动系统时钟同步。

① 显示系统的当前时间、日期、时区等信息。

```
[root@Server01 ~]# timedatectl status
        Local time: — 2021-02-01 11:33:31 EST
    Universal time: — 2021-02-01 16:33:31 UTC
          RTC time: — 2021-02-01 16:33:31
         Time zone: America/New_York (EST, -0500)
System clock synchronized: no
              NTP service: active
       RTC in local TZ: no
```

实时时钟（Real-Time Clock，RTC），即硬件时钟。

② 设置当前时区。

```
[root@Server01 ~]# timedatectl |grep Time                //查看当前时区
[root@Server01 ~]# timedatectl list-timezones            //查看所有可用时区
[root@Server01 ~]# timedatectl set-timezone Asia/Shanghai //修改当前时区
```

③ 设置时间和日期。

```
[root@Server01 ~]# timedatectl set-time  10:43:30    //只设置时间
Failed to set time: NTP unit is active
```

这个错误是启动了时间同步造成的，改正错误的办法是关闭该 NTP 单元。

```
[root@Server01 ~]# clear                                //清屏
[root@Server01 ~]# timedatectl set-ntp no               //关闭时间同步
[root@Server01 ~]# timedatectl set-time 10:58:30    //仅设置时间，格式为时:分:秒
[root@Server01 ~]# timedatectl set-time 2020-08-22  //仅设置日期，格式为年-月-日
[root@Server01 ~]# timedatectl                          //查看设置结果
[root@Server01 ~]# timedatectl set-time "2021-8-21 11:01:40" //设置日期和时间
[root@Server01 ~]# timedatectl                          //查看设置结果
```

注意 只有 root 用户才可以改变系统的日期和时间。

（4）cal 命令

cal 命令用于显示指定月份或年份的日历，可以带两个参数，其中，年份、月份用数字表示；只有一个参数时表示年份，年份的范围为 1~9999；不带任何参数的 cal 命令显示当前月份的日历。例如：

```
[root@Server01 ~]# cal 7 2022
七月 2022
日 一 二 三 四 五 六
                1  2
 3  4  5  6  7  8  9
```

```
10 11 12  13  14  15 16
17 18 19  20  21  22 23
24 25 26  27  28  29 30
31
```

（5）clock 命令

clock 命令用于从计算机的硬件中获得日期和时间。例如：

```
[root@Server01 ~]# clock
2020-08-20 05:02:16.072524-04:00
```

任务 2-3　熟练使用进程管理类命令

进程管理类命令是对进程进行各种显示和设置的命令。

（1）ps 命令

ps 命令主要用于查看系统的进程。该命令的格式为：

```
ps [选项]
```

ps 命令的常用选项如下。

- -a：显示当前控制终端的进程（包含其他用户的）。
- -u：显示进程的用户名和启动时间等信息。
- -w：宽行输出，不截取输出中的命令行。
- -l：按长格形式显示输出。
- -x：显示没有控制终端的进程。
- -e：显示所有的进程。
- -t n：显示第 n 个终端的进程。

例如：

```
[root@Server01 ~]# ps -au
USER   PID    %CPU  %MEM  VSZ    RSS   TTY   STAT  START  TIME  COMMAND
root   2459   0.0   0.2   1956   348   tty2  Ss+   09:00  0:00  /sbin/mingetty tty2
root   2460   0.0   0.2   2260   348   tty3  Ss+   09:00  0:00  /sbin/mingetty tty3
root   2461   0.0   0.2   3420   348   tty4  Ss+   09:00  0:00  /sbin/mingetty tty4
root   2462   0.0   0.2   3428   348   tty5  Ss+   09:00  0:00  /sbin/mingetty tty5
root   2463   0.0   0.2   2028   348   tty6  Ss+   09:00  0:00  /sbin/mingetty tty6
root   2895   0.0   0.9   6472   1180  tty1  Ss    09:09  0:00  bash
```

提示　ps 命令通常和重定向、管道等命令一起使用，用于查找出所需的进程。输出内容第一行的中文解释是：进程的所有者、进程 ID、CPU 占用率、内存占用率、虚拟内存使用量（单位是 KB）、占用的固定内存量（单位是 KB）、所在终端进程状态、被启动的时间、实际使用 CPU 的时间、命令名称与参数等。

（2）pidof 命令

pidof 命令用于查询某个指定服务进程的进程号（Process Identifier, PID）。该命令的格式为：

```
pidof [选项] [服务进程名称]
```

每个进程的 PID 是唯一的，因此可以通过 PID 来区分不同的进程。例如，可以使用如下命令来查询本机上 sshd 服务程序的进程的 PID。

```
[root@Server01 ~]# pidof sshd
```

1218

（3）kill 命令

前台进程在运行时，可以按"Ctrl+C"组合键来终止它，但后台进程无法使用这种方法终止，此时可以使用 kill 命令向后台进程发送强制终止信号，以达到目的。例如：

```
[root@Server01 ~]# kill -l
 1) SIGHUP        2) SIGINT        3) SIGQUIT       4) SIGILL
 5) SIGTRAP       6) SIGABRT       7) SIGBUS        8) SIGFPE
 9) SIGKILL      10) SIGUSR1      11) SIGSEGV      12) SIGUSR2
13) SIGPIPE      14) SIGALRM      15) SIGTERM      17) SIGCHLD
18) SIGCONT      19) SIGSTOP      20) SIGTSTP      21) SIGTTIN
22) SIGTTOU      23) SIGURG       24) SIGXCPU      25) SIGXFSZ
26) SIGVTALRM    27) SIGPROF      28) SIGWINCH     29) SIGIO
30) SIGPWR       31) SIGSYS       34) SIGRTMIN     35) SIGRTMIN+1
......
```

上述命令用于显示 kill 命令能够发送的信号种类。每个信号都有一个对应数值，例如，SIGKILL 信号的值为 9。kill 命令的格式为：

```
kill [选项] 进程1 进程2 ……
```

选项-s 后一般接信号的类型。

例如：

```
[root@Server01 ~]# ps
  PID TTY          TIME CMD
 1448 pts/1    00:00:00 bash
 2394 pts/1    00:00:00 ps
[root@Server01 ~]# kill -s SIGKILL 1448  //或者 kill -9 1448
//上述命令用于结束 bash 进程，会关闭终端
```

（4）killall 命令

killall 命令用于终止某个指定名称的服务程序对应的全部进程。该命令的格式为：

```
killall [选项] [进程名称]
```

通常来讲，复杂软件的服务程序会有多个进程协同为用户提供服务，如果逐个结束这些进程会比较麻烦，此时可以使用 killall 命令来批量结束某个服务程序带有的全部进程。下面以 sshd 服务程序为例，结束其全部进程。

```
[root@Server01 ~]# pidof sshd
1218
[root@Server01 ~]# killall -9 sshd
[root@Server01 ~]# pidof sshd
[root@Server01 ~]#
```

> **注意** 如果在命令行终端中执行一个命令后想立即停止它，则可以按"Ctrl + C"组合键（生产环境中比较常用的一个组合键），这样将立即终止该命令的进程。或者，如果有些命令在执行时不断地在屏幕上输出信息，影响后续命令的输入，则可以在执行命令时在其末尾添加一个"&"，这样命令将在系统后台执行。

（5）nice 命令

nice 命令在执行程序之前，改变优先级，以调整过的优先级运行命令。如果没有给出命令，就显示当前的优先级。优先级范围为-20～19，越小优先级越高，默认为 0。

Linux 操作系统有两个和进程有关的优先级。用"ps -l"命令可以看到这两个优先级：PRI 和

NI。PRI 值是进程实际的优先级，它是由操作系统动态计算的。这个优先级的计算和 NI 值有关。NI 值可以被用户更改，NI 值越大，优先级越低。普通用户只能增大 NI 值，只有超级用户才可以减小 NI 值。NI 值被改变后，会影响 PRI 值。优先级高的进程被优先运行，进程的默认 NI 值为 0。nice 命令的格式如下：

```
nice -n 程序名  //以指定的优先级运行程序
```

其中，n 表示 NI 值，正值代表 NI 值增加，负值代表 NI 值减小。

例如：

```
[root@Server01 ~]# nice --2 ps -l
```

（6）renice 命令

renice 命令是根据进程的进程号来改变进程优先级的。renice 命令的格式为：

```
renice n  进程号
```

其中，n 表示修改后的 NI 值。

例如：

```
[root@Server01 ~]# ps -l
F S   UID   PID  PPID  C PRI  NI ADDR SZ WCHAN  TTY          TIME CMD
0 S     0  3324  3322  0  80   0 - 27115 wait   pts/0    00:00:00 bash
4 R     0  4663  3324  0  80   0 - 27032 -      pts/0    00:00:00 ps
[root@Server01 ~]# renice -6 3324
[root@Server01 ~]# ps -l
```

（7）top 命令

和 ps 命令不同，top 命令可以实时监控进程的状况。top 命令的界面自动每 5s 刷新一次，也可以用 "top -d 20" 命令使 top 命令的界面每 20s 刷新一次。

2-4 拓展阅读

top 命令

（8）jobs、bg、fg 命令

jobs 命令用于查看在后台运行的进程。例如：

```
[root@Server01 ~]# find / -name  h* //立即按 "Ctrl + z" 组合键将当前命令暂停
[1]+ 已停止             find / -name h*
[root@Server01 ~]# jobs
[1]+ 已停止             find / -name h*
```

bg 命令用于把进程放到后台运行。例如：

```
[root@Server01 ~]# bg %1
```

fg 命令用于把在后台运行的进程调到前台。例如：

```
[root@Server01 ~]# fg %1
```

任务 2-4 熟练使用其他常用命令

除了上面介绍的命令，还有一些命令也经常用到。

（1）clear 命令

clear 命令用于清除命令行终端的内容。

（2）uname 命令

uname 命令用于显示系统信息。例如：

```
[root@Server01 ~]# uname -a
Linux RHEL8-1 4.18.0-193.el8.x86_64 #1 SMP Fri Mar 27 14:35:58 UTC 2020 x86_64 x86_64
```

```
x86_64 GNU/Linux
```

（3）man 命令

man 命令用于列出命令的帮助手册，非常有用！例如：

```
[root@Server01 ~]# man ls
```

典型的 man 手册包含以下几部分。

- NAME：命令的名称。
- SYNOPSIS：命令的概要，简单说明命令的使用方法。
- DESCRIPTION：详细描述命令的使用方法，如各种参数（选项）的作用。
- SEE ALSO：列出可能要查看的其他相关的手册页条目。
- AUTHOR、COPYRIGHT：作者和版权等信息。

（4）shutdown 命令

shutdown 命令用于在指定时间关闭系统。该命令的格式为：

```
shutdown [选项] 时间 [警告信息]
```

shutdown 命令的常用选项如下。

- -r：系统关闭后重新启动。
- -h：关闭系统。

时间可以是以下几种形式。

- now：表示立即。
- hh:mm：指定绝对时间，hh 表示小时，mm 表示分钟。
- +m：表示 m 分钟以后。

例如：

```
[root@Server01 ~]# shutdown -h now   //立即关闭系统
```

（5）halt 命令

halt 命令用于立即停止系统，但该命令无法自动关闭电源，需要手动关闭电源。

（6）reboot 命令

reboot 命令用于立即重新启动系统，相当于"shutdown -r now"命令。

（7）poweroff 命令

poweroff 命令用于立即停止系统，并关闭电源，相当于"shutdown -h now"命令。

（8）alias 命令

alias 命令用于创建命令的别名。该命令的格式为：

```
alias 命令别名 = "命令行"
```

例如：

```
[root@Server01 ~]# alias mand="vim /etc/man_db.conf"
```
//定义 **mand** 为命令"vim /etc/man_db.conf"的别名，输入 **mand** 命令进行测试

alias 命令不带任何参数时将列出系统已定义的别名。

（9）unalias 命令

unalias 命令用于取消定义的别名。例如：

```
[root@Server01 ~]# unalias mand
```

（10）history 命令

history 命令用于显示用户最近执行的命令，可以保留的历史命令数和环境变量 HISTSIZE 有

关。只要在编号前加"!",就可以重新执行 history 命令中显示的命令。例如:

```
[root@Server01 ~]# !128
```

上述代码示例表示重新执行第 128 个历史命令。

（11）wget 命令

wget 命令用于在终端中下载网络文件。该命令的格式为：

```
wget [选项] 下载地址
```

（12）who 命令

who 命令用于查看当前登录主机的用户终端信息。该命令的格式为：

```
who [选项]
```

who 命令可以快速显示出所有正在登录本机的用户的名称以及他们正在开启的终端信息。执行 who 命令后的结果如下。

```
[root@Server01 ~]# who
root     tty2      2021-02-12 06:33 (tty2)
```

（13）last 命令

last 命令用于查看本机所有的登录记录。该命令的格式为：

```
last [选项]
```

使用 last 命令虽然可以查看本机的登录记录，但是，由于这些信息都是以日志文件的形式保存在系统中的，因此黑客可以很容易地对信息进行篡改。因此，不能单纯以日志文件中的登录信息来判定是否遭黑客攻击。

```
[root@Server01 ~]# last
root    pts/0         :0             Thu May  3 17:34   still logged in
root    pts/0         :0             Thu May  3 17:29 - 17:31  (00:01)
root    pts/1         :0             Thu May  3 00:29   still logged in
root    pts/0         :0             Thu May  3 00:24 - 17:27  (17:02)
root    pts/0         :0             Thu May  3 00:03 - 00:03  (00:00)
root    pts/0         :0             Wed May  2 23:58 - 23:59  (00:00)
root    :0            :0             Wed May  2 23:57   still logged in
reboot  system boot   3.10.0-693.el7.x Wed May  2 23:54 - 19:30  (19:36)
（省略部分登录信息）
```

（14）sosreport 命令

sosreport 命令用于收集系统配置及架构信息并输出诊断文档。该命令的格式为：

2-5 拓展阅读

wget 命令

```
sosreport
```

（15）echo 命令

echo 命令用于在命令行终端输出字符串或变量提取后的值。该命令的格式为：

```
echo [字符串 | $变量]
```

例如，把指定字符串"long60.cn"输出到终端的命令为：

```
[root@Server01 ~]# echo long60.cn
```

该命令会在终端显示如下信息。

```
long60.cn
```

下面，使用"$变量"的方式提取变量 SHELL 的值，并将其输出到终端。

```
[root@Server01 ~]# echo $SHELL
/bin/bash              //显示当前的 bash
```

2-6 拓展阅读

sosreport 命令

2-7 拓展阅读

uptime 命令

任务 2-5　熟练使用 vim 编辑器

2-8　慕课

项目实录　使用
vim 编辑器

vim 是 vimsual interface 的简称，它可以执行输出、删除、查找、替换、块操作等文本操作，而且用户可以根据自己的需要对其进行定制。这些是其他编辑程序所没有的功能。vim 不是一个排版程序，不可以对字体、格式、段落等其他属性进行编排，它只是一个文本编辑程序。vim 是全屏幕文本编辑器，没有菜单，只有命令。

1. 启动与退出 vim

在命令行终端提示符后输入 vim 和想要编辑（或建立）的文件名，便可进入 vim。例如：

```
[root@Server01 ~]# vim myfile
```

如果只输入 vim，而不带文件名，则也可以进入 vim，vim 编辑环境如图 2-1 所示。

图 2-1　vim 编辑环境

在命令模式下（**初次进入 vim 不进行任何操作就是命令模式**）输入:q、:q!、:wq 或:x（注意":"）并按"Enter"键，就会退出 vim。其中，:wq 命令和:x 命令是存盘退出，而:q 命令是直接退出。如果文件已有新的变化，则 vim 会提示保存文件，而:q 命令也会失效。这时可以用:w 命令保存文件后用:q 命令退出，或用:wq 命令或:x 命令退出。如果不想保存改变后的文件，就需要用:q!命令，这个命令将不保存文件直接退出 vim。例如：

```
:w                      //保存
:w    filename          //另存为 filename
:wq                     //保存退出
:wq   filename          //以 filename 为文件名保存后退出
:q!                     //不保存退出
:x                      //保存并退出，功能和:wq 命令相同
```

2. 熟练掌握 vim 的工作模式

vim 有 3 种基本工作模式：命令模式、输入模式和末行模式。用 vim 打开一个文件后，便处于命令模式。利用文本插入命令，如 i、a、o 等，可以进入输入模式，按"Esc"键可以从输入模式退回命令模式。在命令模式中按":"键可以进入末行模式，当执行完命令或按"Esc"键可以回到命令模式。3 种基本工作模式的转换如图 2-2 所示。

（1）命令模式

进入 vim 之后，首先进入的就是命令模式。进入命令模式后，vim 等待命令输入而不是文本输

入。也就是说，这时输入的字母都将作为命令来解释。

图 2-2　3 种基本工作模式的转换

进入命令模式后，光标停在屏幕第一行行首，用"_"表示，其余各行的行首均有一个"~"，表示该行为空行。最后一行是状态行，显示当前正在编辑的文件名及其状态。如果显示的是[New File]，则表示该文件是一个新建的文件。

如果输入"vim [文件名]"命令，且该文件已在系统中存在，则在屏幕上显示该文件的内容，并且光标停在第一行的行首，在状态行显示该文件的文件名、行数和字符数。

（2）输入模式

在命令模式下输入相应的命令可以进入输入模式，如输入插入命令 i、附加命令 a、打开命令 o、修改命令 c 或替换命令 s 都可以进入输入模式。在输入模式下，用户输入的任何字符都被 vim 当作文件内容保存起来，并将其显示在屏幕上。在文本输入过程中（输入模式下），若想回到命令模式，则按"Esc"键即可。

（3）末行模式

在命令模式下，用户按":"键可进入末行模式。此时 vim 会在显示窗口的最后一行（通常也是屏幕的最后一行）显示一个":"作为末行模式的提示符，等待用户输入命令。多数文件管理命令都是在此模式下执行的。末行命令执行完后，vim 自动回到命令模式。

若在末行模式下输入命令的过程中改变了主意，则按"BackSpace"键将输入的命令全部删除之后，再按"BackSpace"键，使 vim 回到命令模式。

3. 使用 vim

（1）命令模式下的命令说明

在命令模式下，"光标移动""查找与替换""删除、复制与粘贴"等的说明分别如表 2-2～表 2-4 所示。

表 2-2　命令模式下的光标移动的说明

命　令	光标移动
h 或向左方向键（←）	光标向左移动一个字符
j 或向下方向键（↓）	光标向下移动一个字符
k 或向上方向键（↑）	光标向上移动一个字符

续表

命　　令	光标移动
l 或向右方向键（→）	光标向右移动一个字符
Ctrl + f	屏幕向下移动一页，相当于"PageDown"键（常用）
Ctrl + b	屏幕向上移动一页，相当于"PageUp"键（常用）
Ctrl + d	屏幕向下移动半页
Ctrl + u	屏幕向上移动半页
+	光标移动到非空格符的下一列
-	光标移动到非空格符的上一列
n<Space>	n 表示数字，如 20。输入数字后再按"Space"键，光标会向右移动这一行的 n 个字符。例如，输入 20 并按"Space"键，光标会向右移动 20 个字符
0 或功能键"Home"	这是数字 0：光标移动到这一行的最前面字符处（常用）
$ 或功能键"End"	光标移动到这一行的最后面字符处（常用）
H	光标移动到屏幕最上方那一行的第一个字符处
M	光标移动到屏幕中央那一行的第一个字符处
L	光标移动到屏幕最下方那一行的第一个字符处
G	光标移动到这个文件的最后一行（常用）
nG	n 为数字。光标移动到这个文件的第 n 行。例如，输入 20 并按"G"键，光标会移动到这个文件的第 20 行（可配合:set nu）
gg	光标移动到这个文件的第一行，相当于输入 1，并按"G"键（常用）
n<Enter>	n 为数字。光标向下移动 n 行（常用）

说明 如果将右手放在键盘上，你会发现 h、j、k、l 是排列在一起的，因此可以使用这 4 个按键来移动光标。如果想进行多次移动，如向下移动 30 行，则可以输入 30，并按"J"键或按"↓"键，即输入想要移动的次数（数字）后，按相应的键。

表 2-3　命令模式下的查找与替换的说明

命　　令	查找与替换
/word	自光标位置开始向下寻找一个名称为 word 的字符串。例如，要在文件内查找 myweb 字符串，输入/myweb 即可（常用）
?word	自光标位置开始向上寻找一个名称为 word 的字符串
n	n 代表英文按键，代表重复前一个查找的动作。例如，如果刚刚执行/myweb 命令向下查找 myweb 字符串，则按"n"键后，会向下继续查找下一个 myweb 字符串。如果是执行?myweb 命令，那么按"n"键会向上继续查找 myweb 字符串
N	N 代表英文按键。与 n 刚好相反，它代表反向进行前一个查找动作。例如，执行/myweb 命令后，按"N"键表示向上查找 myweb 字符串
:n1,n2 s/word1/word2/g	n1 与 n2 为数字。表示在第 n1~n2 行寻找 word1 字符串，并将该字符串取代为 word2。例如，在第 100~200 行查找 myweb 字符串并将其取代为 MYWEB，则输入:100,200 s/myweb/ MYWEB/g（常用）

续表

命　令	查找与替换
:1,$ s/word1/word2/g	从第一行到最后一行寻找 word1 字符串，并将该字符串取代为 word2（常用）
:1,$ s/word1/word2/gc	从第一行到最后一行寻找 word1 字符串，并将该字符串取代为 word2，且在取代前显示提示字符，让用户确认是否需要取代（常用）

注意：使用/word 命令配合 n 及 N 是非常有帮助的，它可以让你重复找到一些查找的关键词。

表 2-4　命令模式下的删除、复制与粘贴的说明

命　令	删除、复制与粘贴
x，X	在一行字符当中，x 为向后删除一个字符（相当于"Del"键），X 为向前删除一个字符（相当于"BackSpace"键）（常用）
nx	n 为数字。表示连续向后删除 n 个字符。例如，要连续删除 10 个字符，输入 10x 即可
dd	删除光标所在的那一整列（常用）
ndd	n 为数字。表示删除光标所在位置的向下 n 行。例如，20dd 表示删除从光标所在位置开始的向下 20 行（常用）
d1G	删除从光标所在位置到第一行的所有数据
dG	删除从光标所在位置到最后一行的所有数据
d$	删除从光标所在位置到该行行尾的所有数据
d0	数字 0，删除从光标所在行的第一个字符到光标之间的全部字符
yy	复制光标所在行（常用）
nyy	n 为数字。表示复制光标所在位置向下 n 行。例如，20yy 是复制 20 行（常用）
y1G	复制从光标所在行到第一行的所有数据
yG	复制从光标所在行到最后一行的所有数据
y0	复制从光标所在位置的前一个字符到该行行首的所有数据
y$	复制从光标所在位置到该行行尾的所有数据
p，P	p 表示将已复制的数据在光标所在位置的下一行粘贴，P 或者 Shift+P 表示粘贴在光标所在位置的上一行。例如，目前光标在第 20 行，且已经复制了 10 行数据，按"p"键后，这 10 行数据会粘贴在原来的第 20 行数据之后，即由第 21 行开始粘贴。但如果是按"P"键呢？将会在光标所在位置的上一行粘贴，即原本的第 20 行会变成第 30 行（常用）
J	将光标所在行与下一行的数据结合成一行
c	重复删除多个数据。例如，向下删除 10 行，输入 10cj 即可
u	撤销上一个动作（常用）
Ctrl+r	反撤销上一个动作（常用）
.	不要怀疑，这就是小数点，表示重复前一个动作。想要重复删除、粘贴等动作，按"."键即可（常用）

说明　"u"与"Ctrl+r"组合键是很常用的命令！一个是撤销，另一个是反撤销。利用这两个功能命令会为编辑提供很多方便。

这些命令看似复杂，其实使用起来非常简单。例如，在命令模式下使用 5yy 命令进行复制后，再使用以下命令进行粘贴。

```
p              //在光标之后粘贴
Shift+p        //在光标之前粘贴
```

在进行查找和替换时，若不在命令模式下，则可按"Esc"键进入命令模式，输入"/"或"?"进行查找。例如，在一个文件中查找 swap 单词，首先按"Esc"键，进入命令模式，然后输入：

```
/swap
```

或

```
?swap
```

若把光标所在行中的所有单词 the 替换成 THE，则需输入：

```
:s /the/THE/g
```

仅把第 1 行～第 10 行中的 the 替换成 THE。

```
:1,10 s /the/THE/g
```

这些编辑命令非常有弹性，基本上可以说是由命令与范围构成的。需要注意的是，我们采用计算机的键盘来说明 vim 的操作，但在具体的环境中还要参考相应的资料。

（2）输入模式下的命令说明

输入模式下的命令说明如表 2-5 所示。

表 2-5　输入模式下的命令说明

命　　令	说　　明
i	从光标所在位置前开始插入文本
I	将光标移到当前行的行首，然后插入文本
a	用于在光标当前所在位置之后追加新文本
A	将光标移到所在行的行尾，从那里开始插入新文本
o	在光标所在行的下面插入一行，并将光标置于该行行首，等待输入
O	在光标所在行的上面插入一行，并将光标置于该行行首，等待输入
Esc	退出输入模式回到命令模式中（常用）

 说明　在使用上面这些命令时，在 vim 编辑器界面的左下角会出现"--INSERT--"或"--REPLACE--"的字样。由名称就可以知道该命令的含义。需要特别注意的是，想要在文件中输入字符，一定要在左下角看到 INSERT 或 REPLACE 时才能输入。

（3）末行模式下的命令说明

如果当前是输入模式，则先按"Esc"键进入命令模式，在命令模式下按":"键进入末行模式。末行模式下保存文件、退出编辑等的命令说明如表 2-6 所示。

表 2-6　末行模式下的命令说明

命　　令	说　　明
:w	将编辑的数据写入硬盘文件中（常用）
:w!	若文件属性为只读，则强制将数据写入该文件。但到底能不能写入，还与用户对该文件拥有的权限有关
:q	退出 vim（常用）
:q!	若曾修改过文件，又不想存储，则使用"!"强制退出而不存储文件。注意，"!"在 vim 中常常具有强制的意思

续表

命　　令	说　　明
:wq	存储后退出，若为":wq!"，则表示强制存储后退出（常用）
ZZ	这是大写的 Z。若文件没有更改，则不存储即退出；若文件已经被更改，则存储后退出
:w [filename]	将编辑的数据存储为 filename 文件（类似另存为新文件）
:r [filename]	在编辑的数据中，读入 filename 文件的数据，即将 filename 文件内容加到光标所在行的后面
:n1,n2 w [filename]	将 n1～n2 的内容存储为 filename 文件
:! command	暂时退出 vim 到命令模式下，显示执行 command 命令的结果。例如，输入":! ls /home"即可在 vim 中查看/home 下以 ls 命令输出的文件信息
:set nu	显示行号，设定之后，会在每一行的行首显示该行的行号
:set nonu	与:set nu 相反，表示取消显示行号

4. 完成案例练习

（1）本案例练习的要求（在 Server01 上实现）

① 在/tmp 目录下建立一个名为 mytest 的目录，进入 mytest 目录。

② 将/etc/man_db.conf 复制到 mytest 目录，使用 vim 命令打开 mytest 目录的 man_db.conf 文件。

③ 在 vim 中设定行号，移动到第 58 行，向右移动 15 个字符，请问你看到的该行前面的 15 个字母的组合是什么？

④ 移动到第 1 行，并向下查找"gzip"字符串，请问它在第几行？

⑤ 将第 50～100 行的"man"字符串改为大写"MAN"字符串，并且逐个询问是否需要修改，如何操作？如果在筛选过程中一直按"Y"键，则会在最后一行出现改变了多少个"man"字符串的说明，请回答一共替换了多少个"man"字符串。

⑥ 修改完之后，如果突然后悔了，要全部复原，有哪些方法？

⑦ 复制第 65～73 行这 9 行的内容，并将其粘贴到最后一行之后。

⑧ 删除第 23～28 行的开头为"#"的批注数据，如何操作？

⑨ 将这个文件另存为一个名为 man.test.config 的文件。

⑩ 找到第 27 行，并删除该行开头的 8 个字符，结果中出现的第一个单词是什么？在第 1 行新增一行，在该行输入"I am a student..."，然后存储并退出。

（2）参考步骤

① 输入"mkdir　/tmp/mytest; cd　/tmp/mytest"。

② 输入"cp　/etc/man_db.conf　.; vim man_db.conf"。

③ 输入":set nu"，然后会在界面中看到左侧出现数字，即行号。先按"5+8+G"组合键再按"1+5+→"组合键，会看到"# on privileges."。

④ 先输入"1G"或"gg"后，再输入/gzip，应该在第 93 行。

⑤ 直接输入":50,100 s/man/MAN/gc"即可。若一直按"Y"键，则最终会出现"在 15 行内置换 26 个字符串"的说明。

⑥ 复原的简单方法：可以一直按"U"键恢复到原始状态；也可以使用:q!命令强制不保存文件

而直接退出命令模式，再载入该文件。

⑦ 输入"65G"，然后输入"9yy"，最后一行会出现"复制 9 行"之类的说明字样。按"G"键使光标移动到最后一行，再按"p"键，会在最后一行之后粘贴上述 9 行内容。

⑧ 输入"23G→6dd"就能删除 6 行，此时你会发现光标所在的第 23 行变成以 MANPATH_MAP 开头了，以"#"开头的几行批注数据都被删除了。

⑨ 输入":w man.test.config"，你会发现最后一行出现"man.test.config[New].."的字样。

⑩ 输入"27G"之后，再输入"8x"即可删除 8 个字符，出现 MAP 的字样；输入"1G"，移到第 1 行，然后按"O"键，便新增一行且位于输入模式；开始输入"I am a student..."后，按"Esc"键回到命令模式等待后续工作；最后输入":wq"。

如果你能顺利完成以上操作，那么使用 vim 应该没有太大的问题了。请一定多练习几遍，熟练应用。

2.4 拓展阅读 我国计算机的主奠基者

在我国计算机发展的历史"长河"中，有一位做出突出贡献的科学家，他也是我国计算机的主奠基者，你知道他是谁吗？

他就是华罗庚教授——我国计算机技术的奠基人和最主要的开拓者之一。华罗庚教授在数学上的造诣和成就深受世界科学家的赞赏。在美国任访问研究员时，华罗庚教授的心里就已经开始勾画我国电子计算机事业的蓝图了！

华罗庚教授于 1950 年回国，1952 年全国高等学校院系调整时，他从清华大学电机系物色了闵乃大、夏培肃和王传英三位科研人员，在他任所长的中国科学院数学研究所内建立了我国第一个电子计算机科研小组。1956 年筹建中国科学院计算技术研究所时，华罗庚教授担任筹备委员会主任。

2.5 项目实训 熟练使用 Linux 基本命令

1. 视频位置
实训前请扫描二维码，观看"项目实录 熟练使用 Linux 基本命令"慕课。

2-9 慕课

项目实录 熟练使用 Linux 基本命令

2. 项目实训目的
- 掌握 Linux 各类命令的使用方法。
- 熟悉 Linux 操作环境。

3. 项目背景
现在有一台已经安装了 Linux 操作系统的主机，并且已经配置了基本的传输控制协议/互联网协议（Transmission Control Protocol/Internet Protocol,TCP/IP）参数，能够通过网络连接局域网中或远程的主机。还有一台 Linux 服务器，能够提供 FTP、Telnet 和安全外壳（Secure Shell，SSH）连接。

4. 项目要求
练习使用 Linux 基本命令，达到熟练应用的目的。

5. 做一做

根据项目实录进行项目实训，检查学习效果。

2.6 练习题

一、填空题

1. 在 Linux 操作系统中，命令_____大小写。在命令行中，可以使用_____键来自动补齐命令。

2. 要在一个命令行上输入和执行多条命令，可以使用_____来分隔命令。

3. 断开一个长命令，可以使用_____，以将一个较长的命令分成多行表达，增强命令的可读性。执行后，shell 自动显示提示符_____，表示正在输入一个长命令。

4. 要使程序以后台方式执行，只需在要执行的命令后加上一个_____符号。

二、选择题

1. (　　) 命令能用来查找文件 TESTFILE 中包含 4 个字符的行。

A. grep '???? ' TESTFILE   B. grep '.... ' TESTFILE

C. grep '^????$' TESTFILE   D. grep '^....$ ' TESTFILE

2. (　　) 命令用来显示/home 及其子目录下的文件名。

A. ls –a /home   B. ls –R /home   C. ls –l /home   D. ls –d /home

3. 如果忘记了 ls 命令的用法，则可以采用 (　　) 命令获得帮助。

A. ? ls   B. help ls   C. man ls   D. get ls

4. 查看系统当中所有进程的命令是 (　　)。

A. ps all   B. ps aix   C. ps auf   D. ps aux

5. Linux 中有多个查看文件的命令，如果希望在查看文件内容的过程中上下移动光标来查看文件内容，则下列符合要求的命令是 (　　)。

A. cat   B. more   C. less   D. head

6. (　　) 命令可以了解当前目录下还有多大空间。

A. df   B. du /   C. du .   D. df .

7. 要找出 /etc/my.conf 文件属于哪个包，可以执行 (　　) 命令。

A. rpm –q /etc/my.conf   B. rpm –requires /etc/my.conf

C. rpm –qf /etc/my.conf   D. rpm –q | grep /etc/my.conf

8. 在应用程序启动时，(　　) 命令用于设置进程的优先级。

A. priority   B. nice   C. top   D. setpri

9. (　　) 命令可以把 f1.txt 复制为 f2.txt。

A. cp f1.txt | f2.txt   B. cat f1.txt | f2.txt

C. cat f1.txt > f2.txt   D. copy f1.txt | f2.txt

10. 使用 (　　) 命令可以查看 Linux 的启动信息。

A. mesg –d   B. dmesg

C. cat /etc/mesg   D. cat /var/mesg

三、简答题

1. more 和 less 命令有何区别？

2. Linux 操作系统下对磁盘的命名原则是什么？

3. 在网上下载一个 Linux 的应用软件，介绍其用途和基本使用方法。

2.7 实践习题

练习使用 Linux 基本命令和 vim 编辑器，达到熟练应用的目的。

学习情境二

系统管理与配置

故不积跬步，无以至千里；不积小流，无以成江海。

——《荀子·劝学》

项目3
管理Linux服务器的用户和组

项目导入

Linux 是多用户多任务的操作系统。作为该操作系统的网络管理员，掌握用户和组的创建与管理至关重要。本项目主要介绍利用命令行对用户和组进行创建与管理。

职业能力目标和要求

- 了解用户和组配置文件。
- 熟练掌握 Linux 中用户账户的创建与维护管理的方法。

- 熟练掌握 Linux 中组的创建与维护管理的方法。
- 熟悉用户账户管理命令。

素养提示

- 了解中国国家顶级域名"CN"，了解中国互联网发展中的大事，激发学生的自豪感。

- "古之立大事者，不惟有超世之才，亦必有坚忍不拔之志"，鞭策学生努力学习。

3.1 项目知识准备

Linux 操作系统允许多个用户同时登录系统，使用系统资源。

3-1 微课

管理 Linux 服务器的用户和组

3.1.1 理解用户账户和组

用户账户是用户的身份标识。用户通过用户账户可以登录系统，并访问已经被授权的资源。系统依据用户账户来区分属于每个用户的文件、进程、任务，并为每个用户提供特定的工作环境（如用户的工作目录、shell 版本以及图形化的环境配置等），使每个用户都能各自不受干扰地独立工作。

Linux 操作系统下的用户账户分为两种：普通用户账户和超级用户账户（root）。普通用户账户在系统中只能进行普通工作，只能访问他们拥有的或者有权限执行的文件。超级用户账户也叫管理员账户，它的任务是对普通用户和整个系统进行管理。超级用户账户对系统具有绝对的控制权，能够对系统进行一切操作，如操作不当，就很容易造成系统损坏。

因此，即使系统只有一个用户在使用，也应该在超级用户账户之外再建立一个普通用户账户，在用户进行普通工作时以普通用户账户登录系统。

在 Linux 操作系统中，为了方便管理员的管理和用户的工作，产生了组的概念。组是具有相同属性的用户的逻辑集合，使用组有利于管理员按照用户的特性组织和管理用户，提高工作效率。有了组，在进行资源授权时可以把权限赋予某个组，组中的成员即可自动获得这种权限。一个用户可以同时是多个组的成员，其中某个组是该用户的主组（私有组），其他组为该用户的附属组（标准组）。表 3-1 所示为用户和组的基本概念。

表 3-1　用户和组的基本概念

概　念	描　述
用户名	用于标识用户的名称，可以是字母、数字组成的字符串，区分大小写
密码	用于验证用户身份的特殊验证码
用户标识（User ID，UID）	用于表示用户的数字标识符
用户家目录	用户的私人目录，也是用户登录系统后默认所在的目录
登录 shell	用户登录后默认使用的 shell 程序，默认为/bin/bash
组	具有相同属性的用户属于同一个组
组标识（Group ID，GID）	用于表示组的数字标识符

root 用户的 UID 为 0；系统用户的 UID 为 1~999；普通用户的 UID 可以在创建时由管理员指定，如果不指定，则普通用户的 UID 默认从 1000 开始顺序编号。在 Linux 操作系统中，创建用户账户的同时也会创建一个与用户同名的组，该组是用户的主组。普通组的 GID 也默认从 1000 开始编号。

3.1.2　理解用户账户文件

用户账户信息和组信息分别存储在用户账户文件和组文件中。

1. /etc/passwd 文件

准备工作：新建用户账户 bobby、user1、user2，将 user1 和 user2 加入 bobby 组（后文有详细解释）。

```
[root@Server01 ~]# useradd bobby; useradd user1, useradd user2
[root@Server01 ~]# usermod -G bobby user1
[root@Server01 ~]# usermod -G bobby user2
```

在 Linux 操作系统中，创建的用户账户及其相关信息（密码除外）均放在/etc/passwd 配置文件中。使用 vim 编辑器（或者使用 cat　/etc/passwd 命令）打开 passwd 文件，内容如下。

```
root:x:0:0:root:/root:/bin/bash
bin:x:1:1:bin:/bin:/sbin/nologin
daemon:x:2:2:daemon:/sbin:/sbin/nologin
user1:x:1002:1002::/home/user1:/bin/bash
```

文件中的每一行代表一个用户账户的资料，可以看到第一个用户是 root，然后是一些标准用户账户，此类用户账户的 shell 为/sbin/nologin，代表无本地登录权限，最后一行是由系统管理员创建的普通用户账户：user1。

passwd 文件的每一行用“:”分隔为 7 个字段，各个字段的内容如下。

用户名:加密口令:UID:GID:用户的描述信息:家目录:命令解释器（登录 shell）

passwd 文件各字段说明如表 3-2 所示，其中少数字段的内容可以为空，但仍需使用“:”进行占位来表示该字段。

表 3-2　passwd 文件各字段说明

字　　段	说　　明
用户名	用户账户名称，用户登录时使用的名称
加密口令	用户口令，考虑到系统的安全性，现在已经不使用该字段保存口令，而用字母“x”来填充该字段，将真正的口令保存在 shadow 文件中
UID	用户标识，唯一表示某用户的数字标识符
GID	用户所属的组的标识符，对应 group 文件中的 GID
用户描述信息	可选，包括用户名、用户电话号码等描述性信息
家目录	用户的宿主目录，即用户成功登录后的默认目录
命令解释器	用户使用的 shell，默认为/bin/bash

2. /etc/shadow 文件

由于所有用户对/etc/passwd 文件均有读取权限，因此为了提高系统的安全性，用户经过加密之后的口令都存放在/etc/shadow 文件中。/etc/shadow 文件只对 root 用户可读，因而大大提高了系统的安全性。shadow 文件的内容如下（使用 cat　/etc/shadow 命令可查看整个文件的内容）。

```
root:$6$.ogTGgxg60WtMR/w$xNVm8hVU1YVSjkKhtqGAkWgsDIvCuDOFgNl.0jec.myzm9tlZ3igOXgy
X5UvGDvL8sptG8VNrKDsv8t0Qb0Pi/:18495:0:99999:7::: 
bin:*:18199:0:99999:7:::
daemon:*:18199:0:99999:7:::
bobby:!!:18495:0:99999:7:::
user1:!!!:18495:0:99999:7:::
```

shadow 文件可保存投影加密之后的口令以及与口令相关的一系列信息，每个用户的信息在 shadow 文件中占一行，并且用“:”分隔为 9 个字段，各字段的说明如表 3-3 所示。

表 3-3　shadow 文件各字段说明

字　段	说　　明
1	用户登录名
2	加密后的用户口令，“*”表示非登录用户，“!!”表示未设置口令
3	自 1970 年 1 月 1 日起，到用户最近一次口令被修改的天数
4	自 1970 年 1 月 1 日起，到用户可以更改口令的天数，即最短口令存活期
5	自 1970 年 1 月 1 日起，到用户必须更改口令的天数，即最长口令存活期
6	口令过期前几天提醒用户更改口令
7	口令过期后几天账户被禁用
8	口令被禁用的具体天数（相对天数，从 1970 年 1 月 1 日起至禁用时的天数）
9	保留字段，用于功能扩展

3. /etc/login.defs 文件

建立用户账户时，会根据/etc/login.defs 文件的配置设置用户账户的某些选项。该配置文件的有效设置内容及中文注释如下。

```
MAIL_DIR          /var/spool/mail            //用户邮箱目录
MAIL_FILE         .mail
PASS_MAX_DAYS     99999                       //账户口令最长有效天数
PASS_MIN_DAYS     0                           //账户口令最短有效天数
PASS_MIN_LEN      5                           //账户口令的最小长度
PASS_WARN_AGE     7                           //账户口令过期前提前警告的天数
UID_MIN                    1000               //用 useradd 命令创建账户时自动产生的最小 UID 值
UID_MAX                    60000              //用 useradd 命令创建账户时自动产生的最大 UID 值
GID_MIN                    1000               //用 groupadd 命令创建组时自动产生的最小 GID 值
GID_MAX                    60000              //用 groupadd 命令创建组时自动产生的最大 GID 值
USERDEL_CMD    /usr/sbin/userdel_local
//如果定义，则在删除用户时执行，以删除相应用户的计划作业和输出作业等
CREATE_HOME       yes                         //创建用户账户时是否为用户创建家目录
```

3.1.3 理解组文件

组账户的信息存放在/etc/group 文件中，而关于组管理的信息（组口令、组管理员等）则存放在/etc/gshadow 文件中。

1. /etc/group 文件

group 文件位于/etc 目录下，用于存放用户的组账户信息，对于该文件的内容，任何用户都可以读取。每个组账户在 group 文件中占一行，并且用 ":" 分隔为 4 个字段。每一行各字段的内容如下（使用 cat /etc/group 命令可以查看整个文件的内容）。

组名称:组口令（一般为空，用字母"x"占位）:GID:组成员列表

group 文件的内容如下。

```
root:x:0:
bin:x:1:
daemon:x:2:
bobby:x:1001:user1,user2
user1:x:1002:
```

可以看出，root 用户的 GID 为 0，没有其他组成员。group 文件的组成员列表中如果有多个用户账户属于同一个组，则各成员之间以 "," 分隔。在/etc/group 文件中，用户的主组并不把该用户作为成员列出，只有用户的附属组才会把该用户作为成员列出。例如，用户 bobby 的主组是 bobby，但/etc/group 文件中组 bobby 的组成员列表中并没有用户 bobby，只有用户 user1 和 user2。

2. /etc/gshadow 文件

/etc/gshadow 文件用于存放组的加密口令、组管理员等信息，该文件只有 root 用户可以读取。每个组账户在 gshadow 文件中占一行，并以 ":" 分隔为 4 个字段。每一行中各字段的内容如下。

组名称:加密后的组口令(没有就用"!"占位):组管理员:组成员列表

gshadow 文件的内容如下。

```
root:::
bin:::
daemon:::
bobby:!::user1,user2
user1:!::
user2:!::
```

3-2 课堂慕课

管理 Linux 服务
器的用户和组

3.2 项目设计与准备

服务器安装完成后，需要对用户账户和组、文件权限等内容进行管理。

在进行本项目的教学与实训前，需要做好如下准备。

（1）已经安装好的 RHEL 8。

（2）ISO 映像文件。

（3）VMware Workstation 15.5 以上虚拟机软件。

（4）设计教学或实训用的用户及权限列表。

本项目的所有实例都在服务器 Server01 上完成。

3.3 项目实施

用户账户管理包括新建用户、设置用户账户口令和维护用户账户等内容。

任务 3-1 新建用户

在系统中新建用户可以使用 useradd 或者 adduser 命令。useradd 命令的格式为：

```
useradd  [选项]  <username>
```

useradd 命令有很多选项，常用的如表 3-4 所示。

表 3-4　useradd 命令的常用选项

选　　项	说　　　　明
-c	添加用户的注释性信息
-d	指定用户的家目录
-e	禁用账户的日期，格式为 YYYY-MM-DD
-f	设置账户过期多少天后用户账户被禁用。如果为 0，则账户过期后将立即被禁用；如果为-1，则账户过期后，将不被禁用，即永不过期
-g	指定用户所属主组的组名称或者 GID
-G	指定用户所属的附属组列表，多个组之间用","分隔
-m	若用户家目录不存在，则创建它
-M	不要创建用户家目录
-n	不要创建用户私有组
-p	指定加密的口令
-r	创建 UID 小于 1000 的不带家目录的系统账号
-s	指定用户的登录 shell，默认为/bin/bash
-u	指定用户的 UID，它必须是唯一的，且大于 999

【例 3-1】新建用户 user3，UID 为 1010，指定其所属的私有组为 group1（group1 的标识符为 1010），用户的家目录为/home/user3，用户的 shell 为/bin/bash，用户的密码为 12345678，

账户永不过期。

```
[root@Server01 ~]# groupadd -g 1010 group1      //新建组 group1，其 GID 为 1010
[root@Server01 ~]# useradd -u 1010 -g 1010 -d /home/user3 -s /bin/bash -p 12345678
-f -1 user3
[root@Server01 ~]# tail -1 /etc/passwd
user3:x:1010:1010::/home/user3:/bin/bash
[root@Server01 ~]# grep user3 /etc/shadow      //grep 命令用于查找符合条件的字符串
user3:12345678:18495:0:99999:7:::               //这种方式下生成的密码是明文，即 12345678
```
　　如果新建用户已经存在，那么在执行 useradd 命令时，系统会提示该用户已经存在。

```
[root@Server01 ~]# useradd user3
useradd: 用户"user3"已存在
```

任务 3-2　设置用户账户口令

1. passwd 命令

　　设置用户账户口令的命令是 passwd。超级用户可以为自己和其他用户设置口令，而普通用户只能为自己设置口令。passwd 命令的格式为：

```
passwd [选项] [username]
```
　　passwd 命令的常用选项如表 3-5 所示。

表 3-5　passwd 命令的常用选项

选　项	说　明
-l	锁定（停用）用户账户
-u	口令解锁
-d	将用户口令设置为空，这与未设置口令的账户不同。未设置口令的账户无法登录系统，而口令为空的账户可以
-f	强迫用户下次登录时必须修改口令
-n	指定口令的最短存活期
-x	指定口令的最长存活期
-w	口令要到期前提前警告的天数
-i	口令过期后多少天停用账户
-S	显示账户口令的简短状态信息

　　【例 3-2】假设当前用户为 root，则下面的两个命令分别为 root 用户修改自己的口令和 root 用户修改 user1 用户的口令。

```
[root@Server01 ~]# passwd          //root 用户修改自己的口令，直接执行 passwd 命令
[root@Server01 ~]# passwd user1    //root 用户修改 user1 用户的口令
```
　　需要注意的是，普通用户修改口令时，passwd 命令会首先询问原来的口令，只有验证通过才可以修改。而 root 用户为普通用户修改口令时，不需要知道原来的口令。为了系统安全，用户应选择由字母、数字和特殊符号组合的复杂口令，且口令长度应至少为 8 个字符。

　　如果密码复杂度不够，则系统会提示"**无效的密码：密码未通过字典检查-它基于字典单词**"。这时有两种处理方法，一种方法是再次输入刚才输入的简单密码，系统也会接受；另一种方法是将简单密码更改为符合要求的密码，例如，P@ssw02d 包含大小写字母、数字、特殊符号等 8 位字符。

59

2. chage 命令

chage 命令用于更改用户密码过期信息。chage 命令的常用选项如表 3-6 所示。

表 3-6　chage 命令的常用选项

选　项	说　　明
-l	列出账户口令属性的各个数值
-m	指定口令最短存活期
-M	指定口令最长存活期
-W	口令要到期前提前警告的天数
-I	口令过期后多少天停用账户
-E	账户到期作废的日期
-d	设置口令上一次修改的日期

【例 3-3】设置 user1 用户的口令最短存活期为 6 天，口令最长存活期为 60 天，口令到期前 5 天提醒用户修改口令。设置完成后查看各属性值。

```
[root@Server01 ~]# chage -m 6 -M 60 -W 5 user1
[root@Server01 ~]# chage -l user1
最近一次密码修改时间              : 8 月 21, 2020
密码过期时间                      : 10 月 20, 2020
密码失效时间                      : 从不
账户过期时间                      : 从不
两次改变密码之间相距的最小天数    : 6
两次改变密码之间相距的最大天数    : 60
在密码过期之前警告的天数          : 5
```

任务 3-3　维护用户账户

1. 修改用户账户

usermod 命令用于修改用户账户的属性，格式为：

```
usermod [选项] 用户名
```

前文曾反复强调，Linux 操作系统中的一切都是文件，因此在系统中创建用户的过程也就是修改配置文件的过程。用户的信息保存在/etc/passwd 文件中，可以直接用 vim 编辑器来修改其中的用户参数项目，也可以用 usermod 命令修改已经创建的用户信息，诸如用户的 UID、主/附属组、默认终端等。usermod 命令的选项及作用如表 3-7 所示。

表 3-7　usermod 命令的选项及作用

选　项	作　　用
-c	填写用户账户的备注信息
-d -m	选项-m 与选项-d 连用，可重新指定用户的家目录，并自动把旧的数据转移过去
-e	指定账户的到期时间，格式为 YYYY-MM-DD
-g	变更所属主组

续表

选　　项	作　　用
-G	变更附属组
-L	锁定用户，禁止其登录系统
-U	解锁用户，允许其登录系统
-s	变更默认终端
-u	修改用户的 UID

大家不要被这么多选项难倒。我们先来看用户 user1 的默认信息。

```
[root@Server01 ~]# id user1
uid=1002(user1) gid=1002(user1) 组=1002(user1),1001(bobby)
```

将用户 user1 加入 root 用户组，这样附属组列表中会出现"root 用户组"的字样，而主组不会受到影响。

```
[root@Server01 ~]# usermod -G root user1
[root@Server01 ~]# id user1
uid=1002(user1) gid=1002(user1) 组=1002(user1),0(root)
```

再来试试用-u 选项修改用户 user1 的 UID。除此之外，还可以用-g 选项修改用户的主组 ID，用-G 选项修改用户附属组 ID。

```
[root@Server01 ~]# usermod -u 8888 user1
[root@Server01 ~]# id user1
uid=8888(user1) gid=1002(user1) 组=1002(user1),0(root)
```

修改用户 user1 的家目录为/var/user1，然后把默认终端修改为/bin/tcsh，完成后恢复到初始状态。可以执行如下操作。

```
[root@Server01 ~]# usermod -d /var/user1 -s /bin/tcsh user1
[root@Server01 ~]# tail -3 /etc/passwd
user1:x:8888:1002::/var/user1:/bin/tcsh
user2:x:1003:1003::/home/user2:/bin/bash
user3:x:1010:1010::/home/user3:/bin/bash
[root@Server01 ~]# usermod -d /var/user1 -s /bin/bash user1
```

2．禁用和恢复用户账户

有时需要临时禁用一个用户账户而不删除它。禁用用户账户可以用 passwd 或 usermod 命令实现，也可以直接修改/etc/passwd 或/etc/shadow 文件。

例如，暂时禁用和恢复 user1 用户可以使用以下 3 种方法实现。

（1）使用 passwd 命令（被锁定用户的密码必须是使用 passwd 命令生成的）

使用 passwd 命令锁定 user1 用户，利用 qrep 命令查看，可以看到被锁定的用户密码字段前面会加上"!!"。

```
[root@Server01 ~]# passwd user1                  //修改 user1 用户的密码
更改用户 user1 的密码。
新的密码：
重新输入新的密码：
passwd: 所有的身份验证令牌已经成功更新。
[root@Server01 ~]# grep user1 /etc/shadow        //查看用户 user1 的口令文件
user1:$6$OgsexIrQ01J5Gjkh$MIIyxgtA1nutGfbwXid6tVD8HlDBkjagaOqu7bEjQee/QAhpLPKq5v8
OMTI0xRkY3KMhzDJvvndOkaj2R3nn//:18495:6:60:5:::
```

```
[root@Server01 ~]# passwd -l user1                    //锁定用户 user1
锁定用户 user1 的密码。
passwd: 操作成功
[root@Server01 ~]# grep user1 /etc/shadow             //查看锁定用户的口令文件，注意"!!"
user1:!!$6$OgsexIrQ01J5Gjkh$MIIyxgtA1nutGfbwXid6tVD8HlDBkjagaOqu7bEjQee/QAhpLPKq5
v8OMTI0xRkY3KMhzDJvvndOkaj2R3nn//:18495:6:60:5:::
  [root@Server01 ~]# passwd -u user1                  //解除 user1 用户锁定，重新启用 user1 用户
```

（2）使用 usermod 命令

使用 usermod 命令锁定 user1 用户，利用 grep 命令查看，可以看到被锁定的用户密码字段
前面会加上"!"。

```
[root@Server01 ~]# grep user1 /etc/shadow             //user1 用户锁定前的口令显示
user1:$6$OgsexIrQ01J5Gjkh$MIIyxgtA1nutGfbwXid6tVD8HlDBkjagaOqu7bEjQee/QAhpLPKq5v8
OMTI0xRkY3KMhzDJvvndOkaj2R3nn//:18495:6:60:5:::
[root@Server01 ~]# usermod -L user1                   //锁定 user1 用户
[root@Server01 ~]# grep user1 /etc/shadow             //user1 用户锁定后的口令显示
user1:!$6$OgsexIrQ01J5Gjkh$MIIyxgtA1nutGfbwXid6tVD8HlDBkjagaOqu7bEjQee/QAhpLPKq5v
8OMTI0xRkY3KMhzDJvvndOkaj2R3nn//:18495:6:60:5:::
[root@Server01 ~]# usermod -U user1                   //解除 user1 用户的锁定
```

（3）直接修改用户账户配置文件

可将/etc/passwd 文件或/etc/shadow 文件中关于 user1 用户的 passwd 字段的第一个字符
前面加上一个"*"，达到锁定用户账户的目的，在需要恢复时只需删除"*"即可。

如果只是禁止用户账户登录系统，则可以将其启动 shell 设置为/bin/false 或者/dev/null。

3．删除用户账户

要删除一个用户账户，可以直接删除/etc/passwd 和/etc/shadow 文件中要删除的用户对应的
行，或者用 userdel 命令删除。userdel 命令的格式为：

```
userdel [-r] 用户名
```

如果不加-r 选项，则 userdel 命令会在系统中所有与用户账户有关的文件（如/etc/passwd、
/etc/shadow、/etc/group）中将用户的信息全部删除。

如果加-r 选项，则在删除用户账户的同时，还将用户家目录及其下的所有文件和目录全部删除。
另外，如果用户使用 E-mail，则同时将/var/spool/mail 目录下的用户文件删除。

任务 3-4　管理组

管理组包括创建和删除组、为组添加用户等内容。

1．创建和删除组

创建组和删除组的命令与创建、维护用户账户的命令相似。创建组可以使用命令 groupadd 或
者 addgroup。

例如，创建一个新的组，组的名称为 testgroup，可用以下命令。

```
[root@Server01 ~]# groupadd testgroup
```

删除一个组可以用 groupdel 命令，例如，删除刚创建的 testgroup 组可用以下命令。

```
[root@Server01 ~]# groupdel testgroup
```

需要注意的是，如果要删除的组是某个用户的主组，则该组不能被删除。

修改组的命令是 groupmod，其命令格式为：

```
groupmod [选项] 组名
```
groupmod 命令的选项如表 3-8 所示。

表 3-8 groupmod 命令的选项

选 项	说 明
-g gid	把组的 GID 改为 gid
-n group-name	把组的名称改为 group-name
-o	强制接受更改的组的 GID 为重复的号码

2. 为组添加用户

在 RHEL 8 中使用不带任何参数的 useradd 命令创建用户时，会同时创建一个和用户账户同名的组，称为主组。当一个组中必须包含多个用户时，需要使用附属组。在附属组中增加、删除用户都用 gpasswd 命令。gpasswd 命令的格式为：

```
gpasswd [选项] [用户] [组]
```
只有 root 用户和组管理员才能够使用 gpasswd 命令，gpasswd 命令的选项如表 3-9 所示。

表 3-9 gpasswd 命令的选项

选 项	说 明
-a	把用户加入组
-d	把用户从组中删除
-r	取消组的密码
-A	给组指派管理员

例如，要把 user1 用户加入 testgroup 组，并指派 user1 为管理员，可以执行下列命令。

```
[root@Server01 ~]# groupadd testgroup
[root@Server01 ~]# gpasswd -a user1 testgroup
[root@Server01 ~]# gpasswd -A user1 testgroup
```

任务 3-5 使用 su 命令

读者在实际环境中应该很少遇到安全问题，为了避免因权限问题导致配置服务失败，建议读者使用 root 管理员账户来实践本书中的项目，但是在生产环境中还是要对安全多一份敬畏之心，不要以 root 管理员身份去做所有事情。因为一旦执行了错误的命令，可能会直接导致系统崩溃。尽管 Linux 操作系统考虑到安全性，使得许多系统命令和服务只能由 root 管理员使用，但是这也让普通用户受到了更多的权限束缚，从而无法顺利完成特定的工作任务。

su 命令可以切换用户身份，使当前用户在不退出登录的情况下，顺畅地切换到其他用户。例如，从 root 管理员切换至普通用户，命令如下。

```
[root@Server01 ~]# id
uid=0(root) gid=0(root) 组=0(root) 环境=unconfined_u:unconfined_r:
unconfined_t:s0-s0:c0.c1023
[root@Server01 ~]# useradd -G testgroup test
[root@Server01 ~]# su - test
[test@Server01 ~]$ id
```

```
       uid=8889(test) gid=8889(test) 组=8889(test),1011(testgroup) 环境=unconfined_u:
unconfined_r:unconfined_t:s0-s0:c0.c1023
```

细心的读者一定会发现，上面的 su 命令与用户名之间有一个"–"。这意味着完全切换到新的用户时，把环境变量信息也变更为新用户的相应信息，而不保留原始的信息。强烈建议读者在切换用户身份时添加"–"。

另外，从 root 管理员切换到普通用户是不需要密码验证的，而从普通用户切换到 root 管理员就需要进行密码验证了。这也是一个必要的安全检查。

```
[test@Server01 ~]$ su - root
密码：
[root@Server01 ~]# su - test
[test@Server01 ~]$ pwd                    //test 用户的家目录是/home/test
/home/test
[test@Server01 ~]$ exit
注销
[root@Server01 ~]# pwd                    //root 用户的家目录是/root
/root
```

任务 3-6   使用常用的账户管理命令

使用账户管理命令可以在非图形化操作中对账户进行有效的管理。

1. vipw 命令

vipw 命令用于直接对用户账户文件/etc/passwd 进行编辑，使用的默认编辑器是 vi。在用 vipw 命令对/etc/passwd 文件进行编辑时，将自动锁定该文件，编辑结束后对该文件进行解锁，保证了文件的一致性。vipw 命令在功能上等同于 vi /etc/passwd 命令，但是比直接使用 vi 命令更安全。vipw 命令的格式为：

```
[root@Server01 ~]# vipw
```

2. vigr 命令

vigr 命令用于直接对组文件/etc/group 进行编辑。在用 vigr 命令对/etc/group 文件进行编辑时，将自动锁定该文件，编辑结束后对该文件进行解锁，保证了文件的一致性。vigr 命令在功能上等同于 vi/etc/group 命令，但是比直接使用 vi 命令更安全。vigr 命令的格式为：

```
[root@Server01 ~]# vigr
```

3. pwck 命令

pwck 命令用于验证用户账户文件认证信息的完整性。该命令可检测/etc/passwd 文件和/etc/shadow 文件每行中字段的格式和值是否正确。pwck 命令的格式为：

```
[root@Server01 ~]# pwck
```

4. grpck 命令

grpck 命令用于验证组文件认证信息的完整性。该命令还可检测/etc/group 文件和/etc/gshadow 文件每行中字段的格式和值是否正确。grpck 命令的格式为：

```
[root@Server01 ~]# grpck
```

5. id 命令

id 命令用于显示一个用户的 UID 和 GID 以及用户所属的组列表。在命令行中输入"id"并直接按"Enter"键将显示当前用户的 ID 信息。id 命令的格式为：

```
id [选项] 用户名
```
例如，显示 user1 用户的 UID、GID 信息的实例如下。
```
[root@Server01 ~]# id user1
uid=8888(user1) gid=1002(user1) 组=1002(user1),1011(testgroup),0(root)
```

6. whoami 命令

whoami 命令用于显示当前用户的名称。whoami 命令与 id -un 命令的作用相同。
```
[root@Server01 ~]# su - user1
[user1@Server01 ~]$ whoami
User1
[root@Server01 ~]# exit
```

7. newgrp 命令

newgrp 命令用于转换用户的当前组到指定的主组，对于没有设置组口令的组，只有组的成员才可以使用 newgrp 命令改变主组身份到该组。如果组设置了组口令，则其他组的用户只要拥有组口令，就可以将主组身份改变到该组。应用实例如下。
```
[root@Server01 ~]# id                    //显示当前用户的 GID
uid=0(root) gid=0(root) 组=0(root) 环境
=unconfined_u:unconfined_r:unconfined_t:s0-s0:c0.c1023
[root@Server01 ~]# newgrp group1         //改变用户的主组
[root@Server01 ~]# id
uid=0(root) gid=1010(group1) 组=1010(group1) 环境=
unconfined_u:unconfined_r:unconfined_t:s0-s0:c0.c1023
[root@Server01 ~]# newgrp                //newgrp 命令不指定组时转换为用户的私有组
[root@Server01 ~]# id
uid=0(root) gid=0(root) 组=0(root),1010(group1) 环境=
unconfined_u:unconfined_r:unconfined_t:s0-s0:c0.c1023
```

8. groups 命令

使用 groups 命令可以列出指定用户的组。例如：
```
[root@Server01 ~]# whoami
root
[root@Server01 ~]# groups
root group1
```

3.4 企业实战与应用——账户管理实例

1. 实践情境

假设需要的账户数据如表 3-10 所示，你该如何操作？

表 3-10　账户数据

账户名称	账户全名	支持次要组	是否可以登录主机	口　令
myuser1	1st user	mygroup1	可以	password
myuser2	2nd user	mygroup1	可以	password
myuser3	3rd user	无额外支持	不可以	password

2. 解决方案
```
# 先处理账户相关属性的数据
[root@Server01 ~]# groupadd mygroup1
```

```
[root@Server01 ~]# useradd -G mygroup1 -c "1st user" myuser1
[root@Server01 ~]# useradd -G mygroup1 -c "2nd user" myuser2
[root@Server01 ~]# useradd -c "3rd user" -s /sbin/nologin myuser3

# 再处理账户的口令相关属性的数据
[root@Server01 ~]# echo "password" | passwd --stdin myuser1
[root@Server01 ~]# echo "password" | passwd --stdin myuser2
[root@Server01 ~]# echo "password" | passwd --stdin myuser3
```

> **特别注意** myuser1 与 myuser2 都支持次要组，但该组不一定存在，因此需要先手动创建。再者，myuser3 是"不可登录主机"的账户，因此需要使用/sbin/nologin 来设置，这样该账户就成为非登录账户了。

3.5 拓展阅读 我国国家顶级域名"CN"

你知道我国是在哪一年真正拥有了互联网吗？我国国家顶级域名"CN"服务器是哪一年完成设置的呢？

1994 年 4 月 20 日，一条 64kbit/s 的国际专线从中国科学院计算机网络信息中心通过美国 Sprint 公司连入 Internet，实现了我国与 Internet 的全功能连接。从此我国被国际上正式承认为真正拥有全功能互联网的国家。此事被我国新闻界评为 1994 年我国十大科技新闻之一，被国家统计公报列为我国 1994 年重大科技成就之一。

1994 年 5 月 21 日，在钱天白教授和德国卡尔斯鲁厄大学的教授的协助下，中国科学院计算机网络信息中心完成了我国国家顶级域名 CN 服务器的设置，改变了我国的顶级域名 CN 服务器一直放在国外的历史。钱天白、钱华林分别担任我国顶级域名 CN 的行政联络员和技术联络员。

3.6 项目实训 管理用户和组

1. 视频位置
实训前请扫描二维码，观看"项目实录 管理用户和组"慕课。

2. 项目实训目的
- 熟悉 Linux 用户的访问权限。
- 掌握在 Linux 操作系统中增加、修改、删除用户和用户组的方法。
- 掌握用户账户管理及安全管理。

3. 项目背景
某公司有 60 名员工，分别在 5 个部门工作，每个人的工作内容不同。需要在服务器上为每个人创建不同的账户，把相同部门的用户放在一个组中，每个用户都有自己的工作目录。另外，需要根据工作性质对每个部门和每个用户在服务器上的可用空间进行限制。

3-3 慕课

项目实录 管理
用户和组

4. 项目要求

练习设置用户的访问权限，练习用户账户的创建、修改、删除。

5. 做一做

根据项目实录进行项目实训，检查学习效果。

3.7 练习题

一、填空题

1. Linux 操作系统是_____的操作系统，它允许多个用户同时登录系统，使用系统资源。

2. Linux 操作系统下的用户账户分为两种：_____和_____。

3. root 用户的 UID 为_____，普通用户的 UID 可以在创建时由管理员指定，如果不指定，则用户的 UID 默认从_____开始顺序编号。

4. 在 Linux 操作系统中，创建用户账户的同时也会创建一个与用户同名的组，该组是用户的_____。普通组的 GID 默认也从_____开始编号。

5. 一个用户账户可以同时是多个组的成员，其中某个组是该用户的_____（私有组），其他组为该用户的_____（标准组）。

6. 在 Linux 操作系统中，所创建的用户账户及其相关信息（密码除外）均放在_____配置文件中。

7. 由于所有用户对/etc/passwd 文件均有_____权限，因此为了增强系统的安全性，用户经过加密之后的口令都存放在_____文件中。

8. 组账户的信息存放在_____文件中，而关于组管理的信息（组口令、组管理员等）则存放在_____文件中。

二、选择题

1. (   ) 目录存放用户密码信息。

A. /etc   B. /var   C. /dev   D. /boot

2. 创建用户 ID 是 1200，组 ID 是 1100，用户家目录为/home/user01 的正确命令为 (   )。

A. useradd -u:1200 -g:1100 -h:/home/user01 user01

B. useradd -u=1200 -g=1100 -d=/home/user01 user01

C. useradd -u 1200 -g 1100 -d /home/user01 user01

D. useradd -u 1200 -g 1100 -h /home/user01 user01

3. 用户登录系统后首先进入 (   )。

A. /home   B. /root 的家目录

C. /usr   D. 用户自己的家目录

4. 在使用了 shadow 口令的系统中，/etc/passwd 和/etc/shadow 两个文件的权限正确的是 (   )。

A. -rw-r-----, -r--------   B. -rw-r--r--, -r--r--r—

C. -rw-r--r-- , -r--------   D. -rw-r--rw-, -r-----r—

5. (   ) 命令可以删除一个用户并同时删除用户的家目录。

  A. rmuser –r   B. deluser –r   C. userdel –r   D. usermgr –r

6. 系统管理员应该采用的安全措施有（ ）。

  A. 把 root 密码告诉每一位用户

  B. 设置 Telnet 服务来提供远程系统维护

  C. 经常检测账户数量、内存信息和磁盘信息

  D. 当员工辞职后，立即删除该用户账户

7. 在/etc/group 文件中有一行 students::600:z3,14,w5，这表示有（ ）用户在 student 组里。

  A. 3   B. 4   C. 5   D. 不知道

8. 命令（ ）可以用来检测用户 lisa 的信息。

  A. finger lisa   B. grep lisa /etc/passwd

  C. find lisa /etc/passwd   D. who lisa

项目4
配置与管理文件系统

项目导入

Linux 操作系统的网络管理员需要学习 Linux 文件系统和磁盘管理。尤其对于初学者来说,文件的权限与属性是学习 Linux 的一个相当重要的"关卡",如果没有这部分的知识储备,那么遇到"Permission deny"的错误提示时将会一筹莫展。

职业能力目标和要求

- 理解 Linux 文件系统结构。
- 能够进行 Linux 操作系统的文件权限管理,熟悉磁盘和文件权限管理工具。

- 掌握 Linux 操作系统权限管理的应用。

素养提示

- 了解图灵奖,激发学生的求知欲,从而激发学生的潜能。

- "观众器者为良匠,观众病者为良医。""为学日益,为道日损。"青年学生要多动手、多动脑,只有多实践,多积累,才能提高技艺,也才能成为优秀的"工匠"。

4.1 项目知识准备

文件系统(file system)是磁盘上有特定格式的一片区域,操作系统可利用文件系统保存和管理文件。全面理解文件系统与目录,是对网络运维人员的基本要求。

4.1.1 认识文件系统

用户在硬件存储设备中执行的文件建立、写入、读取、修改、转存与控制等操作都是依靠文件系统来完成的。文件系统的作用是合理规划硬盘，以满足用户正常的使用需求。

4-1　微课

Linux 的文件系统

1. 文件系统的类型

Linux 操作系统支持数十种文件系统，常见的文件系统如下。

（1）Ext4：Ext3 的改进版本，作为 RHEL 6 默认的文件系统，它支持的存储容量高达 1EB（1EB=1 073 741 824GB），且有足够多的子目录。另外，Ext4 能够批量分配块（block），从而极大地提高了读/写效率。

（2）XFS：一种高性能的日志文件系统，而且是 RHEL 7/8 默认的文件系统。它的优势在发生意外宕机后尤其明显，它可以快速恢复可能被破坏的文件，而且强大的日志功能只需极低的文件权限和极少的属性信息。它支持的最大存储容量为 18EB，这几乎满足了所有需求。

2. 文件权限和属性的记录

日常在硬盘中需要保存的数据实在太多了，因此 Linux 操作系统中有一个名为 super block 的"硬盘地图"。Linux 并不是把文件内容直接写入这个"硬盘地图"中，而是在里面记录整个文件系统的信息。因为如果把所有的文件内容都写入其中，则它的体积将变得非常大，而且文件内容的查询与写入速度会变得很慢。Linux 只是把每个文件的权限与属性记录在索引节点（inode）中，而且每个文件占用一个独立的索引节点表格。该表格的大小默认为 128B，里面记录着如下信息。

- 该文件的访问权限（read、write、execute）。
- 该文件的所有者与所属组（owner、group）。
- 该文件的大小（size）。
- 该文件的创建或内容修改时间（ctime）。
- 该文件的最后一次访问时间（atime）。
- 该文件的修改时间（mtime）。
- 该文件的特殊权限（SUID、SGID、SBIT）。
- 该文件的真实数据地址（point）。

3. 文件实际内容的记录

文件的实际内容保存在块（block）中（块的大小可以是 1KB、2KB 或 4KB），一个索引节点的默认大小仅为 128B（Ext3 中），记录一个块则消耗 4B。当文件的索引节点被写满后，Linux 操作系统会自动分配出一个块，专门用于像索引节点那样记录其他块的信息，这样把各个块的内容组合到一起，就能够让用户读到完整的文件内容了。对于存储文件内容的块，有下面两种常见情况（以 4KB 大小的块为例进行说明）。

- 情况 1：文件很小（如 1KB），但依然会占用一个块，因此会潜在地浪费 3KB。
- 情况 2：文件较大（如 5KB），那么会占用两个块（剩下的 1KB 也要占用一个块）。

计算机系统在发展过程中产生了众多的文件系统，为了使用户在读取或写入文件时不用关心底层的硬盘结构，Linux 内核中的软件层为用户程序提供了一个虚拟文件系统（Virtual File System，VFS）接口，这样用户在操作文件时，实际上是统一对这个 VFS 进行操作。图 4-1 所示为 VFS 的架构。从图 4-1 中可见，实际文件系统在 VFS 下隐藏了自己的特性和细节，这样用户在日常使用时会觉得"文件系统都是一样的"，也就可以随意使用各种命令在任何文件系统中进行各种操作了（如使用 cp 命令来复制文件）。

图 4-1　VFS 的架构

4.1.2　理解 Linux 文件系统结构

在 Linux 操作系统中，目录、字符设备、块设备、套接字、打印机等都被抽象成了文件。在 Linux 操作系统中，一切都是文件。既然平时和我们"打交道"的都是文件，那么我们又应该如何找到它们呢？在 Windows 操作系统中，想找到一个文件，我们要依次进入该文件所在的磁盘分区（假设这里是 D 盘），然后进入该分区下的具体目录，最终找到这个文件。但是在 Linux 操作系统中并不存在 C、D、E、F 等磁盘，Linux 操作系统中的一切文件都是从根目录（/）开始的，并按照文件系统层次化标准（Filesystem Hierarchy Standard，FHS）采用树形结构来存放文件，以及定义常见目录的用途。另外，Linux 操作系统中的文件和目录名称是严格区分大小写的。例如，root、rOOt、Root、rooT 均代表不同的目录，并且文件名称中不得包含"/"。Linux 操作系统中的文件存储结构如图 4-2 所示。

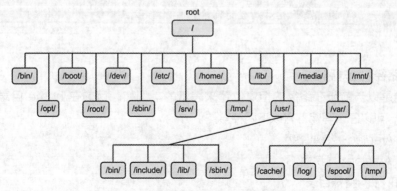

图 4-2　Linux 操作系统中的文件存储结构

Linux 操作系统中常见的目录名称以及相应的存放内容如表 4-1 所示。

表 4-1　Linux 操作系统中常见的目录名称以及相应的存放内容

目录名称	存放内容
/	Linux 文件的最上层根目录
/boot	开机所需文件——内核、开机菜单以及所需配置文件等
/dev	以文件形式存放的任何设备与接口
/etc	配置文件
/home	用户家目录
/bin	binary 的缩写，存放用户的可运行程序，如 ls、cp 等，也包含其他 shell，如 bash、cs 等
/lib	开机时用到的函数库，以及/bin 与/sbin 下面的命令要调用的函数
/sbin	开机过程中需要的命令
/media	用于挂载设备文件的目录
/opt	放置第三方的软件
/root	系统管理员的家目录
/srv	一些网络服务的数据文件目录
/tmp	任何人均可使用的"共享"临时目录
/proc	VFS，如系统内核、进程、外部设备及网络状态等
/usr/local	用户自行安装的软件
/usr/sbin	Linux 操作系统开机时不会使用到的软件、命令、脚本
/usr/share	帮助与说明文件，也可放置共享文件
/var	经常变化的文件，如日志
/lost+found	当文件系统发生错误时，将一些丢失的文件片段存放在这里

4.1.3　理解绝对路径与相对路径

1. 了解绝对路径与相对路径的概念

- 绝对路径：由根目录（/）开始书写的文件名或目录名称，如/home/dmtsai/basher。
- 相对路径：相对于目前路径的文件名或目录写法，如./home/dmtsai 或../../home/dmtsai/等。

 技巧　开头不是"/"的就属于相对路径的写法。

2. 相对路径和绝对路径实例

相对路径是以当前所在路径的相对位置来表示的。例如，目前在/home 目录下，要想进入/var/log 目录，可以怎么写呢？有以下两种方法。

- cd　/var/log：绝对路径。
- cd　../var/log：相对路径。

3. "."和".."特殊目录

因为目前在/home 目录下，所以要回到上一层（../）之后，才能进入/var/log 目录。需特别注意"."和".."这两个特殊的目录。

- .：代表当前的目录，也可以用./来表示。
- ..：代表上一层目录，也可以用../来表示。

此处的"."和".."是很重要的。例如，常常看到的 cd ..或./command 之类的命令表达方式就是代表上一层与目前所在目录的工作状态。

4.2 项目设计与准备

在进行本项目的教学与实践前，需要做好如下准备。

（1）已经安装好的 RHEL 8。

（2）RHEL 8 安装光盘或 ISO 映像文件。

（3）设计教学或实践用的用户及权限列表。

本项目的所有实例都在服务器 Server01 上完成。

4.3 项目实施

任务 4-1 管理 Linux 文件权限

管理 Linux 文件权限是网络运维人员的基本任务之一。

1. 理解文件和文件权限

文件是操作系统中存储信息的基本结构，是一组信息的集合。文件可通过文件名来唯一地标识。Linux 中的文件名最长可允许 255 个字符，这些字符包括 A~Z、0~9、.、_、-等。与其他操作系统相比，Linux 最大的不同就是没有"扩展名"的概念，也就是说，文件的名称和该文件的种类并没有直接的关联。例如，sample.txt

4-2 课堂慕课

理解权限与
命令间的关系

可能是一个运行文件，而 sample.exe 也有可能是文本文件，甚至可以不使用扩展名。Linux 的另一个特性是 Linux 文件名区分大小写。例如，sample.txt、Sample.txt、SAMPLE.txt、samplE.txt 在 Linux 操作系统中代表不同的文件，但在 DOS 和 Windows 操作系统中却是指同一个文件。在 Linux 操作系统中，如果文件名以"."开始，则表示该文件为隐藏文件，需要使用 ls -a 命令才能显示。

Linux 中的每一个文件或目录都包含访问权限，访问权限决定了谁能访问以及如何访问文件或目录。可以通过以下 3 种访问方式限制访问权限。

- 只允许用户自己访问。
- 允许一个预先指定的用户组中的用户访问。
- 允许系统中的任何用户访问。

同时，用户能够控制一个给定的文件或目录的访问程度。一个文件或目录可能有读、写及执行权限。当创建一个文件时，系统会自动赋予文件所有者读和写的权限，这样可以允许所有者显示文件内容和修改文件。文件所有者可以将这些权限改变为任何想指定的权限。一个文件也许只有读权限，禁止任何修改。一个文件也可能只有执行权限，它像一个程序一样执行。

根据被赋予权限的不同，3 种不同的用户（所有者、用户组或其他用户）能够访问不同的目录或者文件。所有者是创建文件的用户，文件的所有者能够授予所在用户组的其他用户以及系统中除所属组之外的其他用户的文件访问权限。

　　Linux 系统的所有用户对系统中的所有文件都有对应的读、写和执行权限。第 1 套权限控制访问自己的文件的权限，即所有者权限。第 2 套权限控制用户组访问其中一个用户文件的权限。第 3 套权限控制其他所有用户访问一个用户文件的权限。这 3 套权限赋予用户不同类型（所有者、用户组和其他用户）的读、写及执行权限，构成一个有 9 个字符的权限组。

　　我们可以用"ls -l"或者"ll"命令显示文件的详细信息，其中包括权限，如下所示。

```
[root@Server01 ~]# ll
总用量 1147580
drwxr-xr-x   2 root root   4096 Aug  9 15:03 Desktop
-rw-r--r--   1 root root   1421 Aug  9 14:15 anaconda-ks.cfg
drwxr-xr-x   2 root root   4096 Sep  1 13:54 webmin
```

　　上面列出了部分文件的详细信息，共分为 7 组。文件属性的含义如图 4-3 所示。

图 4-3　文件属性的含义

2. 详解文件的各种属性信息

（1）第 1 组为文件类型权限

① 文件类型。

每一行的第一个字符一般用来区分文件的类型，一般取值为 d、-、l、b、c、s、p。具体含义如下。

- d：表示该文件是一个目录，在 ext 文件系统中，目录也是一种特殊的文件。
- -：表示该文件是一个普通的文件。
- l：表示该文件是一个符号链接文件，实际上它指向另一个文件。
- b、c：分别表示该文件为块设备和其他外围设备，是特殊类型的文件。
- s、p：表示这些文件关系到系统的数据结构和管道，通常很少见到。

② 文件的访问权限。

每一行的第 2~10 个字符表示文件的访问权限。这 9 个字符每 3 个为一组，左边 3 个字符表示所有者权限，中间 3 个字符表示与所有者同一组的用户权限，右边 3 个字符表示其他用户权限。具体含义如下。

- 字符 2、3、4 表示该文件所有者的权限，有时也简称为 u（user）的权限。
- 字符 5、6、7 表示该文件所有者所属组的组成员的权限。例如，此文件所有者属于 user 组，该组有 6 个成员，表示这 6 个成员都有此处指定的权限，简称为 g（group）的权限。
- 字符 8、9、10 表示该文件所有者所属组以外的权限，简称为 o（other）的权限。

③ 3 种文件权限。

根据权限种类的不同，这 9 个字符也分为 3 种类型。

- r（read）：对文件而言，具有读取文件内容的权限；对目录来说，具有浏览目录的权限。
- w（write）：对文件而言，具有新增、修改文件内容的权限；对目录来说，具有删除、移动目录内文件的权限。
- x（execute）：对文件而言，具有执行文件的权限；对目录来说，具有进入目录的权限。

若显示"-",则表示不具有该项权限。

④ 举例说明。

- brwxr--r--：该文件是块设备文件，文件所有者具有读、写与执行的权限，其他用户则具有读取的权限。

- -rw-rw-r-x：该文件是普通文件，文件所有者与同组用户对文件具有读、写的权限，而其他用户仅具有读取和执行的权限。

- drwx--x--x：该文件是目录文件，文件所有者具有读、写与执行的权限，其他用户能进入该目录，但无法读取任何数据。

- lrwxrwxrwx：该文件是符号链接文件，文件所有者、同组用户和其他用户对该文件都具有读、写和执行的权限。

每个用户都拥有自己的家目录，通常在/home 目录下，这些家目录的默认权限为 rwx------。执行 mkdir 命令创建的目录，其默认权限为 rwxr-xr-x。用户可以根据需要修改目录的权限。

此外，默认的权限可用 umask 命令修改，方法非常简单，只需执行"umask 777"命令，便可屏蔽所有权限，因而之后建立的文件或目录，其权限都变成 000，以此类推。通常 root 用户搭配 umask 命令的数值为 022、027 和 077，普通用户则采用 002，这样产生的默认权限依次为 755、750、700、775。有关权限的数字表示法，后面将会详细说明。

用户登录系统时，用户环境会自动执行 umask 命令来决定文件、目录的默认权限。

（2）第 2 组表示有多少文件名连接到此节点

每个文件都会将其权限与属性记录到文件系统的节点中，由于我们的目录树是使用文件来记录的，因此每个文件名会连接到一个节点。这个属性记录的就是有多少个不同的文件名连接到一个相同的节点。

（3）第 3 组表示文件（或目录）的所有者账号

（4）第 4 组表示文件的所属组

在 Linux 操作系统中，一个账号可附属于一个或多个组。例如，class1、class2、class3 均属于 projecta 组，假设某个文件所属的组为 projecta，且该文件的权限为-rwxrwx---，则 class1、class2、class3 对于该文件都具有可读、可写、可执行的权限（看所属组权限）。但如果是不属于 projecta 组的其他账号，对于此文件就不具有任何权限了。

（5）第 5 组表示文件的容量大小，默认单位为 B

（6）第 6 组表示文件的创建日期或者最近的修改日期

这一栏的内容分别为日期（月/日）及时间。如果文件被修改的时间距离现在太久，那么时间部分仅显示年份。如果想显示完整的时间，则可以利用 ls 命令的选项，即使用 ls -l --full-time。

（7）第 7 组表示文件的文件名

比较特殊的是：如果文件名之前多一个"."，则代表文件为隐藏文件。请读者使用 ls 及 ls -a 命令体验一下什么是隐藏文件。

3. 使用数字表示法修改权限

在建立文件时系统会自动设置权限，如果这些默认权限无法满足用户需要，则可以使用 chmod 命令来修改权限。通常在修改权限时可以用两种方法来表示权限类型：数字表示法和文字表示法。

chmod 命令的格式为：

```
chmod    [选项]    文件
```

所谓数字表示法，是指将读（r）、写（w）和执行（x）分别以数字 4、2、1 来表示，没有授予的权限用 0 表示，然后把授予的权限相加。表 4-2 所示为以数字表示法修改权限的例子。

表 4-2   以数字表示法修改权限的例子

原始权限	转换为数字	数字表示法
rwxrwxr-x	（421）（421）（401）	775
rwxr-xr-x	（421）（401）（401）	755
rw-rw-r--	（420）（420）（400）	664
rw-r--r--	（420）（400）（400）	644

例如，为文件/etc/file 设置权限：赋予所有者和组成员读取和写入的权限，而其他用户只有读取权限。应该将权限设为"rw-rw-r--"，而该权限的数字表示法为 664，因此可以执行下面的命令来设置权限。

```
[root@Server01 ~]# touch /etc/file ; chmod 664 /etc/file
[root@Server01 ~]# ll /etc/file
-rw-rw-r--. 1 root root 0 5月 20 23:15 /etc/file
```

再如，将.bashrc 文件的所有权限都设定为启用，可以使用如下命令。

```
[root@Server01 ~]# ls -al .bashrc
-rw-r--r--. 1 root root 176 12月 29 2013 .bashrc
[root@Server01 ~]# chmod 777 .bashrc
[root@Server01 ~]# ls -al .bashrc
-rwxrwxrwx. 1 root root 176 12月 29 2013 .bashrc
```

如果要将权限变成-rwxr-xr--呢？权限的数字就成为[4+2+1][4+0+1][4+0+0]=754，所以需要执行 chmod 754.bashrc 命令。另外，在实际的系统运行中常出现的一个问题是，我们以 vim 编辑一个 shell 的文本批处理文件 test.sh 后，它的权限通常是-rw-rw-r--，也就是 664。如果要将该文件变成可执行文件，并且不让其他用户修改此文件，那么需要设置-rwxr-xr-x 权限。此时要执行 chmod 755 test.sh 命令。

 技巧   如果有些文件不希望被其他用户看到，则可以将文件的权限设定为-rwxr-----，执行 chmod 740 filename 命令。

4. 使用文字表示法修改权限

（1）文字表示法

① 使用权限的文字表示法时，系统用 4 种字符来表示不同的用户。

- u: user，表示所有者。
- g: group，表示所属组。
- o: others，表示其他用户。
- a: all，表示以上 3 种用户。

② 使用下面 3 种字符的组合来设置操作权限。

- r: read，表示读。
- w: write，表示写。
- x: execute，表示执行。

③ 操作符包括以下 3 种。

- ＋：添加某种权限。
- －：减去某种权限。
- ＝：赋予给定权限并取消原来的权限。

④ 以文字表示法修改文件权限时，上例中为文件/etc/file 设置权限的命令应该为：

```
[root@Server01 ~]# chmod u=rw,g=rw,o=r /etc/file
```

⑤ 修改目录权限和修改文件权限相同，都是使用 chmod 命令，但不同的是，修改目录权限时要使用通配符"*"来表示目录中的所有文件。

例如，同时将/etc/test 目录中的所有文件权限设置为所有人都可读取及写入，应该使用下面的命令。

```
[root@Server01 ~]# mkdir /etc/test; touch /etc/test/f1.doc
[root@Server01 ~]# chmod a=rw /etc/test/*
```

或者：

```
[root@Server01 ~]# chmod 666 /etc/test/*
```

⑥ 如果目录中包含其他子目录，则必须使用-R（recursive，递归）选项来同时设置所有文件及子目录的权限。

（2）使用 chmod 命令也可以修改文件的特殊权限

例如，设置/etc/file 文件的 SUID 权限的方法如下（先了解，后面会详细介绍）。

```
[root@Server01 ~]# ll /etc/file
-rw-rw-r--. 1 root root 0 5月  20 23:15 /etc/file
[root@Server01 ~]#  chmod u+s /etc/file
[root@Server01 ~]# ll /etc/file
-rwSrw-rw-. 1 root root 0 5月  20 23:15 /etc/file
```

特殊权限也可以采用数字表示法。SUID、SGID 和 SBIT 权限数字分别为 4、2 和 1。使用 chmod 命令设置文件权限时，可以在普通权限的数字前面加上一位数字来表示特殊权限。例如：

```
[root@Server01 ~]# chmod 6664 /etc/file
[root@Server01 ~]# ll  /etc/file
-rwSrwSr--  1 root root 22 11-27 11:42 file
```

（3）使用文字表示法的有趣实例

【例 4-1】假如我们要设定一个文件的权限为-rwxr-xr-x，所表述的含义如下。

- u（user）：具有读、写、执行的权限。
- g、o（group 与 others）：具有读与执行的权限。

命令及执行结果如下。

```
[root@Server01 ~]# chmod u=rwx,go=rx  .bashrc
# 注意：u=rwx,go=rx 是连在一起的，中间并没有任何空格
[root@Server01 ~]# ls -al .bashrc
-rwxr-xr-x 1 root root 395 Jul 4 11:45.bashrc
```

【例 4-2】假如设置-rwxr-xr--这样的权限又该如何操作呢？可以使用"chmod u=rwx, g=rx, o=r filename"命令来设置。此外，如果不知道原先的文件权限，而想增加.bashrc 文件的所可人均可写入的权限，那么可以使用如下命令。

```
[root@Server01 ~]# ls  -al  .bashrc
-rwxr-xr-x 1 root root 395 Jul 4 11:45.bashrc
[root@Server01 ~]# chmod a+w .bashrc
[root@Server01 ~]# ls  -al  .bashrc
-rwxrwxrwx 1 root root 395 Jul 4 11:45.bashrc
```

【例 4-3】如果要将权限去掉而不改动其他已存在的权限呢？例如，去掉所有用户的执行权限，可以使用如下命令。

```
[root@Server01 ~]# chmod a-x  .bashrc
[root@Server01 ~]# ls  -al .bashrc
-rw-rw-rw- 1 root root 395 Jul 4 11:45.bashrc
```

> **特别提示**　在+与−的状态下，除指定的权限外，其他权限不会变动。例如，在上面的例子中，由于仅去掉 x 权限，因此其他权限保持不变。想让用户拥有执行文件的权限，但又不知道该文件原来的权限，使用 chmod a+x filename 命令就可以让该文件拥有可被执行的权限。

5. 理解权限与命令间的关系

权限对于用户来说非常重要，因为权限可以限制用户能不能读取、建立、删除、修改文件或目录。

4-3　拓展阅读

设置文件特殊权限：SUID、SGID、SBIT

任务 4-2　修改文件与目录的默认权限与隐藏权限

文件权限包括读（r）、写（w）、执行（x）等基本权限，决定文件类型的属性包括目录（d）、文件（−）、连接符等。修改权限的命令（chmod）在前面已经提过。在 Linux 的 ext2/ext3/ext4 文件系统下，除基本的 r、w、x 权限外，还可以设置系统隐藏权限。设置系统隐藏权限使用 chattr 命令，使用 lsattr 命令则可以查看隐藏权限。

另外，基于安全（security）机制方面的考虑，应设定文件不可修改的特性，即使是文件的所有者也不能修改，这非常重要。

1. 理解文件默认权限：umask

你可能会问：建立文件或目录时，默认权限是什么呢？默认权限与 umask 命令有密切关系，umask 命令指定的就是用户在建立文件或目录时的默认权限值。那么如何得知或设定 umask 值呢？请看下面的命令及运行结果。

```
[root@Server01 ~]# umask
0022          <==与一般权限有关的是后面 3 个数字
[root@Server01 ~]# umask  -S
u=rwx,g=rx,o=rx
```

查阅默认权限的方式有两种：一是直接执行 umask 命令，可以看到数字形态的权限设定；二是加入-S（symbolism，符号）选项，以符号类型的方式显示权限。

但是，umask 命令有 4 组数字，而不是只有 3 组。第一组是特殊权限用的，请参考电子资料。现在先看后面的 3 组。

目录与文件的默认权限是不一样的。我们知道，x 权限对于目录是非常重要的，但是一般文件不应该有 x 权限。因为一般文件通常用于数据的记录，不需要 x 权限。因此，预设的情况如下。

- 若用户建立文件，则默认权限没有 x 权限，即只有 r、w 这两个权限，也就是最大为 666，默认权限为-rw-rw-rw-。
- 若用户建立目录，则由于 x 权限与是否可以进入此目录有关，因此默认所有权限均开放，即 777，默认权限为 drwxrwxrwx。

umask 值指的是该默认值需要去掉的权限（r、w、x 分别对应 4、2、1），具体如下。

- 去掉写入的权限时，umask 值输入 2。
- 去掉读取的权限时，umask 值输入 4。
- 去掉读取和写入的权限时，umask 值输入 6。
- 去掉执行和写入的权限时，umask 值输入 3。

 思考 umask 值为 5 是什么意思？就是去掉读取（4）与执行（1）的权限。

在上面的例子中，因为 umask 值为 022，所以 user（对应 umask 值的 0）并没有被去掉任何权限，不过 group（对应 umask 值的 2）与 others（对应 umask 值最后面的 2）的权限被去掉了 2（也就是 w 权限），那么用户的权限如下。

- 建立文件时：(-rw-rw-rw-)-(-----w--w-)=-rw-r--r--。
- 建立目录时：(drwxrwxrwx)-(d----w--w-)=drwxr-xr-x。

是这样吗？请看测试结果。

```
[root@Server01 ~]# umask
0022
[root@Server01 ~]# touch test1
[root@Server01 ~]# mkdir test2
[root@Server01 ~]# ll test*
-rw-r--r-- 1 root root    0 Sep 27 00:25 test1
drwxr-xr-x 2 root root 4096 Sep 27 00:25 test2
```

2. 利用 umask

假如你与同学在同一个项目组，你们的账号属于相同的组，并且/home/class/目录是你们的公共目录。想象一下，有没有可能你制作的文件你的同学无法编辑？如果要让你的同学能够编辑你的文件，该怎么办呢？

这种情况可能经常发生。以上面的例子来说，test1 的权限是 644。也就是说，如果 umask 值为 022，那么新建的文件只有用户自己具有 w 权限，同组的用户只有 r 权限，他们肯定无法修改文件。这样怎么能共同编辑项目文件呢？

因此，当我们需要新建文件给同组的用户共同编辑时，同组用户的权限就不能去掉 2 这个 w 权限。这时 umask 值应该是 002，这样才能使新建文件的权限是-rw-rw-r--。那么如何设定 umask 值呢？直接在 umask 命令后面输入 002 就可以了。命令执行情况如下。

```
[root@Server01 ~]# umask 002 ;touch test3 ;mkdir test4
[root@Server01 ~]# ll
-rw-rw-r-- 1 root root    0 Sep 27 00:36 test3
drwxrwxr-x 2 root root 4096 Sep 27 00:36 test4
```

umask 命令与新建文件及目录的默认权限有很大关系。这个属性可以用在服务器上，尤其是文件服务器（file server）上。例如，在创建 Samba 服务器或者 FTP 服务器时，这个属性尤为重要。

 思考 假设 umask 值为 003，在此情况下建立的文件与目录的权限又是怎样的呢？

因为 Umask 值为 003，所以去掉的权限为 - - - - - - - -wx。相关权限如下。

- 文件：(-rw-rw-rw-) – (--------wx)=-rw-rw-r--。
- 目录：(drwxrwxrwx) – (d-------wx)=drwxrwxr--。

在关于 umask 值与权限的计算方式中，有的教材喜欢使用二进制的方式来进行 AND 与 NOT 的计算。不过，本书认为上面这种计算方式比较容易。

> **提示** 在有的书籍或者论坛上，喜欢使用文件默认权限 666 及目录默认权限 777 与 umask 值相减来计算权限，这是不对的。以上面的例子来看，如果使用默认权限相减，则文件权限变成 666–003=663，即-rw-rw--wx，这是完全不对的。想想看，原本文件就已经去掉了 x 的默认权限，x 权限怎么可能突然间出现呢？所以，这个地方一定要特别注意。

root 的 umask 值默认是 022，这是基于安全的考虑。对于普通用户，通常 umask 值为 002，即保留同组的写入权限。关于预设 umask 值可以参考/etc/bashrc 文件的内容。

3. 设置文件隐藏权限

（1）chattr 命令

功能说明：改变文件权限。

命令格式：

```
chattr [-RV][-v<版本编号>][+/-/=<权限>][文件或目录...]
```

这项命令可改变存放在 ext4 文件系统上的文件或目录权限，这些权限共有以下 8 种。

- a：系统只允许在这个文件之后追加数据，不允许任何进程覆盖或截断这个文件。如果目录具有这个权限，则系统将只允许在这个目录下建立和修改文件，而不允许删除任何文件。
- b：不更新文件或目录的最后存取时间。
- c：将文件或目录压缩后存放。
- d：将文件或目录排除在操作之外。
- i：不得任意改动文件或目录。
- s：保密性地删除文件或目录，即硬盘空间被全部收回。
- S：即时更新文件或目录。
- u：预防意外删除。

chattr 命令的相关参数如下。其中，最重要的是+i 与+a 这两个。由于以上 8 种权限是隐藏的，因此需要使用 lsattr 命令查看。

- -R：递归处理，将指定目录下的所有文件及子目录一并处理。
- -v<版本编号>：设置文件或目录版本。
- -V：显示命令执行过程。
- +<权限>：开启文件或目录的该项权限。
- -<权限>：关闭文件或目录的该项权限。
- =<权限>：指定文件或目录的该项权限。

【例 4-4】请尝试在/tmp 目录下建立文件，加入 i 权限，并尝试删除。

```
[root@Server01 ~]# cd /tmp
[root@Server01 tmp]# touch attrtest     <==建立一个空文件
```

```
[root@Server01 tmp]# chattr +i attrtest    <==加入 i 权限
[root@Server01 tmp]# rm attrtest           <==尝试删除，查看结果
rm: 是否删除普通空文件 'attrtest'? y
rm: 无法删除'attrtest': 不允许的操作         <==操作不允许
# 看到了吗? 连 root 管理员也没有办法将这个文件删除! 赶紧解除设定吧
```
将该文件的 i 权限取消。

```
[root@Server01 tmp]# chattr -i attrtest
```
这个命令很重要，尤其是在保证系统的数据安全方面。

此外，如果是日志文件，就需要+a，这可增加但不能修改与删除旧有数据。

（2）lsattr 命令

功能说明：显示文件隐藏权限。

命令格式：

```
lsattr [-adR]文件或目录
```
该命令的选项如下。

-a: 将隐藏文件的权限也显示出来。

-d: 如果是目录，则仅列出目录本身的权限而非目录内的文件名。

-R: 连同子目录的数据也一并列出来。

例如：

```
[root@Server01 tmp]# chattr +aiS attrtest
[root@Server01 tmp]# lsattr attrtest
--S-ia---------- attrtest
```

使用 chattr 命令后，可以使用 lsattr 命令查阅隐藏的权限。不过，这两个命令在使用上必须特别小心，否则会造成很大的困扰。例如，如果将/etc/shadow 密码文件设定为具有 i 权限，则在若干天后，会发现无法新增用户。

4-4　课堂慕课

配置与管理
文件系统

4. 设置文件特殊权限: SUID、SGID、SBIT

在复杂多变的生产环境中，单纯设置文件的 r、w、x 权限无法满足我们对安全和灵活性的需求，因此便有了 SUID、SGID 与 SBIT 特殊权限。这是一种对文件权限进行设置的特殊功能，可以与一般权限同时使用，以扩展一般权限不能实现的功能。

任务 4-3　使用文件访问控制列表

不知道大家是否发现，前文讲解的一般权限、特殊权限、隐藏权限其实有一个共性——权限是针对某一类用户设置的。如果希望对某个指定的用户进行单独的权限控制，就需要用到文件的访问控制列表（Access Control List，ACL）。通俗来讲，基于普通文件或目录设置 ACL，其实就是针对指定的用户或用户组设置文件或目录的操作权限。另外，如果针对某个目录设置了 ACL，则目录中的文件会继承其 ACL；如果针对文件设置了 ACL，则文件不再继承其所在目录的 ACL。

为了更直观地看到 ACL 对文件权限控制的强大影响，可以先切换到普通用户，然后尝试进入 root 管理员的家目录。在没有针对普通用户对 root 管理员的家目录设置 ACL 操作之前，ACL 的操作执行结果如下。

```
[root@Server01 tmp]# su - yangyun
```

```
[yangyun@Server01 ~]$ cd /root
-bash: cd: /root: 权限不够
[yangyun@Server01 ~]$ exit
[root@Server01 tmp]# cd
```

下面使用文件的 ACL 来解决这个问题。

1. 使用 setfacl 命令

setfacl 命令用于管理文件的 ACL 规则，其格式为：

```
setfacl [选项] 文件名称
```

文件的 ACL 提供的是在所有者、所属组、其他用户的读/写/执行权限之外的特殊权限控制，使用 setfacl 命令可以针对单一用户或用户组、单一文件或目录进行读/写/执行权限控制。其中，针对目录文件可以使用-R 选项；针对普通文件可以使用-m 选项；如果想删除某个文件的 ACL，则可以使用-b 选项。下面设置用户在/root 目录上的权限。

```
[root@Server01 ~]# setfacl -Rm u:yangyun:rwx /root
[root@Server01 ~]# su - yangyun
[yangyun@Server01 ~]$ cd /root
[yangyun@Server01 root]$ ls
anaconda-ks.cfg Downloads Pictures Public
[yangyun@Server01 root]$ cat anaconda-ks.cfg
[yangyun@Server01 root]$ exit
```

那么，怎样查看文件上有哪些 ACL 呢？常用的 ls 命令看不到 ACL 信息，却可以看到文件权限的最后一个 "." 变成了 "+"，这就意味着该文件已经设置了 ACL。

```
[root@Server01 ~]# ls -ld /root
dr-xrwx---+ 14 root root 4096 May 4 2017 /root
```

2. 使用 getfacl 命令

getfacl 命令用于显示在文件上设置的 ACL 信息，其格式为：

```
getfacl 文件名称
```

想要设置 ACL，用 setfacl 命令；想要查看 ACL，则用 getfacl 命令。下面使用 getfacl 命令显示在 root 管理员家目录上设置的所有 ACL 信息。

```
[root@Server01 ~]# getfacl /root
etfacl: Removing leading '/' from absolute path names
# file: root
# owner: root
# group: root
user::r-x
user:yangyun:rwx
group::r-x
mask::rwx
other::---
```

4.4 企业实战与应用

1. 情境及需求

情境：假设系统中有两个用户账号，分别是 alex 与 arod，这两个账号除了支持自己所在的组，还共同支持一个名为 project 的组。如果这两个账号需要共同拥有/srv/ahome 目录的开发权，且该目录不允许其他账号进入查阅，请问该目录的权限应如何设定？请先以传统权限说明，再以 SGID 的功能解析。

　　目标： 通过设定 SGID 的权限，解决多人共同开发项目时的精确权限设定问题。

　　前提： 多个账号支持同一组，且共同拥有目录的使用权。

　　需求： 需要以 root 管理员的身份执行 chmod、chgrp 等命令，帮用户设定好他们的开发环境。这也是管理员的重要任务之一。

2. 解决方案

（1）制作这两个用户账号的相关数据，如下所示。

```
[root@Server01 ~]# groupadd project          <==增加新的组
[root@Server01 ~]# useradd -G project alex    <==建立 alex 账号，且支持 project 组
[root@Server01 ~]# useradd -G project arod    <==建立 arod 账号，且支持 project 组
[root@Server01 ~]# id alex                    <==查阅 alex 账号的属性
uid=1008(alex) gid=1012(alex) 组=1012(alex),1011(project) <==确定有支持！
[root@Server01 ~]# id arod
uid=1009(arod) gid=1013(arod) 组=1013(arod),1011(project)
```

（2）建立所需开发的项目目录。

```
[root@Server01 ~]# mkdir    /srv/ahome
[root@Server01 ~]# ll -d   /srv/ahome
drwxr-xr-x 2 root root 4096 Sep 29 22:36/srv/ahome
```

（3）从上面的输出结果可以发现，alex 与 arod 都不能在该目录内建立文件，因此需要修改权限与属性。由于其他账号均不可进入此目录，因此该目录的组应为 project，权限应为 770 才合理。

```
[root@Server01 ~]# chgrp project  /srv/ahome
[root@Server01 ~]# chmod 770  /srv/ahome
[root@Server01 ~]# ll -d /srv/ahome
drwxrwx--- 2 root project 4096 Sep 29 22:36/srv/ahome
# 从上面的权限来看，由于 alex/arod 均支持 project 组，因此似乎没问题了
```

（4）分别以两个账号来测试，情况会如何呢？先用 alex 建立文件，再用 arod 去处理。

```
[root@Server01 ~]# su - alex              <==先切换身份成 alex
[alex@Server01~]$ cd /srv/ahome           <==切换到组的工作目录
[alex@Server01 ahome]$ touch abcd         <==建立一个空的文件
[alex@Server01 ahome]$ exit               <==离开 alex 的身份
[root@Server01 ~]# su - arod
[arod@Server01 ~]$ cd  /srv/ahome
[arod@Server01 ahome]$ ll abcd
-rw-rw-r-- 1 alex alex 0 Sep 29 22:46 abcd
# 仔细看上面的文件，组是 alex，而组 arod 并不支持
# 因此对于 abcd 文件来说，arod 应该是其他用户，只有 r 权限
[arod@Server01 ahome]$ exit
```

　　由上面的结果可以知道，若单纯使用传统的 r、w、x 权限，则对于 alex 建立的 abcd 文件来说，arod 可以删除它，但不能编辑它。若要实现编辑目标，就需要用到特殊权限。

（5）加入 SGID 的权限，并进行测试。

```
[root@Server01 ~]# chmod 2770  /srv/ahome
[root@Server01 ~]# ll -d /srv/ahome
drwxrws--- 2 root project 4096 Sep 29 22:46/srv/ahome
```

（6）测试：使用 alex 建立一个文件，并查阅文件权限。

```
[root@Server01 ~]# su - alex
[alex@Server01~]$ cd /srv/ahome
[alex@Server01 ahome]$ touch 1234
[alex@Server01 ahome]$ ll 1234
-rw-rw-r-- 1 alex project 0 Sep 29 22:53 1234
# 没错！这才是我们要的！现在 alex、arod 建立的新文件所属组都是 project
# 由于两个账号均属于此组，加上 umask 值都是 002，所以这样两个账号就有权限互相修改对方的文件
```

最终的结果显示，/srv/ahome 目录的权限最好是 2770，所属文件所有者属于 root 管理员即可。至于组，则必须为两个账号共同支持的 project 才可以。

4.5 拓展阅读 图灵奖

你知道图灵奖吗？你知道哪位华人科学家获得过此殊荣吗？

图灵奖（Turing Award）全称 A.M. 图灵奖（A.M. Turing Award），是由美国计算机协会（Association for Computing Machinery，ACM）于 1966 年设立的计算机奖项，名称取自艾伦·马西森·图灵（Alan Mathison Turing），旨在奖励对计算机事业做出重要贡献的个人。图灵奖对获奖条件要求极高，评奖程序极严，一般每年仅授予一名计算机科学家。图灵奖是计算机领域的最高国际奖项，被誉为"计算机界的诺贝尔奖"。

2000 年，华人科学家姚期智获图灵奖。

4.6 项目实训 管理文件权限

1. 视频位置

实训前请扫描二维码，观看"项目实录 管理文件权限"慕课。

2. 项目实训目的

- 掌握利用 chmod 及 chgrp 等命令实现 Linux 文件权限管理的方法。

4-5 慕课

项目实录 管理
文件权限

- 掌握磁盘配额的实现方法（项目 5 会详细讲解）。

3. 项目背景

某公司有 60 名员工，分别在 5 个部门工作，每个人的工作内容不同。需要在服务器上为每个人创建不同的用户账号，把相同部门的用户放在一个组中，每个用户都有自己的工作目录。另外，需要根据每个人的工作性质对每个部门和每个用户在服务器上的可用空间进行限制。

假设有用户 user1，请设置 user1 对/dev/sdb1 分区的磁盘配额，将 user1 对 blocks 的 soft 设置为 5000，hard 设置为 10 000；索引节点的 soft 设置为 5000，hard 设置为 10 000。

4. 项目要求

练习 chmod、chgrp 等命令，练习在 Linux 下实现磁盘配额的方法。

5. 做一做

根据项目实录进行项目实训，检查学习效果。

4.7 练习题

一、填空题

1. 文件系统是磁盘上有特定格式的一片区域，操作系统可以利用文件系统_____和_____文件。

2. ext 文件系统在 1992 年 4 月完成，称为_____，是第一个专门针对 Linux 操作系统的文件系统。Linux 操作系统使用_____文件系统。

3. ext 文件系统结构的核心组成部分是_____、_____和_____。

4. Linux 的文件系统是采用阶层式的_____结构，在该结构中的最上层是_____。

5. 默认的权限可用_____命令修改，方法非常简单，只需执行_____命令，便可屏蔽所有权限，因而之后建立的文件或目录，其权限都变成_____。

6. _____代表当前的目录，也可以使用./来表示。_____代表上一层目录，也可以用../来表示。

7. 若文件名前多一个"."，则代表该文件为_____。可以使用_____命令查看隐藏文件。

8. 想要让用户拥有文件 filename 的执行权限，但又不知道该文件原来的权限是什么，应该执行_____命令。

二、选择题

1. 存放 Linux 基本命令的目录是（　　）。

A. /bin　　　　　　B. /tmp　　　　　　C. /lib　　　　　　D. /root

2. 对于普通用户创建的新目录，（　　）是默认的访问权限。

A. rwxr-xr-x　　B. rw-rwxrw-　　C. rwxrwxr-x　　D. rwxrwxrw-

3. 如果当前目录是/home/sea/china，那么"china"的父目录是（　　）目录。

A. /home/sea　　　B. /home/　　　　C. /　　　　　　D. /sea

4. 系统中有用户 user1 和 user2 同属于 users 组。在 user1 用户目录下有一文件 file1，它拥有 644 的权限，如果 user2 想修改 user1 用户目录下的 file1 文件，则应拥有（　　）权限。

A. 744　　　　　　B. 664　　　　　　C. 646　　　　　　D. 746

5. 用 ls -al 命令列出下面的文件列表，则（　　）是符号链接文件。

A. -rw------- 2 hel-s　users　56　Sep 09 11:05　hello

B. -rw------- 2 hel-s　users　56　Sep 09 11:05　goodbey

C. drwx------ 1 hel　users　1024　Sep 10 08:10　zhang

D. lrwx------ 1 hel　users　2024　Sep 12 08:12　cheng

6. 如果 umask 值设置为 022，则默认的新建文件的权限为（　　）。

A. -----w--w-　　　B. -rwxr-xr-x　　C. -r-xr-x---　　D. -rw-r--r--

项目5
配置与管理硬盘

项目导入

    Linux 操作系统的管理员应掌握配置和管理磁盘的技巧。如果 Linux 服务器有多个用户经常存取数据，为了维护所有用户对磁盘容量的公平使用，磁盘配额（disk quota）就是一项非常有用的工具。另外，独立磁盘冗余阵列（Redundant Arrays of Independent Disks，RAID）及逻辑卷管理器（Logical Volume Manager，LVM）这些工具都可以帮助管理员管理与维护用户可用的磁盘容量。

职业能力目标和要求

- 掌握 Linux 中的磁盘管理工具的使用方法。
- 掌握 Linux 中的软 RAID 和 LVM 的使用方法。

- 掌握设置磁盘配额的方法。

素养提示

- 了解国家最高科学技术奖，激发学生的科学精神和爱国情怀。

- "盛年不重来，一日难再晨。及时当勉励，岁月不待人。"盛世之下，青年学生要惜时如金，学好知识，报效国家。

////// 5.1 项目知识准备

掌握硬盘和分区的基础知识是完成本次学习项目的基础。

5-1 微课

配置与管理
硬盘

5.1.1 MBR 硬盘与 GPT 硬盘

    硬盘按分区表的格式可以分为主引导记录（Master Boot Record，MBR）硬盘与全局唯一标识磁盘分区表（GUID Partition Table，GPT）硬盘这两种硬盘格式（style）。

- MBR 硬盘：使用的是传统硬盘分区表格式，其硬盘分区表存储在 MBR 内，如图 5-1（a）

所示。MBR 位于硬盘最前端，计算机启动时，使用传统的 BIOS（固化在计算机主板 ROM 芯片上的程序），BIOS 会先读取 MBR，并将控制权交给 MBR 内的程序代码，然后由程序代码来继续完成后续的启动工作。MBR 硬盘支持的硬盘最大容量为 2.2 TB（1TB=1024GB）。

- GPT 硬盘：使用一种新的硬盘分区表格式，GPT 硬盘的硬盘分区表存储在 GPT 内，如图 5-1（b）所示。GPT 位于硬盘的前端，而且它有主分区表与备份分区表，可提供容错功能。使用新式 UEFI BIOS 的计算机，其 BIOS 会先读取 GPT，并将控制权交给 GPT 内的程序代码，然后由程序代码来继续完成后续的启动工作。GPT 硬盘支持的硬盘容量可以超过 2.2 TB。

图 5-1　MBR 硬盘与 GPT 硬盘

5.1.2　物理设备的命名规则

Linux 操作系统中的一切都是文件，硬件设备也不例外。既然是文件，就必须有文件名称。系统内核中的 udev 设备管理器会自动规范硬件设备名称，目的是让用户通过设备文件名称可以了解设备大致的属性以及分区信息等。这在用户识别陌生设备时特别方便。另外，udev 设备管理器的服务会一直以守护进程的形式运行并侦听内核发出的信号来管理/dev 目录下的设备文件。Linux 操作系统中常见的硬件设备及其文件名称如表 5-1 所示。

表 5-1　常见的硬件设备及其文件名称

硬件设备	文件名称
IDE 设备	/dev/hd[a-d]
SCSI/SATA/U 盘	/dev/sd[a-p]
NVMe 硬盘	/dev/nvme0n[1-m]，例如，/dev/nvme0n1 就是第一个 NVMe 硬盘
软驱	/dev/fd[0-1]
打印机	/dev/lp[0-15]
光驱	/dev/cdrom
鼠标	/dev/mouse

由于现在电子集成驱动器（Integrated Drive Electronics，IDE）已经很少见了，因此一般的硬盘设备都是以"/dev/sd"开头的。而一台主机上可以有多块硬盘，因此系统采用 a～p 来代表 16 块不同的硬盘（默认从 a 开始分配），而且硬盘的分区编号也有如下规定。

- 主分区或扩展分区的编号从 1 开始，到 4 结束。

- 逻辑分区的编号从 5 开始。

> **注意** /dev 目录中的 sda 设备之所以是 a，并不是由插槽决定的，而是由系统内核的识别顺序决定的。读者以后在使用互联网小型计算机系统接口（Internet Small Computer System Interface，iSCSI）时会发现，明明主板上第二个插槽是空着的，但系统却能识别到/dev/sdb 这个设备。sda3 表示编号为 3 的分区，而不能判断 sda 设备上已经存在 3 个分区。

那么/dev/sda5 这个设备文件名称包含哪些信息呢？答案如图 5-2 所示。

首先，/dev/目录中保存的应当是硬件设备文件；其次，sd 表示小型计算机系统接口(Small Computer System Interface，SCSI）设备；a 表示系统中同类接口中第一个被识别的设备；最后，5 表示这个设备的逻辑分区。一言以蔽之，/dev/sda5 表示"这是系统中第一块被识别到的硬件设备中分区编号为 5 的逻辑分区的设备文件"。

图 5-2　设备文件名称

5.1.3　硬盘分区

在数据存储到硬盘之前，该硬盘必须被分割成一个或数个硬盘分区（partition）。在硬盘内有一个称为硬盘分区表（partition table）的区域，用来存储硬盘分区的相关数据，如每一个硬盘分区的起始地址、结束地址、是否为活动（active）的硬盘分区等信息。

硬盘设备是由大量的扇区组成的，每个扇区的容量为 512B，其中第一个扇区最重要。第一个扇区保存着 MBR 与硬盘分区表信息。就第一个扇区来讲，MBR 需要占用 446B，硬盘分区表占用 64B，结束符占用 2B。硬盘分区表中每记录一个分区信息就需要 16B，这样一来，最多只有 4 个分区信息可以写到第一个扇区中，这 4 个分区就是 4 个主分区。第一个扇区中的数据信息如图 5-3 所示。

图 5-3　第一个扇区中的数据信息

第一个扇区最多只能创建出 4 个分区，为了解决分区数不够的问题，可以将第一个扇区分区表中 16B（原本要写入主分区信息）的空间拿出来指向另外一个分区（称之为扩展分区）。也就是说，扩展分区其实并不是一个真正的分区，而更像是一个占用 16B 分区表空间的指针——一个指向另外一个分区的指针。用户一般会选择使用 3 个主分区加 1 个扩展分区的方法，在扩展分区中创建出数个逻辑分区，从而满足多分区（大于 4 个）的需求。硬盘分区的规划如图 5-4 所示。

注意 扩展分区严格来讲不是一个实际意义上的分区，它仅仅是指向下一个分区的指针，这种指针结构将形成一个单向链表。

图 5-4　硬盘分区的规划

思考　/dev/sdb4 和/dev/sdb8 是什么意思？/dev/nvme0n1p7 是什么意思？

参考答案：/dev/sdb4 是第 2 个 SCSI 硬盘的扩展分区，/dev/sdb8 是第 2 个 SCSI 硬盘的扩展分区的第 4 个逻辑分区。/dev/nvme0n1p7 是第 1 个 NVMe 硬盘的扩展分区的第 3 个逻辑分区。

5.2　项目设计与准备

一般情况下，虚拟机默认安装在 SCSI 硬盘上。但是如果宿主机使用的是固态硬盘作为系统引导盘，则在安装 RHEL 8 时默认将系统安装在 NVMe 硬盘上，而不是 SCSI 硬盘上。所以，在使用硬盘工具进行硬盘管理时要特别注意。

小知识　硬盘和磁盘是一样的吗？当然不是。硬盘是计算机主要的存储设备。硬盘（hard disk）是由一个或者多个铝制或者玻璃制的碟片组成的。这些碟片外覆盖有铁磁性材料。磁盘是计算机的外部存储器中类似磁带的装置。为了防止磁盘表面划伤而导致数据丢失，磁盘圆形的磁性盘片通常会封装在一个方形的密封盒子里。磁盘分为软磁盘和硬磁盘，一般情况下，硬磁盘就是指硬盘。

5.2.1　为虚拟机添加需要的硬盘

Server01 初始系统默认被安装到了 NVMe 硬盘上。为了完成后续的实训任务，需要再额外添加 4 块 SCSI 硬盘和 2 块 NVMe 硬盘，每块硬盘容量都为 20GB。

注意　NVMe 硬盘只有在关闭计算机的情况下才能添加。

① 如果启动硬盘是 NVMe 硬盘，而后添加了 SCSI 硬盘，则一定要调整 BIOS 的启动顺序，否则系统将无法正常启动。

② 添加硬盘的步骤：在虚拟机主界面中选中 Server01，单击"编辑虚拟机设置"，再单击"添加"→"下一步"按钮，选择磁盘类型后按向导完成硬盘的添加。

添加硬盘如图 5-5 所示，选择磁盘类型如图 5-6 所示，硬盘添加完成后的虚拟机情况如图 5-7 所示。

图 5-5　添加硬盘

图 5-6　选择磁盘类型

图 5-7　硬盘添加完成后的虚拟机情况

5.2.2　必要时更改启动顺序

必要时，可以更改启动顺序（一般不更改）。更改启动顺序的方法为：在关闭虚拟机的情况下，选择"虚拟机"→"电源"→"打开电源时进入固件"，如图 5-8 所示。

图 5-8　更改启动顺序

进入固件后的界面会因固件类型不同而不同。

1. 虚拟机的固件类型为 BIOS

将 BIOS 界面中"Boot"标签下的"Hard Drive"的"NVMe（B:0.0:1）"硬盘调为第一启动硬盘，如图 5-9 所示。

2. 虚拟机的固件类型为 UEFI

当虚拟机的固件类型为 UEFI 时，固件中启动硬盘的调整顺序界面如图 5-10 所示。

图 5-9 将"NVMe（B:0.0:1）"硬盘调为第一启动硬盘

图 5-10 调整顺序界面

提示 调整顺序的命令为"Enter Setup"→"Configure boot options"→"Change boot order"，按"Enter"键选中硬盘，按"+""−"键调整硬盘的前后顺序，最后存盘并退出。

5.2.3 硬盘的使用规划

本项目的所有实例都在 Server01 上实现，添加的所有硬盘也是为后续的实例服务。

本章用到的硬盘和分区较多，为了便于读者学习，对硬盘的使用进行规划设计，如表 5-2 所示。

表 5-2 硬盘的使用规划

任务（或命令）	使用硬盘	分区类型、分区、容量
fdisk、mkfs、mount	/dev/nvme0n1 /dev/sdb	主分区，/dev/sdb[1-3]，各 500MB 扩展分区，/dev/sdb4，18.5GB 逻辑分区，/dev/sdb5，500MB
软 RAID（分别使用硬盘和硬盘分区）	/dev/sd[c-d] /dev/nvme0n[2-3]	主分区，/dev/sdc1、/dev/sdd1、/dev/nvme0n2p1、/dev/nvme0n3p1，各 500MB
软 RAID 企业案例	/dev/sda	扩展分区，/dev/sda1，10 240MB 逻辑分区，/dev/sda[5-9]，各 1024MB
LVM	/dev/sdc	主分区，/dev/sdc[1-4]

5-2 课堂慕课

配置与管理硬盘

5.3 项目实施

安装 Linux 操作系统的其中一个步骤是进行硬盘分区，可以采用 Disk Druid、RAID 和 LVM 等方式进行分区。除此之外，在 Linux 操作系统中还有 fdisk、cfdisk、parted 等分区工具。

任务 5-1 常用硬盘管理工具 fdisk

fdisk 硬盘管理工具在 DOS、Windows 和 Linux 中都有相应的应用程序。在 Linux 操作系统中，fdisk 是基于菜单的命令。对硬盘进行分区时，可以在 fdisk 命令后面直接加上要分区的硬盘作为参数。例如，查看 RHEL 8-1 计算机上的硬盘及分区情况的操作如下（省略了部分内容）。

```
[root@Server01 ~]# fdisk -l

设备              启动    起点      末尾      扇区      大小  Id  类型
/dev/nvme0n1p1  *       2048    587775    585728    286M  83  Linux
......
/dev/nvme0n1p4          31836160 83886079 52049920 24.8G  5   扩展
......
Disk /dev/nvme0n2: 20 GiB, 21474836480 字节, 41943040 个扇区
Disk /dev/nvme0n3: 20 GiB, 21474836480 字节, 41943040 个扇区

Disk /dev/sda:     20 GiB, 21474836480 字节, 41943040 个扇区
Disk /dev/sdb:     20 GiB, 21474836480 字节, 41943040 个扇区
Disk /dev/sdc:     20 GiB, 21474836480 字节, 41943040 个扇区
Disk /dev/sdd:     20 GiB, 21474836480 字节, 41943040 个扇区
```

从上面的输出结果可以看出，3 块 NVMe 硬盘分别为/dev/nvme0n1、/dev/nvme0n2、/dev/nvme0n3，4 块 SCSI 硬盘分别为/dev/sda、/dev/sdb、/dev/sdc、/dev/sdd。

再如，对新增加的第 2 块 SCSI 硬盘进行分区的操作如下。

```
[root@Server01 ~]# fdisk /dev/sdb
命令(输入 m 获取帮助):
```

在命令提示后面输入相应的选项来选择需要的操作，例如，输入 m 选项是列出所有可用的命令。fdisk 命令的选项及功能如表 5-3 所示。

表 5-3 fdisk 命令的选项及功能

选 项	功 能	选 项	功 能
a	调整硬盘启动分区	q	不保存更改，退出 fdisk 命令
d	删除硬盘分区	t	更改分区类型
l	列出所有支持的分区类型	u	切换所显示的分区大小的单位
m	列出所有命令	w	把修改写入硬盘分区表，然后退出
n	创建新分区	x	列出高级选项
p	列出硬盘分区表		

下面以在/dev/sdb 硬盘上创建大小为 500MB，分区类型为"Linux"的/dev/sdb[1-3]主分区

及逻辑分区为例，讲解 fdisk 命令的用法。

1. 创建主分区

（1）利用如下命令，打开 fdisk 命令的操作菜单。

```
[root@Server01 ~]# fdisk /dev/sdb
```

（2）输入"p"，查看当前分区表。从命令执行结果可以看到，/dev/sdb 硬盘并无任何分区。

```
命令(输入 m 获取帮助)：p
Disk /dev/sdb: 20 GiB，21474836480 字节，41943040 个扇区
单元：扇区 / 1 * 512 = 512 字节
扇区大小(逻辑/物理)：512 字节 / 512 字节
I/O 大小(最小/最佳)：512 字节 / 512 字节
硬盘标签类型：dos
硬盘标识符：0x9449709f
```

（3）输入"n"，创建一个新分区。输入"p"，选择创建主分区（创建扩展分区输入"e"，创建逻辑分区输入"l"）；输入数字"1"，创建第一个主分区（主分区和扩展分区可选数字 1~4，逻辑分区的数字标识从 5 开始）；输入此分区的起始、结束扇区，以确定当前分区的大小。也可以使用 +sizeM 或者+sizeK 的方式指定分区大小。操作如下。

```
命令(输入 m 获取帮助)：n                          //利用 n 命令创建新分区
分区类型
    p   主分区 (0 个主分区，0 个扩展分区，4 空闲)
    e   扩展分区 (逻辑分区容器)
选择 (默认 p)：p                                //输入"p"，以创建主分区
分区号 (1-4，默认 1)：1
第一个扇区 (2048-41943039，默认 2048)：
上个扇区，+sectors 或 +size{K,M,G,T,P} (2048-41943039，默认 41943039)：+500M
创建了一个新分区 1，类型为"Linux"，大小为 500 MiB。
```

（4）输入字母"l"可以查看已知的分区类型及其 ID，其中列出 Linux 的 ID 为 83。输入"t"，指定/dev/sdb1 的分区类型为 Linux。操作如下。

```
命令(输入 m 获取帮助)：t
已选择分区 1
Hex 代码(输入 L 列出所有代码)：83
已将分区"Linux"的类型更改为"Linux"。
```

 提示 如果不知道分区类型的 ID 是多少，则可以在命令提示后面输入"L"查找。建立分区的默认类型就是"Linux"，可以不用修改。

（5）分区结束后，输入"w"，把分区信息写入硬盘分区表并退出。

（6）用同样的方法创建硬盘主分区/dev/sdb2、/dev/sdb3。

2. 创建逻辑分区

扩展分区只是一个概念，实际在硬盘中是看不到的，也无法直接使用扩展分区。除了主分区外，剩余的硬盘空间就是扩展分区了，扩展分区下面可以创建多个逻辑分区。下面创建 1 个 500MB 的逻辑分区。

```
命令(输入 m 获取帮助)：n
分区类型
    p   主分区 (3 个主分区，0 个扩展分区，1 空闲)
    e   扩展分区 (逻辑分区容器)
```

```
选择 （默认 e）: e            //创建扩展分区，连续按两次"Enter"键，余下空间全部为扩展分区
已选择分区 4

第一个扇区 (3074048-41943039, 默认 3074048):
上个扇区, +sectors 或 +size{K,M,G,T,P} (3074048-41943039, 默认 41943039):

创建了一个新分区 4，类型为"Extended"，大小为 18.5 GiB。

命令(输入 m 获取帮助): n
所有主分区都在使用中。
添加逻辑分区 5
第一个扇区 (3076096-41943039, 默认 3076096):
上个扇区, +sectors 或 +size{K,M,G,T,P} (3076096-41943039, 默认 41943039): +500M

创建了一个新分区 5，类型为"Linux"，大小为 500 MB。

命令(输入 m 获取帮助): p
设备          启动    起点      末尾        扇区      大小  Id 类型
/dev/sdb1            2048  1026047  1024000   500M 83 Linux
/dev/sdb2         1026048  2050047  1024000   500M 83 Linux
/dev/sdb3         2050048  3074047  1024000   500M 83 Linux
/dev/sdb4         3074048 41943039 38868992  18.5G  5 扩展
/dev/sdb5         3076096  4100095  1024000   500M 83 Linux
命令(输入 m 获取帮助): w
```

3. 使用 mkfs 命令建立文件系统

　　完成硬盘分区后，下一步的工作是建立文件系统。类似于 Windows 操作系统的格式化硬盘，在 Linux 中，在硬盘分区上建立文件系统会"冲掉"分区上的数据，而且不可恢复，因此在建立文件系统之前要确认分区上的数据不再使用。建立文件系统的命令是 mkfs，其格式如下。

```
mkfs    [选项]   文件系统
```

mkfs 命令常用的选项如下。

- -t: 指定要创建的文件系统类型。
- -c: 建立文件系统前首先检查坏块。
- -l file: 从文件 file 中读取硬盘坏块列表，file 文件一般是由硬盘坏块检查程序产生的。
- -V: 输出建立的文件系统的详细信息。

　　例如，在/dev/sdb1 上建立 XFS 类型的文件系统，建立时检查硬盘坏块并显示详细信息，代码如下。

```
[root@Server01 ~]# mkfs.xfs /dev/sdb1
```

　　完成存储设备的分区和格式化操作后，接下来就要挂载并使用存储设备了。与之相关的步骤也非常简单：首先创建一个用于挂载设备的挂载点目录；然后使用 mount 命令将存储设备与挂载点进行关联；最后使用 df -h 命令查看挂载状态和硬盘使用量信息。

```
[root@Server01 ~]# mkdir /newFS
[root@Server01 ~]# mount /dev/sdb1 /newFS/
[root@Server01 ~]# df -h
文件系统          容量      已用      可用      已用%     挂载点
......
/dev/nvme0n1p3    7.5G     4.0G     3.6G     53%      /usr
......
/dev/sdb1         495M     29M      466M     6%       /newFS
```

4. 使用 fsck 命令检查文件系统

fsck 命令主要用于检查文件系统的正确性，并对 Linux 硬盘进行修复。fsck 命令的格式如下。

```
fsck   [选项]  文件系统
```

fsck 命令常用的选项如下。

- -t：给定文件系统类型，在/etc/fstab 中已有定义或内核本身已支持的，不需添加此项。
- -s：一个一个地执行 fsck 命令对文件系统进行检查。
- -A：对/etc/fstab 中所有列出来的分区进行检查。
- -C：显示完整的检查进度。
- -d：列出 fsck 命令的 debug 结果。
- -P：在有-A 选项时，多个 fsck 的检查一起执行。
- -a：如果检查中发现错误，则自动修复。
- -r：如果检查中发现错误，则询问是否修复。

例如，检查分区/dev/sdb1 上是否有错误，如果有错误，则自动修复（**必须先把硬盘卸载才能检查分区**）。

```
[root@Server01 ~]# umount /dev/sdb1
[root@Server01 ~]# fsck -a /dev/sdb1
fsck，来自 util-linux 2.32.1
/usr/sbin/fsck.xfs: XFS file system.
```

5. 删除分区

如果要删除硬盘分区，则在 fdisk 菜单下输入"d"，并选择相应的硬盘分区即可。删除后输入"w"，保存并退出。以/删除/dev/sdb3 分区为例，操作如下。

```
命令(输入 m 获取帮助)：d
分区号 (1-5，默认 5)：3
分区 3 已删除。
命令(输入 m 获取帮助)：w
```

任务 5-2 使用其他硬盘管理工具

1. dd 命令

【例 5-1】使用 dd 命令建立和使用交换文件。

当系统的交换分区不能满足系统的要求而硬盘上又没有可用空间时，可以使用交换文件来提供虚拟内存。

① 执行下述命令的结果是在硬盘的根目录下建立一个块大小为 1024B，块数为 10 240 且名为 swap 的交换文件。该文件的大小为 1024B×10 240=10MB。

```
[root@Server01 ~]# dd if=/dev/zero of=/swap bs=1024 count=10240
```

② 建立/swap 交换文件后，使用 mkswap 命令说明该文件用于交换空间。

```
[root@Server01 ~]# mkswap /swap
```

③ 利用 swapon 命令可以激活交换空间，也可利用 swapoff 命令卸载被激活的交换空间。

```
[root@Server01 ~]# swapon /swap
[root@Server01 ~]# swapoff /swap
```

2. df 命令

df 命令用来查看文件系统的硬盘空间占用情况。可以利用 df 命令获取硬盘被占用了多少空间，以及目前还有多少空间等信息，还可以利用该命令获取文件系统的挂载位置。

df 命令的格式如下。

```
df  [选项]
```

df 命令的常见选项如下。

- -a：显示所有文件系统的硬盘使用情况，包括 0 块的文件系统，如/proc 文件系统。
- -k：以 KB 为单位显示。
- -i：显示 inode 索引节点信息。
- -t：显示各指定类型的文件系统的硬盘空间使用情况。
- -x：显示不是某一指定类型的文件系统的硬盘空间使用情况（与-t 选项相反）。
- -T：显示文件系统类型。

例如，显示各文件系统的占用情况。

```
[root@Server01 ~]# df
文件系统              1K-块      已用       可用          已用%    挂载点
......
tmpfs                921916    18036     903880        2%      /run
/dev/nvme0n1p8       9754624   1299860   8454764       14%     /
```

显示各文件系统的 i 节点的使用情况。

```
[root@Server01 ~]# df -ia
文件系统            Inode      已用（I）    可用（I）     已用（I）%    挂载点
rootfs              -          -           -            -           /
sysfs               0          0           0            -           /sys
proc                0          0           0            -           /proc
devtmpfs            229616     411         229205       1%          /dev
......
```

显示文件系统类型。

```
[root@Server01 ~]# df -T
文件系统          类型        1K-块       已用      可用        已用%          挂载点
/dev/sda2        ext4        10190100    98264     9551164     2%  /
devtmpfs         devtmpfs    918464      0         918464      0%  /dev
......
```

3. du 命令

du 命令用于显示硬盘空间的使用情况。该命令可逐级显示指定目录的每一级子目录占用文件系统数据块的情况。du 命令的格式如下。

```
du  [选项]  [文件或目录名称]
```

du 命令的常见选项如下。

- -s：对每个目录只给出占用的数据块总数，如 du/etc-s。
- -a：递归显示指定目录中各文件及子目录中各文件占用的数据块数。
- -b：以 B 为单位列出硬盘空间使用情况（Linux AS 4.0 中默认以 KB 为单位）。
- -k：以 1024B 为单位列出硬盘空间使用情况。
- -c：在统计后加上一个总计（系统默认设置）。
- -l：计算所有文件大小，重复计算硬链接文件。
- -x：跳过在不同文件系统上的目录，不予统计。

提示 硬链接是指通过索引节点来进行链接。

例如，以 B 为单位列出当前目录下所有文件和目录的硬盘空间占用情况的命令如下。

```
[root@Server01 ~]# du -ab
```

4. mount 与 umount 命令

（1）mount 命令

在硬盘上新建好文件系统之后，还需要把新建的文件系统挂载到系统上才能使用。挂载指的就是将设备文件中的顶级目录连接到 Linux 根目录下的某一目录（最好是空目录）、访问此目录就等同于访问设备文件。文件系统挂载到的目录称为挂载点（mount point）。Linux 操作系统提供了/mnt 和/media 这两个专门的挂载点。一般而言，挂载点是一个空目录，否则目录中原来的文件将被系统隐藏。通常将光盘和软盘挂载到/media/cdrom（或者/mnt/cdrom）和/media/floppy（或者/mnt/ floppy）中，其对应的设备文件名分别为/dev/cdrom 和/dev/fd0。

文件系统可以在系统引导过程中自动挂载，也可以手动挂载，手动挂载文件系统的挂载命令是mount。该命令的格式如下。

```
mount 选项 设备 挂载点
```

mount 命令的主要选项如下。

- –t: 指定要挂载的文件系统的类型。
- –r: 如果不想修改要挂载的文件系统，则可以使用该选项以只读方式挂载文件系统。
- –w: 以可写的方式挂载文件系统。
- –a: 挂载/etc/fstab 文件中记录的设备。

挂载光盘可以使用下列命令（/media 目录必须存在）。

```
[root@Server01 ~]# mount -t iso9660 /dev/cdrom  /media
```

（2）umount 命令

文件系统可以挂载也可以卸载。卸载文件系统的命令是 umount。umount 命令的格式为：

```
umount 设备:挂载点
```

例如，卸载光盘的命令如下。

```
[root@Server01 ~]# umount /media
[root@Server01 ~]# umount /dev/cdrom
```

注意 光盘在没有卸载之前，无法从驱动器中弹出。正在使用的文件系统不能卸载。

5. 文件系统的自动挂载

要实现每次开机自动挂载文件系统，可以通过编辑/etc/fstab 文件来实现。在/etc/fstab 文件中列出了引导系统时需要挂载的文件系统以及文件系统的类型和挂载参数。系统在引导过程中会读取/etc/fstab 文件，并根据该文件的配置参数挂载相应的文件系统。以下是 fstab 文件的内容。

```
[root@Server01 ~]# cat /etc/fstab
UUID=c7f78d0f-6446-4d1a-97a7-30c1342f30c9 /       xfs   defaults  0 0
UUID=59c49c45-ba4d-43c7-a2c0-0f6fad081771 /boot   xfs   defaults  0 0
UUID=0a759e3a-bb79-4b28-9db3-7c413e64ad6c /home   xfs   defaults  0 0
......
```

可以看到系统默认分区是使用 UUID 挂载的，那么什么是 UUID？为什么使用 UUID 挂载呢？

通用唯一识别码（Universally Unique Identifier，UUID）为系统中的存储设备提供唯一的标识字符串，不管这个设备是什么类型的。如果在系统启动时使用盘符挂载，则可能因找不到设备而挂载失败，而使用 UUID 挂载则不会有这样的问题。

自动分配的设备名称并非总是一致的，它们依赖于启动时内核加载模块的顺序。如果在插入通用串行总线（Universal Serial Bus，USB）时启动了系统，下次启动时又把它拔掉，就有可能导致设备名称分配不一致。所以，使用 UUID 对于挂载各种设备非常有好处，它支持各种各样的卡，使用 UUID 通常可以使同一块卡挂载在同一个目录下。

使用 blkid 命令可以在 Linux 中查看设备的 UUID。

/etc/fstab 文件的每一行代表一个文件系统，每一行又包含 6 列，这 6 列的内容如下。

```
fs_spec   fs_file   fs_vfstype   fs_mntops   fs_freq   fs_passno
```

具体含义如下。

fs_spec：将要挂载的设备文件。

fs_file：文件系统的挂载点。

fs_vfstype：文件系统类型。

fs_mntops：挂载选项，传递给 mount 命令决定如何挂载，各选项之间用 ","隔开。

fs_freq：由转储程序决定文件系统是否需要备份，0 表示不备份，1 表示备份。

fs_passno：由 fsck 命令决定引导时是否检查硬盘及检查次序，取值可以为 0、1、2。

例如，要实现每次开机自动将文件系统类型为 xfs 的分区/dev/sdb1 挂载到/sdb1 目录下，需要在/etc/fstab 文件中添加如下代码。重新启动计算机后，/dev/sdb1 就能自动挂载了（**提前创建/sdb1 目录**）。

```
/dev/sdb1   /sdb1   xfs   defaults   0  0
```

 思考 如何使用 UUID 挂载/dev/sdb1？

```
[root@Server01 ~]# blkid /dev/sdb1
/dev/sdb1: UUID="541a3c6c-e870-4641-ac76-a6725d874deb" TYPE="xfs" PARTUUID="9449709f-01"
```

 **特别
提示** 为了不影响后续的实训，测试完文件系统自动挂载后，请将/etc/fstab 文件恢复到初始状态。另外，在操作 fstab 文件之前，请一定做好该文件的备份工作。

任务 5-3　在 Linux 中配置软 RAID

RAID 用于将多个小型硬盘驱动器合并成一个磁盘阵列，以提高硬盘存储性能和容错能力。RAID 可分为软 RAID 和硬 RAID，其中，软 RAID 是通过软件实现多块硬盘冗余的，而硬 RAID 一般通过 RAID 卡来实现 RAID。软 RAID 配置简单，管理也比较灵活，对于中小企业来说不失为一种较好的选择。硬 RAID 在性能方面具有一定优势，但往往花费比较高。

作为高性能的存储系统，RAID 得到了越来越广泛的应用。RAID 的级别从 RAID 概念的提出到现在，已经发展了 6 个级别，分别是 0、1、2、3、4、5。常用的是 0、1、3、5 这 4 个级别。

（1）RAID0：将多个硬盘合并成一个大的硬盘，不具有冗余功能，并行输入/输出（Input/Output，I/O），速度最快。RAID0 也称为带区集。在存放数据时，RAID0 将数据按硬盘的数量进行分段，然后同时将这些数据写进这些盘中。RAID0 技术如图 5-11 所示。

在所有级别中，RAID0 的速度是最快的。但是 RAID0 没有冗余功能，如果一个硬盘（物理）损坏，则所有的数据都将无法使用。

（2）RAID1：把磁盘阵列中的硬盘分成相同的两组，互为镜像，当任意硬盘介质出现故障时，可以利用其镜像上的数据进行恢复，从而提高系统的容错能力。对数据的操作仍采用分块后并行传输方式。RAID1 不仅提高了读写速度，还加强了系统的可靠性，其缺点是硬盘的利用率低，只有50%。RAID1 技术如图 5-12 所示。

图 5-11　RAID0 技术

图 5-12　RAID1 技术

（3）RAID3：RAID3 存放数据的原理和 RAID0、RAID1 不同，RAID3 用一个硬盘来存放数据的奇偶校验位，数据则分段存储于其余硬盘中。它像 RAID0 一样，以并行的方式存放数据，但速度没有 RAID0 快。如果数据盘（物理）损坏，只要将坏的硬盘换掉，RAID 控制系统就会根据校验盘的奇偶校验位在新盘中重建坏盘上的数据。不过，如果校验盘（物理）损坏，则全部数据都将无法使用。利用单独的校验盘来保护数据虽然没有镜像的安全性高，但是硬盘利用率得到了很大的提高，为（$n-1$）/n。其中 n 为使用 RAID3 的硬盘总数量。RAID3 技术如图 5-13 所示。

图 5-13　RAID3 技术

（4）RAID5：向阵列中的硬盘写数据，奇偶校验位存放在阵列中的各个盘上，允许单个硬盘出错。RAID5 也是以数据的校验位来保证数据的安全，但它不是以单独硬盘来存放数据的校验位，而是将数据段的校验位交互存放于各个硬盘上。这样任何一个硬盘损坏，都可以根据其他硬盘上的校验位来重建损坏的数据。硬盘的利用率为（$n-1$）/n。RAID5 技术如图 5-14 所示。

图 5-14　RAID5 技术

RHEL 提供了对软 RAID 技术的支持。在 Linux 操作系统中建立软 RAID 可以使用 mdadm 工具，以方便建立和管理 RAID 设备。

1. 实现软 RAID 的环境

下面以 4 块硬盘/dev/sdc、/dev/sdd、/dev/nvme0n2、/dev/nvme0n3 为例来讲解 RAID5 的创建方法。此处利用 VMware 虚拟机，事先安装 4 块硬盘。

2. 创建 4 个硬盘分区

使用 fdisk 命令重新创建 4 个硬盘分区/dev/sdc1、/dev/sdd1、/dev/nvme0n2p1、/dev/nvme0n3p1，容量一致，都为 500MB，并设置分区类型 ID 为 fd（Linux raid autodetect）。

（1）以创建/dev/nvme0n2p1 硬盘分区为例（先删除原来的分区，若是新硬盘则直接创建分区）。

```
[root@Server01 ~]# fdisk /dev/nvme0n2
更改将停留在内存中，直到您决定将更改写入硬盘。
使用写入命令前请三思。

设备不包含可识别的分区表。
创建了一个硬盘标识符为 0x6440bb1c 的新 DOS 硬盘标签。

命令(输入 m 获取帮助): n                          //创建分区
分区类型
   p   主分区 (0 个主分区，0 个扩展分区，4 空闲)
   e   扩展分区 (逻辑分区容器)
选择 (默认 p): p                                  //创建主分区 1
分区号 (1-4，默认 1): 1                            //创建主分区 1
第一个扇区 (2048-41943039，默认 2048):
上个扇区，+sectors 或 +size{K,M,G,T,P} (2048-41943039，默认 41943039): +500M
                                                //分区容量为 500MB

创建了一个新分区 1，类型为"Linux"，大小为 500 MiB。

命令(输入 m 获取帮助): t                          //设置文件系统
已选择分区 1
Hex 代码(输入 L 列出所有代码): fd                 //设置文件系统为 fd
已将分区"Linux"的类型更改为"Linux raid autodetect"。

命令(输入 m 获取帮助): w                          //存盘并退出
```

（2）用同样的方法创建其他 3 个硬盘分区，最后的分区结果如下（已去掉无用信息）。

```
[root@Server01 ~]# fdisk -l
设备               起点      末尾      扇区       大小    Id 类型
/dev/nvme0n2p1    2048    1026047   1024000    500M    fd Linux raid 自动检测
/dev/nvme0n3p1    2048    1026047   1024000    500M    fd Linux raid 自动检测
/dev/sdc1         2048    1026047   1024000    500M    fd Linux raid 自动检测
/dev/sdd1         2048    1026047   1024000    500M    fd Linux raid 自动检测
```

3. 使用 mdadm 命令创建 RAID5

RAID 设备名称为/dev/md$x$，其中 x 为设备编号，该编号从 0 开始。

```
[root@Server01~]#mdadm --create /dev/md0 --level=5 --raid-devices=3 --spare-devices=1 /dev/sd[c-d]1 /dev/nvme0n2p1 /dev/nvme0n3p1
mdadm: Defaulting to version 1.2 metadata
mdadm: array /dev/md0 started.
```

上述命令中指定 RAID 设备名为/dev/md0,级别为 5,使用 3 个设备建立 RAID,空余一个作为备用。在上面的命令中,最后是装置文件名,这些装置文件名可以是整个硬盘(如/dev/sdc),也可以是硬盘上的分区(如/dev/sdc1)。不过,这些装置文件名的总数必须等于--raid-devices 与 --spare-devices 的个数总和。在此例中,/dev/sd[c-d]1 是一种简写形式,表示/dev/sdc1、/dev/sdd1(**不使用简写形式时,各硬盘或分区之间用空格隔开**),其中/dev/nvme0n3p1 为备用。

4. 为新建立的/dev/md0 建立类型为 xfs 的文件系统

```
[root@Server01 ~]mkfs.xfs /dev/md0
```

5. 查看建立的 RAID5 的具体情况(注意哪个是备用!)

```
[root@Server01 ~]mdadm --detail /dev/md0
/dev/md0:
          Version : 1.2
    Creation Time : Mon May 28 05:45:21 2018
       Raid Level : raid5
    ......
    Active Devices : 3
   Working Devices : 4
    Failed Devices : 0
     Spare Devices : 1

    ......

    Number   Major   Minor   RaidDevice    State
       0       8      33        0          active sync      /dev/sdc1
       1       8      49        1          active sync      /dev/sdd1
       4      259     12        2          active sync      /dev/nvme0n2p1

       3      259     13        -          spare            /dev/nvme0n3p1
```

6. 将 RAID 设备挂载

(1)将 RAID 设备/dev/md0 挂载到指定的目录/media/md0 中,并显示该设备中的内容。

```
[root@Server01 ~]# umount /media
[root@Server01 ~]# mkdir /media/md0
[root@Server01 ~]# mount /dev/md0 /media/md0 ;  ls  /media/md0
[root@Server01 ~]# cd /media/md0
```

(2)写入一个 50MB 的文件 50_file 供数据恢复时测试用。

```
[root@Server01 md0]# dd if=/dev/zero of=50_file count=1 bs=50M; ll
记录了 1+0 的读入
记录了 1+0 的写出
52428800 bytes (52 MB, 50 MiB) copied, 0.356753 s, 147 MB/s
总用量 51200
-rw-r--r--. 1 root root 52428800 8月  30 09:33 50_file
[root@Server01 ~]# cd
```

7. RAID 设备的数据恢复

如果 RAID 设备中的某块硬盘损坏,则系统会自动停止这块硬盘的工作,让备用硬盘代替损坏的硬盘继续工作。例如,假设/dev/sdc1 损坏,则更换损坏的 RAID 设备中的成员的方法如下。

(1)将损坏的 RAID 成员标记为失效。

```
[root@Server01 ~]# mdadm  /dev/md0  --fail  /dev/sdc1
```

```
mdadm: set /dev/sdc1 faulty in /dev/md0
```

（2）移除失效的 RAID 成员。

```
[root@Server01 ~]# mdadm /dev/md0 --remove /dev/sdc1
mdadm: hot removed /dev/sdc1 from /dev/md0
```

（3）更换硬盘设备，添加一个新的 RAID 成员（注意查看 RAID5 的情况）。备用硬盘一般会自动替换，如果没有自动替换，则需手动设置。

```
[root@Server01 ~]# mdadm /dev/md0 --add /dev/nvme0n3p1
mdadm: Cannot open /dev/nvme0n3p1: Device or resource busy //说明已自动替换
```

（4）查看 RAID5 下的文件是否损坏，同时再次查看 RAID5 的情况。命令如下。

```
[root@Server01 ~]#ll /media/md0
总用量 51200
-rw-r--r--. 1 root root 52428800 8月 30 09:33 50_file        //文件未损坏
[root@Server01 ~]# mdadm --detail /dev/md0
/dev/md0:
    ......

    Number  Major  Minor  Raid  Device        State
       3     259     13     0    active sync   /dev/nvme0n3p1
       1       8     49     1    active sync   /dev/sdd1
       4     259     12     2    active sync   /dev/nvme0n2p1
```

RAID5 中的失效硬盘已被成功替换。

 说明 mdadm 命令中凡是以 "--" 引出的选项，均与 "-" 加单词首字母的方式等价。例如，"--remove" 等价于 "-r"，"--add" 等价于 "-a"。

8. 停止 RAID 设备

不再使用 RAID 设备时，可以使用命令 "mdadm -S /dev/md x" 停止 RAID 设备。需要注意的是，应先卸载再停止。

```
[root@Server01 ~]# umount /dev/md0
[root@Server01 ~]# mdadm -S /dev/md0        //停止 RAID 设备
mdadm: stopped /dev/md0
[root@Server01 ~]# mdadm --misc --zero-superblock /dev/sd[c-d]1 /dev/nvme0n[2-3]p1
//删除 RAID 信息
```

任务 5-4 配置软 RAID 的企业实例

1. 环境需求

- 利用 5 个分区组成 RAID5，其中一个分区为备用分区。
- 每个分区约为 1GB，每个分区容量相同较佳。
- 将 1 个分区设定为备用磁盘，这个备用磁盘的大小与其他 RAID 所需分区的大小一样。
- 将此 RAID5 挂载到/mnt/raid 目录下。

我们使用硬盘/dev/sda 的扩展分区中的逻辑分区/dev/sda[5-9]来完成该项任务。

2. 解决方案

本实例的解决方案与任务 5-3 的极为相似，不赘述。若需要详细解决方案，请扫描二维码获取。

5-3　拓展阅读

配置软 RAID 企业实例的解决方案

任务 5-5　使用逻辑卷管理器

前面学习的硬盘设备管理技术虽然能够有效提高硬盘设备的读写速度，确保数据的安全性，但是在硬盘分好区或者部署为 RAID 之后，再想修改硬盘分区大小就不容易了。换句话说，当用户想要随着实际需求的变化调整硬盘分区的大小时，会受到硬盘"灵活性"的限制。这时需要用到另一项非常普遍的硬盘设备资源管理技术——LVM。LVM 允许用户对硬盘资源进行动态调整。

LVM 是 Linux 操作系统对硬盘分区进行管理的一种机制，理论性较强，其初衷是解决硬盘设备在创建分区后不易修改分区大小的问题。尽管对传统的硬盘分区进行强制扩容或缩容从理论上来讲是可行的，但是可能造成数据丢失。LVM 技术在硬盘分区和文件系统之间添加了一个逻辑层，它提供了一个抽象的卷组，可以把多块硬盘进行卷组合并。这样一来，用户无须了解物理硬盘设备的底层架构和布局，也可以实现对硬盘分区的动态调整。LVM 的技术结构如图 5-15 所示。

图 5-15　LVM 的技术结构

PE(physical extent)：物理区域是物理卷中可用于分配的最小存储单元，物理区域大小在建立卷组时指定，一旦确定就不能更改，同一卷组所有物理卷的物理区域大小需一致，新的 PV（物理卷）加入 VG（卷组）后，PE 的大小自动更改为 VG 中定义的 PE 大小。

物理卷处于 LVM 的最底层，可以将其理解为物理硬盘、硬盘分区或者 RAID。卷组建立在物理卷之上，一个卷组可以包含多个物理卷，而且在卷组创建之后，也可以继续向其中添加新的物理卷。逻辑卷是用卷组中空闲的资源建立的，并且逻辑卷在建立后，可以动态扩展或缩小空间。这就是 LVM 的核心理念。

一般而言，在生产环境中无法精确地预估每个硬盘分区在日后的使用情况，因此可能会出现原先分配的硬盘分区不够用的情况。例如，随着业务量的增加，用于存放交易记录的数据库目录的体积也随之增加、分析并记录用户的行为使日志目录的体积不断变大，这些都会导致原有的硬盘分区"捉襟见肘"。另外，还存在需要对较大的硬盘分区进行精简、缩容的情况。

可以部署 LVM 来解决上述问题。部署 LVM 时，需要逐个配置物理卷、卷组和逻辑卷。常用的部署命令如表 5-4 所示。

表 5-4　常用的部署命令

功　　能	物理卷管理命令	卷组管理命令	逻辑卷管理命令
扫描	pvscan	vgscan	lvscan
建立	pvcreate	vgcreate	lvcreate
显示	pvdisplay	vgdisplay	lvdisplay

续表

功　　能	物理卷管理命令	卷组管理命令	逻辑卷管理命令
删除	pvremove	vgremove	lvremove
扩展	—	vgextend	lvextend
缩小	—	vgreduce	lvreduce

接下来使用前面新增加的 SCSI 硬盘/dev/sdc, /dev/sdc1 已经建立。

1. 物理卷、卷组和逻辑卷的建立

物理卷可以建立在整个物理硬盘上，也可以建立在硬盘分区中。如果在整个物理硬盘上建立物理卷，则不要在该物理硬盘上建立任何分区；如果使用硬盘分区建立物理卷，则应事先对硬盘进行分区并设置该分区为 LVM 类型，其类型 ID 为 0x8e。

（1）建立 LVM 类型的分区

利用 fdisk 命令在/dev/sdc 上建立 LVM 类型的分区。

```
[root@Server01 ~]# fdisk /dev/sdc
```

① /dev/sdc1 已经建立，使用 n 命令创建另外 3 个主分区，大小均为 500MB，具体过程不赘述，结果如下。

```
命令 (输入 m 获取帮助): n
分区类型
   p   主分区 (0 个主分区，0 个扩展分区，4 空闲)
   e   扩展分区 (逻辑分区容器)
选择 (默认 p): p
分区号 (1-4, 默认 2): 2
第一个扇区 (2048-41943039, 默认 2048):
上个扇区, +sectors 或 +size{K,M,G,T,P} (2048-41943039, 默认 41943039): +500M
创建了一个新分区 1，类型为 "Linux"，大小为 100 MiB。
……//省略其他 2 个分区创建过程，最终结果如下
命令 (输入 m 获取帮助): p
设备             启动    起点     末尾      扇区    大小   Id  类型
/dev/sdc1        2048  1026047  1024000   500M   fd   Linux raid 自动检测
/dev/sdc2     1026048  2050047  1024000   500M   83   Linux
/dev/sdc3     2050048  3074047  1024000   500M   83   Linux
/dev/sdc4     3074048  4098047  1024000   500M   83   Linux
```

② 使用 t 命令将第 1 个分区的类型修改为 LVM。

```
命令 (输入 m 获取帮助): t
分区号 (1-4, 默认 4): 1
Hex 代码 (输入 L 列出所有代码): 8e      //设置分区类型为 LVM 类型
已将分区 "Linux" 的类型更改为 "Linux LVM"。
```

③ 使用同样的方法将/dev/sdc2、/dev/sdc3 和/dev/sdc4 的分区类型修改为 LVM，最后使用 w 命令保存对分区的修改，并退出。

```
命令 (输入 m 获取帮助): p
设备             启动    起点     末尾      扇区    大小   Id  类型
/dev/sdc1        2048  1026047  1024000   500M   8e   Linux LVM
/dev/sdc2     1026048  2050047  1024000   500M   8e   Linux LVM
/dev/sdc3     2050048  3074047  1024000   500M   8e   Linux LVM
```

```
/dev/sdc4      3074048 4098047 1024000  500M  8e   Linux LVM
命令(输入 m 获取帮助)：w
```

（2）建立物理卷

利用 pvcreate 命令可以在已经创建好的分区上建立物理卷。因为物理卷直接建立在物理硬盘或者硬盘分区上，所以物理卷的设备文件使用系统中现有的硬盘分区设备文件的名称。

```
//使用 pvcreate 命令建立物理卷
[root@Server01 ~]# pvcreate /dev/sdc1
Physical volume "/dev/sdc1" successfully created
//使用 pvdisplay 命令显示指定物理卷的属性
[root@Server01 ~]# pvdisplay /dev/sdc1
```

使用同样的方法建立/dev/sdc2、/dev/sdc3 和/dev/sdc4 的物理卷。

 提示 也可以使用 pvs 和 pvscan 命令显示当前系统中的物理卷。

（3）建立卷组

在建立好物理卷后，使用 vgcreate 命令建立卷组。卷组设备文件使用/dev 目录下与卷组同名的目录表示，该卷组中的所有逻辑设备文件都将建立在该目录下，卷组目录是在使用 vgcreate 命令建立卷组时建立的。卷组中可以包含多个物理卷，也可以只包含一个物理卷。

```
//使用 vgcreate 命令建立卷组 vg0
[root@Server01 ~]# vgcreate vg0 /dev/sdc1  /dev/sdc2
  Volume group "vg0" successfully created
//使用 vgs、vgscan 和 vgdisplay 命令查看 vg0 信息
[root@Server01 ~]# vgs vg0
 VG  #PV #LV #SN Attr   VSize   VFree
 vg0   2   0   0 wz--n- 192.00m 192.00m
[root@Server01 ~]# vgscan
Found volume group "vg0" using metadata type lvm2
[root@Server01 ~]# vgdisplay vg0
```

其中，vg0 为要建立的卷组名称。这里的 PE 值使用默认的 4MB，如果需要增大，则可以使用 –L 选项，但是一旦设定以后则不可更改 PE 值。使用同样的方法创建 vg1。

```
[root@Server01 ~]# vgcreate vg1 /dev/sdc3
```

（4）建立逻辑卷

建立好卷组后，可以使用 lvcreate 命令在已有卷组上建立逻辑卷。逻辑卷设备文件位于其所在卷组的卷组目录中，该文件是在使用 lvcreate 命令建立逻辑卷时建立的。

```
//使用 lvcreate 命令在 vg0 卷组上建立逻辑卷
[root@Server01 ~]# lvcreate -L 20M -n lv0 vg0
Logical volume "lv0" created
//使用 lvdisplay 命令显示建立的 lv0 的信息
[root@Server01 ~]# lvdisplay /dev/vg0/lv0
```

其中，–L 选项用于设置逻辑卷大小，–n 选项用于指定逻辑卷的名称和卷组的名称。除 lvdisplay 外，查看逻辑卷信息的命令还有 lvs 和 lvscan。

2．逻辑卷的管理

（1）增加新的物理卷到卷组

当卷组中没有足够的空间分配给逻辑卷时，可以用为卷组增加物理卷的方法来增加卷组的空间。

需要注意的是，下述命令中的/dev/sdc4 必须为 LVM 类型，而且必须为物理卷。

```
[root@Server01 ~]# vgextend vg0 /dev/sdc4
Volume group "vg0" successfully extended
```

（2）逻辑卷容量的动态调整

当逻辑卷的空间不能满足要求时，可以利用 lvextend 命令把卷组中的空闲空间分配给该逻辑卷以扩大逻辑卷的容量。当逻辑卷的空闲空间太多时，可以使用 lvreduce 命令减少逻辑卷的容量。

```
//使用 lvextend 命令增加逻辑卷容量
[root@Server01 ~]# lvextend -L +10M /dev/vg0/lv0
Rounding size to boundary between physical extents: 12.00 MiB.
  Size of logical volume vg0/lv0 changed from 20.00 MiB (5 extents) to 32.00 MiB (8
extents).
  Logical volume vg0/lv0 successfully resized.
//使用 lvreduce 命令减少逻辑卷容量，但不要轻易使用此操作
[root@Server01 ~]# lvreduce -L -10M /dev/vg0/lv0
  Rounding size to boundary between physical extents: 8.00 MiB.
  WARNING: Reducing active logical volume to 24.00 MiB.
  THIS MAY DESTROY YOUR DATA (filesystem etc.)
Do you really want to reduce vg0/lv0? [y/n]: y
  Size of logical volume vg0/lv0 changed from 32.00 MiB (8 extents) to 24.00 MiB (6 extents).
  Logical volume vg0/lv0 successfully resized.
```

3. 物理卷、卷组和逻辑卷的检查

（1）物理卷的检查。

```
[root@Server01 ~]# pvscan
  PV /dev/sdc3       VG vg1        lvm2 [496.00 MiB / 496.00 MiB free]
  PV /dev/sdc1       VG vg0        lvm2 [496.00 MiB / 472.00 MiB free]
  PV /dev/sdc2       VG vg0        lvm2 [496.00 MiB / 496.00 MiB free]
  PV /dev/sdc4       VG vg0        lvm2 [496.00 MiB / 496.00 MiB free]
  PV /dev/nvme0n1p6  VG rhel       lvm2 [3.73 GiB / 4.00 MiB free]
  Total: 5 [<5.67 GiB] / in use: 5 [<5.67 GiB] / in no VG: 0 [0     ]
```

（2）卷组的检查。

```
[root@Server01 ~]# vgscan
  Found volume group "vg1" using metadata type lvm2
  Found volume group "vg0" using metadata type lvm2
```

（3）逻辑卷的检查。

```
[root@Server01 ~]# lvscan
  ACTIVE            '/dev/vg0/lv0' [24.00 MiB] inherit
```

4. 为逻辑卷创建文件系统并加载使用

（1）创建文件系统，使用 xfs 文件系统格式化逻辑卷。

```
[root@Server01 ~]# mkfs.xfs /dev/vg0/lv0
meta-data=/dev/vg0/lv0            isize=512    agcount=1, agsize=6144 blks
    ......
```

（2）创建文件系统以后，逻辑卷就能加载并使用。

```
[root@Server01 ~]#  mkdir /mnt/test
[root@Server01 ~]# mount /dev/vg0/lv0 /mnt/test
[root@Server01 ~]# cd /mnt/test
[root@Server01 test]# cp /etc/h*.conf /mnt/test
[root@Server01 test]# ls
host.conf
```

5. 删除逻辑卷—卷组—物理卷（必须按照逻辑卷—卷组—物理卷的顺序删除）

```
[root@Server01 test]# cd
[root@Server01 ~]# umount /dev/vg0/lv0          //卸载逻辑卷
//使用 lvremove 命令删除逻辑卷
[root@Server01 ~]# lvremove /dev/vg0/lv0
Do you really want to remove active logical volume "lv0"? [y/n]: y
  Logical volume "lv0" successfully removed
//使用 vgremove 命令删除卷组
[root@Server01 ~]# vgremove vg0 vg1
 Volume group "vg0" successfully removed
Volume group "vg1" successfully removed
//使用 pvremove 命令删除物理卷
[root@Server01 ~]# pvremove /dev/sdc1  /dev/sdc2 /dev/sdc4
Labels on physical volume "/dev/sdc1" successfully wiped
Labels on physical volume "/dev/sdc2" successfully wiped
Labels on physical volume "/dev/sdc3" successfully wiped.
Labels on physical volume "/dev/sdc4" successfully wiped.
```

任务 5-6 硬盘配额配置企业实例（xfs 文件系统）

Linux 是一个多用户的操作系统，为了防止某个用户或组占用过多的硬盘空间，可以通过硬盘配额功能限制用户和组对硬盘空间的使用。在 Linux 操作系统中，可以限制索引节点数和硬盘块区数来限制用户和组对硬盘空间的使用。

① 限制用户和组的索引节点数是指限制用户和组可以创建的文件数量。

② 限制用户和组的硬盘块区数是指限制用户和组可以使用的硬盘容量。

1. 环境需求

- 目的账号。5 名员工的账号分别是 myquota1、myquota2、myquota3、myquota4 和 myquota5，5 个账号的密码都是 password，而且这 5 个账号所属的初始组都是 myquotagrp。其他账号属性则使用默认值。

- 账号的硬盘容量限制值。5 个账号都能够取得 300MB 的硬盘容量（hard），文件数量则不予限制。此外，只要容量使用超过 250MB，就予以警告（soft）。

- 组的配额。由于系统中还有其他账号存在，因此限制 myquotagrp 组最多使用 1GB 的容量。也就是说，如果 myquota1、myquota2 和 myquota3 都用了 280MB 的容量，那么其他两人最多只能使用 1000MB – 280MB×3=160MB 的硬盘容量。这就是用户与组同时设定时会产生的效果。

- 宽限时间的限制。最后，希望每个用户在超过 soft 限制值之后，都还能有 14 天的宽限时间。

注意　本例中的/home 必须是独立分区，文件系统是 xfs，这在项目 1 中的配置分区中已详细介绍。使用命令 "df -T /home" 可以查看/home 的独立分区的名称。

2. 使用 script 建立配额实训所需的环境

制作账号环境时，由于有 5 个账号，因此使用 script 创建环境。

```
[root@Server01 ~]# vim addaccount.sh
```

```
#!/bin/bash
# 使用 script 来建立配额实训所需的环境
groupadd myquotagrp
for username in myquota1 myquota2 myquota3 myquota4 myquota5
do
        useradd  -g myquotagrp $username
        echo  "password"|passwd --stdin $username
done
```
```
[root@Server01 ~]# sh addaccount.sh
```

3. 查看文件系统支持

要使用配额必须有文件系统的支持。假设已经使用了预设支持配额的核心，那么接下来要启动文件系统的支持。不过，由于配额仅针对整个文件系统进行规划，因此要先检查/home 是否是独立的文件系统。这时需要使用 df 命令。

```
[root@Server01 ~]# df -h /home
文件系统            容量   已用  可用  已用%       挂载点
/dev/nvme0n1p2   7.5G   86M   7.4G   2%  /home     <==/home 是独立分区/dev/nvme0n1p2
[root@Server01 ~]# mount |grep home
/dev/nvme0n1p2 on /home type xfs
(rw,relatime,seclabel,attr2,inode64,noquota) //noquota 表示未启用配额
```

从上面的数据来看，这台主机的/home 确实是独立的文件系统，因此可以直接限制/dev/nvme0n1p2。如果你的系统的/home 并非独立的文件系统，那么可能得针对根目录（/）进行规范。不过，不建议在根目录下设定配额。此外，由于虚拟文件分配表（Virtual File Allocation Table，VFAT）文件系统并不支持 Linux 配额功能，因此要使用 mount 命令查询/home 的文件系统是什么类型的。如果是 ext3、ext4 或 xfs，则支持配额。

特别注意 ① /home 的独立分区号可能有所不同，这与项目 1 中分区规划和分区划分的顺序有关，可通过命令"df -h /home"查看/home 是否为独立分区。在本例中，/home 的独立分区是/dev/nvme0n1p2。
② xfs 文件系统的配额设置不同于 ext4 文件系统的配额设置。若希望了解 ext4 的配额设置方法，可向编者获取有关资料。

4. 编辑配置文件 fstab 启用硬盘配额

① 编辑配置文件 fstab，在/home 目录项下加"uquota,grpquota"参数，存盘并退出后重启系统。

```
[root@Server01 ~]# vim /etc/fstab
    ......
UUID=0a759e3a-bb79-4b28-9db3-7c413e64ad6c /home                    xfs
defaults,uquota,grpquota         0 0
[root@Server01 ~]# reboot
```
② 在重启系统后使用 mount 命令查看，即可发现/home 目录已经支持硬盘配额技术了。

```
[root@Server01 ~]# mount | grep home
/dev/nvme0n1p2 on /home type xfs
(rw,relatime,seclabel,attr2,inode64,usrquota,grpquota)
//usrquota 表示对/home 启用了用户硬盘配额，grpquota 表示对/home 启用了组硬盘配额
```
③ 接下来针对/home 目录增加其他用户的写入权限，保证其他用户能够正常写入数据。

```
[root@Server01 ~]# chmod -Rf o+w /home
```

5. 使用 xfs_quota 命令设置硬盘配额

接下来使用 xfs_quota 命令设置用户 myquota1 对/home 目录的硬盘配额。

具体的配额控制包括硬盘容量的软限制和硬限制，分别为 250MB 和 300MB，文件数量的软限制和硬限制无要求。

① 下面配置硬限制和软限制，并输出/home 的配额报告。

```
[root@Server01 ~]# xfs_quota -x -c 'limit bsoft=250m bhard=300m isoft=0 ihard=0
myquota1' /home
[root@Server01 ~]# xfs_quota -x -c report /home
User quota on /home (/dev/nvme0n1p2)
                        Blocks
User ID         Used        Soft        Hard    Warn/Grace
----------   ----------------------------------------------
root              0           0           0      00 [--------]
yangyun        3904           0           0      00 [--------]
myquota1         12      256000      307200      00 [--------]
......
                        Blocks
Group ID        Used        Soft        Hard    Warn/Grace
----------   ----------------------------------------------
root              0           0           0      00 [--------]
......
```

② 其他 4 个用户硬盘配额的设定可以使用 edquota 进行复制。

```
#将 myquota1 的限制值复制给其他 4 个账号
[root@Server01 ~]# edquota -p myquota1 -u myquota2
[root@Server01 ~]# edquota -p myquota1 -u myquota3
[root@Server01 ~]# edquota -p myquota1 -u myquota4
[root@Server01 ~]# edquota -p myquota1 -u myquota5
[root@Server01 ~]# xfs_quota -x -c report /home
User quota on /home (/dev/nvme0n1p2)
                        Blocks
User ID         Used        Soft        Hard    Warn/Grace
----------   ----------------------------------------------
root              0           0           0      00 [--------]
yangyun        3904           0           0      00 [--------]
user1            20           0           0      00 [--------]
myquota1         12      256000      307200      00 [--------]
myquota2         12      256000      307200      00 [--------]
myquota3         12      256000      307200      00 [--------]
myquota4         12      256000      307200      00 [--------]
myquota5         12      256000      307200      00 [--------]
......
```

③ 更改组的配额。

配额的单位是 B，1GB=1 048 576B，这就是硬限制数，软限制数设为 900 000B，如下所示。配置完成后存盘并退出。

```
[root@Server01 ~]# edquota -g myquotagrp
Disk quotas for group myquotagrp(gid 1007)
 Filesystem          blocks  soft        hard        inodes  soft    hard
```

```
/dev/nvme0n1p2          0      900000      1048576       35       0       0
```

这样配置表示 myquota1、myquota2、myquota3、myquota4、myquota5 用户最多使用 300MB 的硬盘空间，超过 250MB 就发出警告，并进入倒计时，而 myquotagrp 组最多使用 1GB 的硬盘空间。也就是说，虽然 myquota1 等用户都有 300MB 的最大硬盘空间使用权限，但他们都属于 myquotagrp 组，他们使用的硬盘空间总量不得超过 1000MB。

④ 将宽限时间改成 14 天。配置完成后存盘并退出。

```
[root@Server01 ~]# edquota -t
Grace period before enforcing soft limits for users:
Time units may be:days,hours,minutes,or seconds
 Filesystem        Block grace period   Inode grace period
 /dev/nvme0n1p2          14days              7days
#原本是 7 天，改为 14 天
```

6. 使用 repquota 命令查看文件系统的配额报告

```
[root@Server01 ~]# repquota /dev/nvme0n1p2
** Report for user quotas on device /dev/nvme0n1p2
Block grace time: 14days; Inode grace time: 7days
                      Block limits              File  limits
User          used    soft    hard    grace   used  soft  hard grace
----------------------------------------------------------------------
root      --    0       0       0               3      0      0
yangyun   --   48       0       0              16      0      0
myquota1  --   12   256000  307200            7       0      0
myquota2  --   12   256000  307200            7       0      0
myquota3  --   12   256000  307200            7       0      0
myquota4  --   12   256000  307200            7       0      0
myquota5  --   12   256000  307200            7       0      0
```

7. 测试与管理

硬盘配额的测试过程如下（以 myquota1 用户为例）。

```
[root@Server01 ~]# su - myquota1
Last login: Mon May 28 04:41:39 CST 2018 on pts/0
//写入一个 200MB 的文件 file1，dd 命令的应用可以复习项目 2 中的相关知识
[myquota1@Server01 ~]$ dd if=/dev/zero of=file1 count=1 bs=200M
1+0 records in
1+0 records out
209715200 bytes (210MB) copied, 0.276878 s, 757 MB/s
//再写入一个 200MB 的文件 file2
[myquota1@Server01 ~]$ dd if=/dev/zero of=file2 count=1 bs=200M
dd: 写入'file2' 出错：超出硬盘配额              //警告
记录了 1+0 的读入
记录了 0+0 的写出
104792064 bytes (105 MB, 100 MiB) copied, 0.177332 s, 591 MB/s //超过 300MB 部分无法写入
```

特别注意 本次实训结束时，请将自动挂载文件**/etc/fstab** 恢复到最初状态，以免后续实训中对**/dev/nvme0n1p2** 等设备的操作影响到挂载，而使系统无法启动。

5.4 拓展阅读 国家最高科学技术奖

国家最高科学技术奖于 2000 年由中华人民共和国国务院设立，由国家科学技术奖励工作办公室负责，是我国 5 个国家科学技术奖中最高等级的奖项，授予下列科学技术工作者：在当代科学技术前沿取得重大突破或者在科学技术发展中卓有建树的；在科学技术创新、科学技术成果转化和高技术产业化中，创造巨大经济效益或者社会效益的。

根据国家科学技术奖励工作办公室官网显示，国家最高科学技术奖每年评选一次，授予人数每次不超过两名，由国家主席亲自签署、颁发荣誉证书以及颁发奖章和奖金。截至 2020 年 1 月，共有 33 位杰出科学工作者获得该奖。其中，计算机科学家王选院士曾获此殊荣。

5.5 项目实训

5.5.1 项目实训 1 管理文件系统

1. 视频位置

实训前请扫描二维码，观看"项目实录　管理文件系统"慕课。

2. 项目实训目的

* 掌握 Linux 下文件系统创建、挂载与卸载的方法。
* 掌握文件系统自动挂载的方法。

3. 项目背景

某企业的 Linux 服务器中新增了一块硬盘/dev/sdb，请使用 fdisk 命令新建 /dev/sdb1 主分区和/dev/sdb2 扩展分区，并在扩展分区中新建逻辑分区 /dev/sdb5，使用 mkfs 命令分别创建 vfat 和 ext3 文件系统。然后使用 fsck 命令检查这两个文件系统。最后，把这两个文件系统挂载到系统上。

4. 项目实训内容

练习 Linux 操作系统下文件系统的创建、挂载、卸载及自动挂载。

5. 做一做

根据项目实录进行项目实训，检查学习效果。

5.5.2 项目实训 2 管理逻辑卷

1. 视频位置

实训前请扫描二维码，观看"项目实录　管理逻辑卷"慕课。

2. 项目实训目的

* 掌握创建 LVM 类型分区的方法。
* 掌握管理逻辑卷的基本方法。

5-4　慕课

项目实录　管理
文件系统

5-5　慕课

项目实录　管理
逻辑卷

3. 项目背景

某企业在 Linux 服务器中新增了一块硬盘/dev/sdb，要求 Linux 操作系统的分区能自动调整硬盘容量。请使用 fdisk 命令新建/dev/sdb1、/dev/sdb2、/dev/sdb3 和/dev/sdb4 这 4 个 LVM 类型的分区，并在这 4 个分区上创建物理卷、卷组和逻辑卷，最后将逻辑卷挂载。

4. 项目实训内容

物理卷、卷组、逻辑卷的创建及管理。

5. 做一做

根据项目实录进行项目实训，检查学习效果。

5.5.3 项目实训 3 管理动态磁盘

1. 视频位置

实训前请扫描二维码，观看"项目实录 管理动态磁盘"慕课。

2. 项目实训目的

掌握在 Linux 操作系统中利用 RAID 技术实现磁盘阵列的方法。

3. 项目背景

某企业为了保护重要数据，购买了 4 块同一厂家的 SCSI 磁盘。要求在这 4 块磁盘上创建 RAID5，以实现磁盘容错。

4. 项目实训内容

利用 mdadm 命令创建并管理 RAID。

5. 做一做

根据项目实录进行项目实训，检查学习效果。

5-6 慕课

项目实录 管理
动态磁盘

5.6 练习题

一、填空题

1. _____是光盘使用的标准文件系统。

2. RAID（Redundant Arrays of Independent Disks）的中文全称是_____，用于将多个小型硬盘驱动器合并成一个_____，以提高存储性能和_____能力。RAID 可分为_____和_____，软 RAID 通过软件实现多块硬盘_____。

3. LVM（Logical Volume Manager）的中文全称是_____，最早应用在 IBM AIX 系统上。它的主要作用是_____及调整硬盘分区大小，并且可以让多个分区或者物理硬盘作为_____来使用。

4. 可以通过_____和_____来限制用户和组对硬盘空间的使用。

二、选择题

1. 假定内核支持 vfat 分区，则（   ）可将/dev/hda1 这个 Windows 分区加载到/win 目录。

A. mount -t windows /win /dev/hda1

B. mount –fs=msdos /dev/hda1   /win

C. mount –s   win   /dev/hda1 /win

D. mount –t vfat /dev/hda1   /win

2. 下列关于/etc/fstab 的描述正确的是（   ）。

A. 启动系统后，由系统自动产生

B. 用于管理文件系统信息

C. 用于设置命名规则，如是否可以使用"Tab"键来命名一个文件

D. 保存硬件信息

3. 若想在一个新分区上建立文件系统，则应该使用命令（   ）。

A. fdisk   B. makefs   C. mkfs   D. format

三、简答题

1. RAID 技术主要是为了解决什么问题？

2. RAID0 和 RAID5 哪个更安全？

3. 位于 LVM 最底层的是物理卷还是卷组？

4. LVM 对逻辑卷的扩容和缩容操作有何异同点？

5. LVM 的删除顺序是怎样的？

项目6
配置网络和使用SSH服务

项目导入

作为 Linux 系统的网络管理员，学习 Linux 服务器的网络配置是至关重要的，同时管理远程主机也是管理员必须熟练掌握的。这些是后续网络服务配置的基础，必须学好。

本项目讲解如何使用 nmtui 命令配置网络参数，以及通过 nmcli 命令查看网络信息并管理网络会话服务，从而能够在不同工作场景中快速切换网络运行参数。本项目还将深入介绍 SSH 协议与 sshd 服务程序的理论知识、Linux 系统的远程管理及在系统中配置服务程序的方法。

职业能力目标和要求

• 掌握常见的网络配置服务。	• 掌握远程控制服务。

素养提示

• 了解为什么会推出 IPv6。接下来的 IPv6 时代，我国存在着巨大机遇，让我们拭目以待。	• "路漫漫其修远兮，吾将上下而求索。"国产化替代之路"道阻且长，行则将至，行而不辍，未来可期"。青年学生应勇于进取，不断突破自我。

6.1 项目知识准备

Linux 主机要与网络中的其他主机通信，首先要正确配置网络。网络配置通常包括主机名、IP 地址、子网掩码、默认网关、域名系统（Domain Name System，DNS）服务器等的设置，其中设置主机名是首要任务。

RHEL 8 有以下 3 种形式的主机名。

• 静态（static）："静态"主机名也称为内核主机名，是系统在启动时从/etc/hostname 自动初始化的主机名。

- 瞬态（transient）：“瞬态”主机名是在系统运行时临时分配的主机名，由内核管理。例如，通过动态主机配置协议（Dynamic Host Configuration Protocol，DHCP）或 DNS 服务器分配的 localhost 就是这种形式的主机名。
- 灵活（pretty）：“灵活”主机名是 UTF-8 格式的自由主机名，用于展示给终端用户。

与之前版本不同，RHEL 8 中的主机名配置文件为/etc/hostname，可以在配置文件中直接更改主机名。请读者使用“vim /etc/hostname”命令试一试。

1. 使用 nmtui 修改主机名

```
[root@Server01 ~]# nmtui
```

在图 6-1 与图 6-2 所示的界面中进行配置。

图 6-1 设置系统主机名　　　　图 6-2 修改主机名为 Server01

使用网络管理器的 nmtui 命令修改静态主机名后（/etc/hostname 文件），不会通知 hostnamectl。要想强制让 hostnamectl 知道静态主机名已经被修改，需要重启 systemd-hostnamed 服务。

```
[root@Server01 ~]# systemctl restart systemd-hostnamed
```

2. 使用 hostnamectl 命令修改主机名

（1）查看主机名。

```
[root@Server01 ~]# hostnamectl status
   Static hostname: Server01
   ......
```

（2）设置新的主机名。

```
[root@Server01 ~]# hostnamectl set-hostname my.smile60.cn
```

（3）再次查看主机名。

```
[root@Server01 ~]# hostnamectl status
   Static hostname: my.smile60.cn
   ......
```

3. 使用 nmcli 命令修改主机名

（1）nmcli 命令可以修改/etc/hostname 中的主机名。

```
//查看主机名
[root@Server01 ~]# nmcli general hostname
my.smile60.cn
//设置新的主机名
[root@Server01 ~]# nmcli general hostname Server01
[root@Server01 ~]# nmcli general hostname
Server01
```

115

（2）重启 systemed-hostnamed 服务，让 hostnamectl 知道静态主机名已经被修改。

```
[root@Server01 ~]# systemctl restart systemd-hostnamed
```

6.2 项目设计与准备

本项目要用到 Server01 和 Client1，需要完成的任务如下。

（1）配置 Server01 和 Client1 的网络参数。

（2）创建会话。

（3）配置远程服务。

其中，Server01 的 IP 地址为 192.168.10.1/24，Client1 的 IP 地址为 192.168.10.20/24，两台计算机的网络连接方式都是**桥接模式**。

6.3 项目实施

任务 6-1 使用系统菜单配置网络

后文我们将学习如何在 Linux 系统上配置服务。在此之前，必须先保证主机能够顺畅地通信。如果网络不通，即便服务部署正确，用户也无法顺利访问。所以配置网络并确保网络的连通性是学习部署 Linux 服务的基础。

6-1 微课

配置网络和使用
ssh 服务

① 以 Server01 为例。在 Server01 的桌面上依次选择"活动"→"显示应用程序"→"设置"→"网络"，打开网络配置界面，一步步完成网络信息查询和网络配置。具体过程如图 6-3～图 6-5 所示。

图 6-3 打开连接，单击齿轮图标进行网络配置

图 6-4 配置有线连接

② 按图 6-4 所示的步骤进行配置，配置完成后单击"应用"按钮应用配置，回到图 6-3 所示的界面。注意网络连接应该设置为"打开"状态，如果为"关闭"状态，请修改。

③ 再次单击齿轮图标，显示图 6-5 所示的最终配置结果。切记！一定要勾选**"自动连接"**复选框，否则计算机启动后不能自动连接网络。最后单击"应用"按钮。注意，有时需要重启系统，配置才能生效。

建议
① 首选使用系统菜单配置网络。因为从 RHEL 8 开始，图形界面的功能已经非常完善了。
② 如果网络正常工作，则会在桌面的右上角显示网络连接图标 🖧，直接单击该图标也可以进行网络配置，如图 6-6 所示。

图 6-5　最终配置结果

图 6-6　单击网络连接图标配置网络

④ 按同样的方法配置 Client1 的网络参数：IP 地址为 192.168.10.20/24，默认网关为 192.168.10.254。

⑤ 在 Server01 上测试与 Client1 的连通性，测试成功。

```
[root@Server01 ~]# ping 192.168.10.20 -c 4
PING 192.168.10.20 (192.168.10.20) 56(84) bytes of data.
64 bytes from 192.168.10.20: icmp_seq=1 ttl=64 time=0.904 ms
64 bytes from 192.168.10.20: icmp_seq=2 ttl=64 time=0.961 ms
64 bytes from 192.168.10.20: icmp_seq=3 ttl=64 time=1.12 ms
64 bytes from 192.168.10.20: icmp_seq=4 ttl=64 time=0.607 ms

--- 192.168.10.20 ping statistics ---
4 packets transmitted, 4 received, 0% packet loss, time 34ms
rtt min/avg/max/mdev = 0.607/0.898/1.120/0.185 ms
```

任务 6-2　使用图形界面配置网络

使用图形界面配置网络是比较方便、简单的一种网络配置方式，仍以 Server01 为例。

（1）在任务 6-1 中我们使用系统菜单配置网络，现在使用 nmtui 命令来配置网络。

```
[root@Server01 ~]# nmtui
```

（2）执行 nmtui 命令后，显示图 6-7 所示的图形界面，在界面中选择"编辑连接"选项并按"Enter"键。

（3）配置过程如图 6-8、图 6-9 所示。

图 6-7　选中"编辑连接"
选项并按"Enter"键

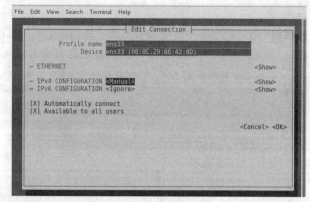

图 6-8　选中要编辑的网卡名称，然后按"Enter"键　　　　图 6-9　把网络 IPv4 的配置方式改成"Manual"（手动）

 注意　本书中所有的服务器主机 IP 地址均为 192.168.10.1，而客户端主机 IP 地址一般设为 192.168.10.20 及 192.168.10.30。这样做是为了方便后面服务器的配置。

（4）单击"显示"按钮，显示网络配置信息，如图 6-10 所示。在服务器主机的网络配置信息中填写 IP 地址（192.168.10.1/24）等参数，然后单击"确定"按钮保存配置，如图 6-11 所示。

图 6-10　填写 IP 地址等参数

图 6-11　单击"确定"按钮保存配置

（5）单击"返回"按钮回到初始图形界面，选择"启用连接"选项，如图 6-12 所示，并按"Enter"键，激活连接"ens160"。前面有"*"表示激活，如图 6-13 所示。

图 6-12　选择"启用连接"选项

图 6-13　激活连接

（6）至此，使用图形界面配置网络的步骤就结束了，使用 ifconfig 命令测试配置情况。

```
[root@Server01 ~]# ifconfig
ens160: flags=4163<UP,BROADCAST,RUNNING,MULTICAST>  mtu 1500
        inet 192.168.10.1  netmask 255.255.255.0  broadcast 192.168.10.255
        inet6 fe80::c0ae:d7f4:8f5:e135  prefixlen 64  scopeid 0x20<link>
        ……
```

任务 6-3　使用 nmcli 命令配置网络

网络管理器是管理和监控网络设备的守护进程，网络设备即网络接口，连接是对网络接口的配置。一个网络接口可以有多个连接配置，但同一时间只有一个连接配置生效。以下实例仍在 Server01 上实现。

常用的 nmcli 命令的功能或含义如表 6-1 所示。

表 6-1　常用的 nmcli 命令的功能或含义

命令	功能或含义
nmcli connection show	显示所有连接
nmcli connection show --active	显示所有活动的连接状态
nmcli connection show "ens160"	显示网络连接配置
nmcli device status	显示设备状态
nmcli device show ens160	显示网络接口属性
nmcli connection add help	查看帮助信息
nmcli connection reload	重新加载配置
nmcli connection down test2	禁用 test2 的配置，注意一个网卡可以有多个配置
nmcli connection up test2	启用 test2 的配置
nmcli device disconnect ens160	禁用 ens160 网卡
nmcli device connect ens160	启用 ens160 网卡

1. 创建新连接

（1）创建新连接 default，IP 地址通过 DHCP 自动获取。

```
[root@Server01 ~]# nmcli connection show
NAME      UUID                                   TYPE       DEVICE
ens160    25982f0e-69c7-4987-986c-6994e7f34762   ethernet   ens160
virbr0    ea1235ae-ebb4-4750-ba67-bbb4de7b4b1d   bridge     virbr0
[root@Server01 ~]# nmcli connection add con-name default type Ethernet ifname ens160
连接 "default" (01178d20-ffc4-4fda-a15a-0da2547f8545) 已成功添加。
```

（2）删除连接。

```
[root@Server01 ~]# nmcli connection delete default
成功删除连接 "default" (01178d20-ffc4-4fda-a15a-0da2547f8545)。
```

（3）创建新连接 test2，指定静态 IP 地址，不自动连接。

```
[root@Server01 ~]# nmcli connection add con-name test2 ipv4.method manual ifname
ens160 autoconnect no type Ethernet ipv4.addresses 192.168.10.100/24 gw4 192.168.10.1
Connection 'test2' (7b0ae802-1bb7-41a3-92ad-5a1587eb367f) successfully added.
```

（4）上述代码中部分参数说明如下。

con-name：指定连接名称，没有特殊要求。

ipv4.method：指定获取 IP 地址的方式。

ifname：指定网卡设备名，也就是这次配置所生效的网卡。

autoconnect：指定网卡是否自动启动。

ipv4.addresses：指定 IPv4 地址。

gw4：指定网关。

2. 查看/etc/sysconfig/network-scripts/目录

```
[root@Server01 ~]# ls /etc/sysconfig/network-scripts/ifcfg-*
/etc/sysconfig/network-scripts/ifcfg-ens160
/etc/sysconfig/network-scripts/ifcfg-test2
```

上述代码中多出一个/etc/sysconfig/network-scripts/ifcfg-test2 文件，说明新连接确实生效了。

3. 启用 test2 连接

```
[root@Server01 ~]# nmcli connection up test2
连接已成功激活（D-Bus 活动路径:
/org/freedesktop/NetworkManager/ActiveConnection/11）
[root@Server01 ~]# nmcli  connection show
NAME        UUID                                   TYPE            DEVICE
test2       7b0ae802-1bb7-41a3-92ad-5a1587eb367f   802-3-ethernet  ens160
virbr0      f30a1db5-d30b-47e6-a8b1-b57c614385aa   bridge          virbr0
ens160      9d5c53ac-93b5-41bb-af37-4908cce6dc31   802-3-ethernet  --
```

4. 查看网卡是否生效

```
[root@Server01 ~]# nmcli device show ens160
GENERAL.DEVICE:                        ens160
......
```

至此，IP 地址配置成功。

5. 修改连接

（1）修改 test2 为自动启动。

```
[root@Server01 ~]# nmcli connection modify test2 connection.autoconnect yes
```
（2）修改 DNS 为 192.168.10.1。
```
[root@Server01 ~]# nmcli connection modify test2 ipv4.dns 192.168.10.1
```
（3）添加 DNS 114.114.114.114。
```
[root@Server01 ~]# nmcli connection modify test2 +ipv4.dns 114.114.114.114
```
（4）查看修改是否生效。
```
[root@Server01 ~]# cat /etc/sysconfig/network-scripts/ifcfg-test2
TYPE=Ethernet
PROXY_METHOD=none
BROWSER_ONLY=no
BOOTPROTO=none
IPADDR=192.168.10.100
PREFIX=24
GATEWAY=192.168.10.1
DEFROUTE=yes
IPV4_FAILURE_FATAL=no
IPV6INIT=yes
IPV6_AUTOCONF=yes
IPV6_DEFROUTE=yes
IPV6_FAILURE_FATAL=no
IPV6_ADDR_GEN_MODE=stable-privacy
NAME=test2
UUID=7b0ae802-1bb7-41a3-92ad-5a1587eb367f
DEVICE=ens160
ONBOOT=yes
DNS1=192.168.10.1
DNS2=114.114.114.114
```
可以看到修改均已生效。
（5）删除 DNS。
```
[root@Server01 ~]# nmcli connection modify test2 -ipv4.dns 114.114.114.114
```
（6）修改 IP 地址和默认网关。
```
[root@Server01 ~]# nmcli connection modify test2 ipv4.addresses 192.168.10.200/24 gw4
192.168.10.254
```
（7）还可以添加多个 IP 地址。
```
[root@Server01 ~]# nmcli connection modify test2 +ipv4.addresses 192.168.10.250/24
[root@Server01 ~]# nmcli  connection  show  "test2"
```
（8）为了不影响后面的实训，将 test2 连接删除。
```
[root@Server01 ~]# nmcli connection delete test2
成功删除连接 "test2" (9fe761ef-bd96-486b-ad89-66e5ea1531bc)
[root@Server01 ~]# nmcli connection show
NAME     UUID                                   TYPE       DEVICE
ens160   25982f0e-69c7-4987-986c-6994e7f34762   ethernet   ens160
virbr0   ea1235ae-ebb4-4750-ba67-bbb4de7b4b1d   bridge     virbr0
```
6. nmcli 命令和/etc/sysconfig/network-scripts/ifcfg-*文件的对应关系
nmcli 命令和/etc/sysconfig/network-scripts/ifcfg-*文件的对应关系如表 6-2 所示。

121

表 6-2　nmcli 命令和/etc/sysconfig/network-scripts/ifcfg-*文件的对应关系

nmcli 命令	/etc/sysconfig/network-scripts/ifcfg-*文件
ipv4.method manual	BOOTPROTO=none
ipv4.method auto	BOOTPROTO=dhcp
ipv4.addresses 192.0.2.1/24	IPADDR=192.0.2.1 PREFIX=24
gw4 192.0.2.254	GATEWAY=192.0.2.254
ipv4.dns 8.8.8.8	DNS0=8.8.8.8
ipv4.dns-search example.com	DOMAIN=example.com
ipv4.ignore-auto-dns true	PEERDNS=no
connection.autoconnect yes	ONBOOT=yes
connection.id eth0	NAME=eth0
connection.interface-name eth0	DEVICE=eth0
802-3-ethernet.mac-address . . .	HWADDR= . . .

任务 6-4　创建网络会话实例

RHEL 8 系统默认使用 Network Manager 来提供网络服务，这是一种动态管理网络配置的守护进程，能够让网络设备保持连接状态。前文讲过，可以使用 nmcli 命令配置网络。nmcli 是一款基于命令行的网络配置工具，功能丰富，参数众多。它可以轻松地查看网络信息或网络状态。以下实例在 Server01 上实现。

```
[root@Server01 ~]# nmcli connection show
NAME       UUID                                  TYPE           DEVICE
ens160  9d5c53ac-93b5-41bb-af37-4908cce6dc31  802-3-ethernet  --
```

另外，RHEL 8 支持网络会话功能，允许用户在多个配置文件中快速切换（类似于 firewalld 防火墙服务中的区域技术）。如果我们在企业网络中使用笔记本计算机时需要手动指定网络的 IP 地址，而回到家中使用 DHCP 自动分配的 IP 地址，就需要频繁地修改 IP 地址，使用网络会话功能后，一切就简单多了——只需在不同的使用环境中激活相应的网络会话，就可以实现网络配置信息的自动切换。

可以使用 nmcli 命令并按照 "connection add con-name type ifname" 的格式来创建网络会话。假设将企业网络中的网络会话称为 company，将家庭网络中的网络会话称为 home，下面依次创建各自的网络会话。

（1）使用 con-name 参数指定企业所使用的网络会话名称 company，然后依次用 ifname 参数指定本机的网卡名称（一定要以实际环境为准，不要使用本书中的 ens160），用 autoconnect no 参数设置该网络会话默认不被自动激活，以及用 ip4 及 gw4 参数手动指定网络的 IP 地址。

```
[root@Server01 ~]# nmcli connection add con-name company ifname ens160 autoconnect
no type ethernet ip4 192.168.10.1/24 gw4 192.168.10.1
连接 "company" (8a7cee67-d8ab-4fbd-8eba-2acf2a6d21d8) 已成功添加
```

（2）使用 con-name 参数指定家庭所使用的网络会话名称 home。我们从外部 DHCP 服务器自动获得 IP 地址，因此这里不需要手动指定网络的 IP 地址。

```
[root@Server01 ~]# nmcli connection add con-name home type ethernet ifname ens160
连接 "home" (0311b9e7-55eb-4576-bd7c-dd0c6ae7b4d9) 已成功添加
```

（3）成功创建网络会话后，可以使用 nmcli 命令查看创建的所有网络会话。

```
[root@Server01 ~]# nmcli connection show
NAME     UUID                                  TYPE            DEVICE
ens160   9d5c53ac-93b5-41bb-af37-4908cce6dc31  802-3-ethernet  ens160
virbr0   a3d2d523-5352-4ea9-974d-049fb7fd1c6e  bridge          virbr0
company  70823d95-a119-471b-a495-9f7364e3b452  802-3-ethernet  --
home     cc749b8d-31c6-492f-8e7a-81e95eacc733  802-3-ethernet  --
```

（4）使用 nmcli 命令配置过的网络会话是永久生效的，这样当我们下班回家后，顺手启用 home 网络会话，网卡就能自动通过 DHCP 服务器获取到 IP 地址了。下面在 Server01 上测试。

```
[root@Server01 ~]# nmcli connection up home
错误：连接激活失败，IP 配置无法保留（无可用地址、超时等）
提示：使用 'journalctl -xe NM_CONNECTION=0311b9e7-55eb-4576-bd7c-dd0c6ae7b4d9 +
NM_DEVICE=ens160' 来获得更详细的信息
```

假如 Server01 的**网络连接方式**使用的是 VMnet1（**仅主机模式**），测试会因无法获取到 IP 地址而失败。这是为什么呢？因为 home 连接是自动获取 IP 地址的，而 Server01 的网络连接方式是仅主机模式时，没有可提供服务的 DHCP 服务器。

解决方法是，把虚拟机的网络适配器的网络连接方式切换成**桥接模式**，如图 6-14 所示，然后重启虚拟机再次测试。在这种情况下，Server01 可以使用"宿主"依赖的 DHCP 服务器。

图 6-14　设置虚拟机的网络适配器的网络连接方式

（5）再次测试。

```
[root@Server01 ~]# nmcli connection up home
连接已成功激活（D-Bus 活动路径：
/org/freedesktop/NetworkManager/ActiveConnection/15）
[root@Server01 ~]# ifconfig
```

```
ens160: flags=4163<UP,BROADCAST,RUNNING,MULTICAST>  mtu 1500
        inet 10.0.167.34  netmask 255.255.255.0  broadcast 10.0.167.255
        inet6 fe80::c70:8b8f:3261:6f18  prefixlen 64  scopeid 0x20<link>
        ether 00:0c:29:66:42:8d  txqueuelen 1000  (Ethernet)
        RX packets 457  bytes 41358 (40.3 KiB)
        RX errors 0  dropped 0  overruns 0  frame 0
        TX packets 131  bytes 17349 (16.9 KiB)
        TX errors 0  dropped 0  overruns 0  carrier 0  collisions 0
        ……
```

（6）如果回到企业，则可以停止 home 网会话，启动 company 网会话（连接）。

```
[root@Server01 ~]# nmcli connection down home
成功停用连接 "home"（D-Bus 活动路径:
/org/freedesktop/NetworkManager/ActiveConnection/23）
[root@Server01 ~]# nmcli connection up company
连接已成功激活（D-Bus 活动路径:
/org/freedesktop/NetworkManager/ActiveConnection/16）
[root@Server01 ~]# ifconfig
ens160: flags=4163<UP,BROADCAST,RUNNING,MULTICAST>  mtu 1500
        inet 192.168.10.1  netmask 255.255.255.0  broadcast 192.168.10.255
        inet6 fe80::7ce7:c434:4c95:7ddb  prefixlen 64  scopeid 0x20<link>
        ether 00:0c:29:66:42:8d  txqueuelen 1000  (Ethernet)
        RX packets 304  bytes 41920 (40.9 KiB)
        RX errors 0  dropped 0  overruns 0  frame 0
        TX packets 429  bytes 47058 (45.9 KiB)
        TX errors 0  dropped 0  overruns 0  carrier 0  collisions 0
……
```

（7）为避免影响后面的实训，最后应删除网络会话连接。请选择"nmtui"→"编辑连接"，然后选中要删除的网络会话，单击"删除"按钮将 home 和 company 两个网络会话连接删除，如图 6-15 所示（选中网络会话连接后删除，最后返回）。

图 6-15 删除网络会话连接

任务 6-5 配置远程控制服务

安全外壳（Secure Shell，SSH）协议是一种能够以安全的方式提供远程登录的协议，也是目前远程管理 Linux 系统的首选方式。在此之前，一般使用 FTP 或 Telnet 来进行远程登录。但是因为它们以明文的形式在网络中传输账户密码和数据信息，所以很不安全，很容易遭受入侵者发起的中间人攻击，轻则篡改传输的数据信息，重则直接抓取服务器的账户密码。

1. 配置 sshd 服务

想要使用 SSH 协议来远程管理 Linux 系统，需要部署和配置 sshd 服务程序。Sshd 服务程序是基于 SSH 协议开发的一款远程管理服务程序，不仅使用方便、快捷，还提供了以下两种安全验证的方法。

- 基于口令的验证——用账户和密码来验证登录。
- 基于密钥的验证——需要在本地生成密钥对，然后把密钥对中的公钥上传至服务器，并与服务器中的公钥进行比较。该方法相对来说更安全。

前文曾强调"Linux 系统中的一切都是文件"，因此在 Linux 系统中修改服务程序的运行参数，实际上就是在修改程序配置文件。sshd 服务的配置信息保存在/etc/ssh/sshd_config 文件中。运维人员一般会把保存主要配置信息的文件称为主配置文件，而主配置文件中有许多以"#"开头的注释行，要想让配置参数生效，需要在修改参数后再去掉前面的"#"。sshd 服务配置文件包含的参数及其作用如表 6-3 所示。

表 6-3　sshd 服务配置文件包含的参数及其作用

参数	作用
Port 22	默认的 sshd 服务端口
ListenAddress 0.0.0.0	设定 sshd 服务监听的 IP 地址
Protocol 2	SSH 协议的版本号
HostKey /etc/ssh/ssh_host_key	SSH 协议版本为 1 时，数据加密标准（Data Encryption Standard，DES）私钥存放的位置
HostKey /etc/ssh/ssh_host_rsa_key	SSH 协议版本为 2 时，RSA（一种公开密钥密码体制）私钥存放的位置
HostKey /etc/ssh/ssh_host_dsa_key	SSH 协议版本为 2 时，DSA（一种公开密钥算法）私钥存放的位置
PermitRootLogin yes	设定是否允许 root 管理员直接登录
StrictModes yes	当远程用户的私钥改变时，直接拒绝连接
MaxAuthTries 6	最大密码尝试次数
MaxSessions 10	最大终端数
PasswordAuthentication yes	允许密码验证
PermitEmptyPasswords no	不允许空密码登录（很不安全）

现有计算机的情况如下（实训时注意计算机角色和网络连接方式）。

计算机名为 Server01，角色为 RHEL 8 服务器，IP 地址为 192.168.10.1/24。

计算机名为 Client1，角色为 RHEL 8 客户端，IP 地址为 192.168.10.20/24。

需特别注意：两台计算机的网络连接方式一定要一致，本例中都设置为**桥接模式**。

在 RHEL 8 中，已经默认安装并启用了 sshd 服务程序。接下来使用 ssh 命令在 Client1 上远程连接 Server01，其格式为：

```
ssh [参数]主机 IP 地址
```

（1）在 Client1 上操作。

```
[root@Client1 ~]# ssh 192.168.10.1
The authenticity of host '192.168.10.1 (192.168.10.1)' can't be established.
ECDSA key fingerprint is SHA256:f7b2rHzLTyuvW4WHLjl3SRMIwkiUN+cN9y1yDb9wUbM.
ECDSA key fingerprint is MD5:d1:69:a4:4f:a3:68:7c:f1:bd:4c:a8:b3:84:5c:50:19.
Are you sure you want to continue connecting (yes/no)? yes
Warning: Permanently added '192.168.10.1' (ECDSA) to the list of known hosts.
root@192.168.10.1's password: 此处输入 root 管理员的密码
Last login: Wed May 30 05:36:53 2018 from 192.168.10.
[root@Server01 ~]#
[root@Server01 ~]# exit
注销
Connection to 192.168.10.1 closed.
[root@Client1 ~]#
```

（2）在 Server01 上操作。

如果禁止以 root 管理员的身份远程登录服务器，则可以大大减小被入侵者暴力破解密码的概率。下面进行相应配置。

① 首先使用 vim 编辑器打开 sshd 服务的主配置文件，然后把第 46 行 PermitRootLogin yes 中的参数 "yes" 改成 "no"，这样就不再允许 root 管理员远程登录服务器了。最后记得保存文件并退出。（**在 vim 编辑器的命令模式下，输入** set nu **可以给文件加行号。**）

```
[root@Server01 ~]# vim /etc/ssh/sshd_config
......
 44
 45 #LoginGraceTime 2m
 46 PermitRootLogin no
 47 #StrictModes yes
......
```

② 一般的服务程序并不会在配置文件修改之后立即获得最新的参数。如果想让新配置文件生效，则需要手动重启相应的服务程序。最好也将这个服务程序加入开机启动项，这样系统在下一次启动时，该服务程序便会自动运行，继续为用户提供服务。

```
[root@Server01 ~]# systemctl restart sshd
[root@Server01 ~]# systemctl enable sshd
```

（3）在 Client1 上测试。

当 root 管理员再尝试使用 sshd 服务程序进行远程访问时，系统会提示不可访问的错误信息。

```
[root@Client1 ~]# ssh 192.168.10.1
root@192.168.10.10's password:此处输入 root 管理员的密码
Permission denied, please try again.
```

 注意 为了不影响后文的实训，请将 Server01 的/etc/ssh/sshd_config 配置文件恢复到初始状态。

2. 安全密钥验证

加密是对信息进行编码和解码的技术。在传输数据时，如果担心数据被他人监听或截获，则可以在传输前先使用公钥对数据加密处理，然后传输。这样，只有掌握私钥的用户才能解密这些数据，除此之外的其他人即便截获了数据，一般也很难将其破译为明文信息。

在生产环境中，使用密码进行口令验证存在被暴力破解或嗅探截获的风险。如果正确配置了密钥验证方式，那么 sshd 服务程序将更加安全。

下面使用密钥验证方式，以用户 student 的身份登录 SSH 服务器，具体配置如下。

（1）在服务器 Server01 上建立用户 student，并设置密码。

```
[root@Server01 ~]# useradd student
[root@Server01 ~]# passwd student
```

（2）在客户端 Client1 中生成密钥对。查看公钥 id_rsa.pub 和私钥 id_rsa。

```
[root@Client1 ~]# ssh-keygen
Generating public/private rsa key pair.
Enter file in which to save the key (/root/.ssh/id_rsa): //按 "Enter" 键或设置密钥的
存储路径
Enter passphrase (empty for no passphrase): //直接按 "Enter" 键或设置密钥的密码
Enter same passphrase again: //再次按 "Enter" 键或设置密钥的密码
Your identification has been saved in /root/.ssh/id_rsa.
Your public key has been saved in /root/.ssh/id_rsa.pub.

The key fingerprint is:
SHA256:jSb1Z223Gp2j9HlDNMvXKwptRXR5A8vMnjCtCYPCTHs root@Server01
The key's randomart image is:
+---[RSA 2048]----+
|      .      o...|
|    + . .   * oo.|
|     = E.o o B  o|
|      o. +o B..o |
|      . S ooo+= =|
|       o .o...==|
|        . o o.=o|
|         o ..=o+|
|           ..o.oo|
+----[SHA256]-----+
[root@Client1 ~]# cat /root/.ssh/id_rsa.pub
ssh-rsa        AAAAB3NzaC1yc2EAAAADAQABAAABAQCurhcVb9GHKP4taKQMuJRdLLKTAVnC4f9Y9
H2Or4rLx3YCqsBVY……
     42Z++MA8QJ9CpXyHDA54oEVrQoLitdWEYItcJIEqowIHM99L86vSCtKzhfD4VWvfLnMiO1UtostQfpLaz
jXoU/XVp1fkfYtc7FFl+uSAxIO1nJ root@Client1
[root@Client1 ~]# cat /root/.ssh/id_rsa
```

（3）把客户端 Client1 中生成的公钥文件传送至服务器。

```
[root@Client1 ~]# ssh-copy-id student@192.168.10.1
/usr/bin/ssh-copy-id: INFO: attempting to log in with the new key(s), to filter out
any that are already installed
/usr/bin/ssh-copy-id: INFO: 1 key(s) remain to be installed -- if you are prompted
now it is to install the new keys
student@192.168.10.1's password: //此处输入服务器密码

Number of key(s) added: 1

Now try logging into the machine, with:  "ssh 'student@192.168.10.1'"
and check to make sure that only the key(s) you wanted were added.
```

127

（4）对服务器 Server01 进行设置（第 73 行），使其只允许密钥验证，拒绝传统的口令验证方式。将"PasswordAuthentication yes"改为"PasswordAuthentication no"。记得在修改配置文件后保存文件并重启 sshd 服务程序。

```
[root@Server01 ~]# vim /etc/ssh/sshd_config
......
 70 # To disable tunneled clear text passwords, change to no here!
 71 #PasswordAuthentication yes
 72 #PermitEmptyPasswords no
 73 PasswordAuthentication no
......
[root@Server01 ~]# systemctl restart sshd
```

（5）在客户端 Client1 上尝试以 student 用户的身份远程登录服务器，此时无须输入密码也可成功登录。同时，利用 ifconfig 命令可查看到 ens160 的 IP 地址是 192.168.10.1，即 Server01 的网卡和 IP 地址，说明 student 用户已成功登录远程服务器 Server01。

```
[root@Client1 ~]# ssh student@192.168.10.1
Last failed login: Sat Jul 14 20:14:22 CST 2018 from 192.168.10.20 on ssh:notty
There were 6 failed login attempts since the last successful login.
[student@Server01 ~]$ ifconfig
ens160: flags=4163<UP,BROADCAST,RUNNING,MULTICAST>  mtu 1500
        inet 192.168.10.1  netmask 255.255.255.0  broadcast 192.168.10.255
        inet6 fe80::4552:1294:af20:24c6  prefixlen 64  scopeid 0x20<link>
        ether 00:0c:29:2b:88:d8  txqueuelen 1000  (Ethernet)
......
```

（6）在 Server01 上查看 Client1 的公钥是否传送成功。本例传送成功。

```
[root@Server01 ~]# cat /home/student/.ssh/authorized_keys
ssh-rsa AAAAB3NzaC1yc2EAAAADAQABAAABAQCurhcVb9GHKP4taKQMuJRdLLKTAVnC4f9Y9H2Or
4rLx3YCqsBVY......
zhfD4VWvfLnMiOlUtostQfpLazjXoU/XVp1fkfYtc7FFl+uSAxIO1nJ root@Client1
```

6.4 拓展阅读 IPv4 和 IPv6

2019 年 11 月 26 日是全球互联网发展历程中值得铭记的一天，一封来自欧洲网络协调中心的邮件宣布全球 43 亿个 IPv4 地址正式耗尽，人类互联网跨入"IPv6 时代"。

全球 IPv4 地址耗尽到底是怎么回事？全球 IPv4 地址耗尽对我国有什么影响？该如何应对？

IPv4 又称第 4 版互联网协议，是网际协议开发过程中的第 4 个修订版本，也是此协议被广泛部署的第一个版本。IPv4 是互联网的核心，也是使用最广泛的网际协议版本。IPv4 使用 32 位（4B）地址，地址空间中只有 4 294 967 296 个 IP 地址。全球 IPv4 地址耗尽，意思就是全球联网的设备越来越多，"这一串数字"不够用了。IP 地址是分配给每个联网设备的一系列号码，每个 IP 地址都是独一无二的。IPv4 规定 IP 地址长度为 32 位，互联网的快速发展，使得 IPv4 地址耗尽。IPv4 地址耗尽意味着不能将任何新的 IPv4 设备添加到 Internet，目前各国正积极布局 IPv6。

对于我国而言，在接下来的"IPv6 时代"，我国面临巨大的发展机遇，其中我国推出的"雪人计划"更是一件益国益民的大事。这一计划将助力中华民族的伟大复兴，助力我国在互联网方面取得更多话语权和发展权。让我们拭目以待吧！

6.5 项目实训 配置 Linux 下的 TCP/IP 网络参数和配置远程管理

1. 视频位置

实训前请扫描二维码，观看"项目实录 配置 TCP/IP 网络参数"慕课。

2. 项目实训目的

（1）掌握 Linux 中 TCP/IP 网络参数的配置方法。

（2）学会使用命令检测网络配置。

（3）学会启用和禁用系统服务。

（4）掌握 SSH 服务及其应用。

6-2 慕课

项目实录 配置
TCP/IP 网络参数

3. 项目背景

① 某企业新增了 Linux 服务器，但还没有配置 TCP/IP 网络参数，请设置好各项 TCP/IP 网络参数，并连通网络（使用不同的方法）。

② 要求用户在多个配置文件中快速切换。在企业网络中使用笔记本计算机时手动指定网络的 IP 地址，而回到家中则使用 DHCP 自动分配的 IP 地址。

③ 通过 SSH 服务访问服务器，可以使用 ssh-keygen 命令生成密钥对登录服务器，不需要输入服务器的用户名和密码。

4. 项目实训内容

在 Linux 系统中练习 TCP/IP 网络设置和网络检测，创建实用的网络会话、SSH 服务和 VNC 服务。

5. 做一做

根据项目实录进行项目实训，检查学习效果。

6.6 练习题

一、填空题

1. _____文件主要用于设置基本的网络配置，包括主机名、网关等。

2. 一块网卡对应一个配置文件，配置文件位于目录_____中，文件名以_____开始。

3. 客户端的 DNS 服务器的 IP 地址由_____文件指定。

4. 查看系统的守护进程可以使用_____命令。

5. 只有处于_____模式的网卡设备才可以绑定网卡，否则网卡间无法互相传送数据。

6. _____是一种能够以安全的方式提供远程登录的协议，也是目前_____Linux 系统的首选方式。

7. _____是基于 SSH 协议开发的一款远程管理服务程序，不仅使用起来方便、快捷，而且能够提供两种安全验证的方法——_____和_____，其中_____方法相对来说更安全。

8. scp（安全拷贝）是一个基于_____协议在网络之间进行安全传输的命令，其格式为_____。

二、选择题

1.（　　）命令能用来显示服务器当前正在监听的端口。

A. ifconfig　　　　B. ping　　　　C. iptables　　　　D. netstat

2. 文件（　　）存放机器名到 IP 地址的映射。

A. /etc/hosts　　B. /etc/host　　C. /etc/host.equiv　　D. /etc/hdinit

3. Linux 系统提供了一些网络测试命令，当与某远程网络连接不上时，就需要跟踪路由进行查看，以便了解网络的什么位置出现了问题。请从下面的命令中选出满足该目的的命令。（　　）

A. ping　　　　B. ifconfig　　　　C. traceroute　　　　D. netstat

4. 拨号上网使用的协议通常是（　　）。

A. PPP　　　　B. UUCP　　　　C. SLIP　　　　D. Ethernet

三、补充表格

请将 nmcli 命令的含义在表 6-4 中补充完整。

表 6-4　nmcli 命令的含义

nmcli 命令	含义
	显示所有连接
	显示所有活动的连接状态
nmcli connection show "ens160"	
nmcli device status	
nmcli device show ens160	
	查看帮助信息
	重新加载配置
nmcli connection down test2	
nmcli connection up test2	
	禁用 ens160 网卡
nmcli device connect ens160	

四、简答题

1. 在 Linux 系统中有多种方法可以配置网络参数，请列举几种。

2. 在 Linux 系统中，当通过修改其配置文件中的参数来配置服务程序时，若想让新配置的参数生效，还需要执行什么操作？

3. sshd 服务的口令验证与密钥验证方式，哪个更安全？

4. 要把本地文件/root/myout.txt 传送到 IP 地址为 192.168.10.20 的服务器的/home 目录下，且本地主机与服务器使用的系统均为 Linux 系统，较简便的传送方式是什么？

学习情境三

shell 编程与调试

工欲善其事，必先利其器。

——《论语·卫灵公》

项目7
shell基础

07

项目导入

系统管理员可以利用 shell 编程来降低网络管理的难度和强度，shell 的文本处理工具、重定向和管道操作、正则表达式等是 shell 编程的基础，也是作为管理员必须掌握的内容。

职业能力目标和要求

- 了解 shell 的强大功能和 shell 的命令解释过程。
- 掌握 grep 命令的高级用法。

- 掌握正则表达式。
- 学会使用重定向和管道命令。

素养提示

- "仰之弥高，钻之弥坚"。为计算机事业做出过巨大贡献的王选院士，是时代楷模，是师生学习的榜样，是青年学生前行的动力。

- "功崇惟志，业广惟勤。"理想指引人生方向，信念决定事业成败。青年一代应该树立远大的理想。

7.1 项目知识准备

shell 支持具有字符串值的变量。shell 变量不需要专门的说明语句，通过赋值语句即可完成变量说明并予以赋值。在命令行或 shell 脚本文件中，使用 $name 的形式引用变量 name 的值。

7.1.1 变量的定义和引用

在 shell 中，为变量赋值的格式如下。

```
name=string
```

其中，name 表示变量名，它的值是 string，"="是赋值符号。变量名由以字母或下画线开头的字母、数字和下画线字符序列组成。

7-1 微课

shell 程序的变量和特殊字符

在变量名（name）前加 "$"（如$name）即可引用变量的值，引用的结果就是用 string 代替 $name，此过程也称为变量替换。

在定义变量时，若 string 中包含空格、制表符和换行符，则 string 必须用 'string' 或 "string"的形式，即用单引号或双引号将其标注。双引号内允许变量替换，而单引号内则不允许。

下面给出一个定义和使用 shell 变量的例子。

```
//显示字符常量
[root@Server01 ~]# echo who are you
who are you
[root@Server01 ~]# echo 'who are you'
who are you
[root@Server01 ~]# echo "who are you"
who are you
[root@Server01 ~]#
//由于要输出的字符串中没有特殊字符，因此' '和" "的效果是一样的，不用""但相当于使用了""
[root@Server01 ~]# echo Je t'aime
>
//由于要使用特殊字符 "'"
// "'"不匹配，shell 认为命令行没有结束，按 "Enter" 键后会出现系统第二提示符 ">"，表示可继续输入
//让用户继续输入命令，按 "Ctrl+C" 组合键结束
[root@Server01 ~]#
//为了解决这个问题，可以使用下面的两种方法
[root@Server01 ~]# echo "Je t'aime"
Je t'aime
[root@Server01 ~]# echo Je t\'aime
Je t'aime
```

7.1.2 shell 变量的作用域

与程序设计语言中的变量类似，shell 变量也有其规定的作用域。shell 变量分为局部变量和全局变量。

- 局部变量的作用域仅在其命令行所在的 shell 或 shell 脚本文件中。
- 全局变量的作用域则包括本 shell 进程及其所有子进程。
- 可以使用 export 内置命令将局部变量设置为全局变量。

下面给出一个 shell 变量作用域的例子。

```
//在当前 shell 中定义变量 var1
[root@Server01 ~]# var1=Linux
//在当前 shell 中定义变量 var2 并将其输出
[root@Server01 ~]# var2=unix
[root@Server01 ~]# export var2
//引用变量的值
[root@Server01 ~]# echo $var1
Linux
[root@Server01 ~]# echo $var2
unix
//显示当前 shell 的 PID
```

```
[root@Server01 ~]# echo $$
2670
[root@Server01 ~]#
//调用子 shell
[root@Server01 ~]# bash

//显示当前 shell 的 PID
[root@Server01 ~]# echo $$
2709
//由于 var1 没有被输出，因此在子 shell 中已无值
[root@Server01 ~]# echo $var1
//由于 var2 被输出，因此在子 shell 中仍有值
[root@Server01 ~]# echo $var2
unix
//返回主 shell，并显示变量的值
[root@Server01 ~]# exit
[root@Server01 ~]# echo $$
2670
[root@Server01 ~]# echo $var1
Linux
[root@Server01 ~]# echo $var2
unix
[root@Server01 ~]#
```

7.1.3 环境变量

环境变量是指由 shell 定义和赋初值的 shell 变量。shell 用环境变量来确定查找路径、注册目录、终端类型、终端名称、用户名等。所有环境变量都是全局变量，并可以由用户重新设置。表 7-1 所示为 shell 中常用的环境变量。

表 7-1 shell 中常用的环境变量

环境变量	说　明	环境变量	说　明
EDITOR、FCEDIT	bash fc 命令的默认编辑器	PATH	bash 寻找可执行文件的搜索路径
HISTFILE	用于存储历史命令的文件	PS1	命令行的一级提示符
HISTSIZE	历史命令列表的大小	PS2	命令行的二级提示符
HOME	当前用户的家目录	PWD	当前工作目录
OLDPWD	前一个工作目录	SECONDS	当前 shell 开始后所流逝的秒数

不同类型的 shell 的环境变量有不同的设置方法。在 bash 中，设置环境变量用 set 命令，命令的格式为：

```
set 环境变量=变量的值
```

例如，设置用户的家目录为/home/john，可以使用以下命令。

```
[root@Server01 ~]# set HOME=/home/john
```

不加任何参数直接使用 set 命令可以显示用户当前所有环境变量的设置，如下所示。

```
[root@Server01 ~]# set
BASH=/bin/bash
BASH_ENV=/root/.bashrc
```

（略）
```
PATH=/usr/local/sbin:/usr/local/bin:/usr/sbin:/usr/bin:/sbin:/bin:/usr/bin/X11
PS1='[\u@\h \W]\$ '
PS2='>'
SHELL=/bin/bash
```
可以看到其中路径 PATH 的设置为（使用 set |grep PATH=命令过滤需要的内容）：
```
[root@Server 01~] # Set |grep PATH =
PATH=/usr/local/bin:/usr/local/sbin:/usr/bin:/usr/sbin:/root/bin
```
总共有 5 个目录，bash 会在这些目录中依次搜索用户输入的命令的可执行文件。

在环境变量前面加上"$"，表示引用环境变量的值，例如：
```
[root@Server01 ~]# cd $HOME
```
上述命令表示将把目录切换到用户的家目录。

修改 PATH 变量时，若将一个路径/tmp 加到 PATH 变量前，则应设置为：
```
[root@Server01 ~]# PATH=/tmp:$PATH
```
此时，应在保存原有 PATH 路径的基础上进行添加。在执行命令前，shell 会先查找 PATH 目录。

要将环境变量重新设置为系统默认值，可以使用 unset 命令。例如，下面的命令用于将当前的语言环境重新设置为默认的英文。
```
[root@Server01 ~]# unset LANG
```

7.1.4 环境设置文件

shell 环境依赖于多个文件的设置。用户并不需要每次登录后都对各种环境变量进行手动设置，通过环境设置文件，用户工作环境的设置可以在登录时由系统自动完成。环境设置文件有两种，一种是系统中的用户环境设置文件，另一种是用户设置的环境设置文件。

（1）系统中的用户环境设置文件。

登录环境设置文件：/etc/profile。

（2）用户设置的环境设置文件。

- 登录环境设置文件：$HOME/.bash_profile。
- 非登录环境设置文件：$HOME/.bashrc。

注意 只有在特定的情况下才读取 profile 文件，确切地说是在用户登录的时候读取。运行 shell 脚本以后，就无须读取 profile 文件了。

系统中的用户环境设置文件对所有用户均生效，而用户设置的环境设置文件仅对用户自身生效。用户可以修改自己的用户环境设置文件来覆盖系统中的用户环境设置文件中的全局设置。例如，用户可以将自定义的环境变量存放在 $HOME/.bash_profile 中，将自定义的别名存放在 $HOME/.bashrc 中，以便在每次登录和调用子 shell 时生效。

7.2 项目设计与准备

本项目要用到 Server01，需要完成的任务如下。

（1）理解命令执行的判断依据。

（2）掌握 grep 命令的高级用法。

（3）掌握正则表达式。

（4）学会使用重定向和管道命令。

7.3 项目实施

Server01 的 IP 地址为 192.168.10.1/24，计算机的网络连接方式是**仅主机模式**（VMnet1）。

任务 7-1　命令执行的判断依据：;、&&、||

7-2　课堂慕课

shell 基础

在某些情况下，若想使多个命令一次性输入而顺序执行，该怎么办呢？有两个选择，一是通过**项目 8** 介绍的 shell script 撰写脚本执行，二是通过下面介绍的方法一次性执行多个命令。

1. cmd ; cmd（不考虑命令相关性的连续命令执行）

在某些时候，我们希望可以一次执行多个命令。例如，在关机时，希望可以先执行两次 sync 命令系统同步化写入磁盘后才关机，那么怎么操作呢？

```
[root@Server01 ~]# sync; sync; shutdown -h now
```

在命令与命令中间利用";"隔开，这样一来，";"前的命令执行完后会立刻执行其后的命令。

我们看下面的例子：要求在某个目录下创建一个文件，如果该目录已经存在，则直接创建这个文件；如果该目录不存在，则不进行创建操作。也就是说，这两个命令是相关的，前一个命令是否成功地执行与后一个命令是否要执行有关。这时就要用到"&&"或"||"。

2."$?"（回传值）与"&&"或"||"

两个命令之间有相关性，而这个相关性的主要判断源于前一个命令执行的结果是否正确。在 Linux 中，若前一个命令执行的结果正确，则在 Linux 中会回传 $? = 0。那么我们怎么通过这个回传值来判断后续的命令是否执行呢？这时就要用到"&&"或"||"，其命令执行情况与说明如表 7-2 所示。

表 7-2　"&&"及"||"的命令执行情况与说明

命令执行情况	说　　明
cmd1 && cmd2	若 cmd1 执行完毕且正确执行（$?=0），则开始执行 cmd2；若 cmd1 执行完毕且为错误（$?≠0），则 cmd2 不执行
cmd1 || cmd2	若 cmd1 执行完毕且正确执行（$?=0），则 cmd2 不执行；若 cmd1 执行完毕且为错误（$?≠0），则开始执行 cmd2

注意　两个"&"之间是没有空格的，"|"是按"Shift+\"组合键输入的。

上述的 cmd1 及 cmd2 都表示命令。现在回到我们刚刚假设的情况。

• 先判断目录是否存在。

• 若存在，则在该目录下面创建一个文件。

由于我们尚未介绍"条件判断式（test）"的使用方法，因此这里使用 ls 命令以及回传值来判断目录是否存在。

【例 7-1】先使用 ls 命令查阅目录/tmp/abc 是否存在，若存在，则用 touch 命令创建
/tmp/abc/hehe。

```
[root@Server01 ~]# ls /tmp/abc && touch /tmp/abc/hehe
ls: 无法访问'/tmp/abc': 没有那个文件或目录
# 说明找不到该目录，但并没有 touch 命令的错误，表示 touch 命令并没有执行
[root@Server01 ~]# mkdir /tmp/abc
[root@Server01 ~]# ls /tmp/abc && touch /tmp/abc/hehe
[root@Server01 ~]# ll /tmp/abc
total 0
-rw-r--r--. 1 root root 0 Jul 14 22:34 hehe
```

若/tmp/abc 不存在，touch 命令就不会被执行；若/tmp/abc 存在，那么 touch 命令会开始执行。
在上面的例子中，我们还必须手动创建目录，很麻烦。能不能实现没有该目录就自动创建呢？看下面
的例子。

【例 7-2】测试/tmp/abc 是否存在，若不存在，则予以创建；若存在，则不做任何事情。

```
[root@Server01 ~]# rm -r /tmp/abc                <==先删除此目录以方便测试
[root@Server01 ~]# ls /tmp/abc || mkdir /tmp/abc
ls: 无法访问'/tmp/abc': 没有那个文件或目录
[root@Server01 ~]# ll /tmp/abc
total    0        <==结果出现了，能访问到该目录，不报错，说明执行了 mkdir 命令
```

即使重复执行"ls /tmp/abc || mkdir /tmp/abc"命令，也不会重复出现 mkdir 命令的错误。
这是因为/tmp/abc 已经存在，所以后续的 mkdir 命令不会执行。

【例 7-3】如果无论/tmp/abc 存在与否，都要创建/tmp/abc/hehe 文件，怎么办呢？

```
[root@Server01 ~]#ls /tmp/abc || mkdir /tmp/abc && touch /tmp/abc/hehe
```

执行例 7-3 的命令总是会创建/tmp/abc/hehe 文件，无论/tmp/abc 是否存在。那么例 7-3 应
该如何解释呢？由于 Linux 中的命令都是从左往右执行的，因此例 7-3 有下面两种结果。

- 若/tmp/abc 不存在，则回传$?≠0。因为"||"遇到$?≠0，故开始执行 mkdir /tmp/abc 命
  令，由于 mkdir /tmp/abc 命令会成功执行，因此回传 $?=0；因为"&&"遇到 $?=0，故
  会执行 touch /tmp/abc/hehe 命令，最终 hehe 文件就被创建了。
- 若/tmp/abc 存在，则回传 $?=0。因为"||"遇到 $?=0 不会执行，此时 $?=0 继续向后传；
  而"&&"遇到 $?=0 就开始创建/tmp/abc/hehe 文件，所以最终/tmp/abc/hehe 文件被创建。

命令执行的流程如图 7-1 所示。

图 7-1 命令执行的流程

在图 7-1 所示的流程中，上方的线段表示不存在 /tmp/abc 时所进行的命令行为，下方的线段表
示存在/tmp/abc 时所进行的命令行为。如上所述，下方线段由于存在 /tmp/abc，因此使 $?=0，
中间的 mkdir 命令就不执行了，并将 $?=0 继续往后传，给后续的 touch 命令使用。

我们再来看看下面这个例子。

【例 7-4】使用 ls 命令测试/tmp/bobbying 是否存在：若存在，则显示"exist"；若不存在，则显示"not exist"。

这又涉及逻辑判断的问题，如果存在就显示某个数据，如果不存在就显示其他数据，那么我们可以这样做：

```
ls /tmp/bobbying && echo "exist" || echo "not exist"
```

上述命令的意思是：在 ls /tmp/bobbying 命令执行后，若/tmp/bobbying 存在，就执行 echo "exist"命令；若不存在，就执行 echo "not exist"命令。那么如果写成如下的形式又会如何呢？

```
ls /tmp/bobbying || echo "not exist" && echo "exist"
```

这其实是有问题的，为什么呢？由图 7-1 所示的流程可知，命令是一个一个往后执行的，因此在上面的例子中，如果/tmp/bobbying 不存在，则进行如下动作。

① 若/tmp/bobbying 不存在，则回传一个非 0 的数值。

② 经过"||"的判断，发现前一个命令回传非 0 的数值，程序开始执行 echo "not exist"命令，而 echo "not exist"命令肯定可以执行成功，因此会回传一个 0 值给后面的命令。

③ 经过"&&"的判断，开始执行 echo "exist"命令。

这样，在结果中会同时出现 not exist 与 exist，是不是很有意思啊！请读者仔细思考。

> **特别提示** 经过这个例子的练习，读者应该了解，由于命令是一个接着一个执行的，因此如果要使用判断，那么"&&"与"||"的顺序就不能搞错。考虑判断式有 3 个的情况，如"command1 && command2 || command3"所示，且顺序通常不会变，因为一般来说，command2 与 command3 会放置肯定可以执行成功的命令，因此，依据上面例子的逻辑分析可知，必须按此顺序放置各命令，请读者一定注意。

任务 7-2　掌握 grep 命令的高级使用方法

7-3　拓展阅读

了解语系对正则表达式的影响

7-4　拓展阅读

了解正则表达式

简单地说，正则表达式就是处理字符串的方法，它以"行"为单位来处理字符串。正则表达式通过一些特殊符号的辅助，可以让用户轻易地查找、删除、替换某些或某个特定的字符串。

例如，如果只想找到 MYweb（前面两个为大写字母）或 Myweb（仅有一个大写字母）字符串（MYWEB、myweb 等都不符合要求），该如何处理？如果在没有正则表达式的环境中（如 Microsoft Word），你或许要使用忽略大小写的办法，或者分别以 MYweb 及 Myweb 查找两遍。但是，忽略大小写可能会搜寻到 MYWEB、myweb、MyWeB 等不需要的字符串而造成困扰。

grep 命令是 shell 中查找字符串的很方便的命令，其命令格式如下。

```
grep [-A] [-B] [--color=auto] '查找字符串' filename
```

选项与参数的含义如下。

-A: 为之后的意思，后面可加数字，表示除了列出该行外，后续的 n 行也可列出来。

-B: 为之前的意思，后面可加数字，表示除了列出该行外，前面的 n 行也可列出来。

--color=auto: 可将查找出的正确数据用特殊颜色标记。

【例 7-5】用 dmesg 命令列出核心信息，再用 grep 命令找出内含 IPv6 的行。

```
[root@Server01 ~]# dmesg | grep 'IPv6'
[    1.228032] Segment Routing with IPv6
[   13.707603] IPv6: ADDRCONF(NETDEV_UP): ens160: link is not ready
# dmesg 命令可列出核心信息，通过 grep 命令获取 IPv6 的相关信息
```

【例 7-6】承例 7-5，将获取到的 IPv6 显色，并加上行号（-n）来表示。

```
[root@Server01 ~]# dmesg | grep -n --color=auto 'IPv6'
1265:[    1.228032] Segment Routing with IPv6
1531:[   13.707603] IPv6: ADDRCONF(NETDEV_UP): ens160: link is not ready
# 除了会有特殊颜色外，最前面还有行号
```

【例 7-7】承例 7-6，将 IPv6 所在行的前一行与后一行也一起找出来显示。

```
[root@Server01 ~]# dmesg | grep -n -A1 -B1 --color=auto 'IPv6'
1264-[    1.227794] NET: Registered protocol family 10
1265:[    1.228032] Segment Routing with IPv6
1266-[    1.228032] NET: Registered protocol family 17
--
1530-[    9.349047] random: 7 urandom warning(s) missed due to ratelimiting
1531:[   13.707603] IPv6: ADDRCONF(NETDEV_UP): ens160: link is not ready
1532-[   13.761952] vmxnet3 0000:03:00.0 ens160: intr type 3, mode 0, 2 v
# 如上所示，你会发现关键字 IPv6 所在的 1265 行的前后各一行及 1531 行的前后各一行也都被显示出来
# 这样可以将关键字前后的数据找出来进行分析
```

任务 7-3　练习基础正则表达式

练习文件 sample.txt 的内容如下。文件共有 22 行，最底行为空白行。该文本文件已上传到人民邮电出版社人邮教育社区以供读者下载，读者也可加编者 QQ 号获取。现将该文件复制到 root 的家目录/root 下。

```
[root@Server01 ~]# pwd
/root
[root@Server01 ~]# cat /root/sample.txt
"Open Source" is a good mechanism to develop programs.
apple is my favorite food.
Football game does not use feet only.
this dress doesn't fit me.
However, this dress is about $ 3183 dollars.
GNU is free air not free beer.
Her hair is very beautiful.
I can't finish the test.
Oh! The soup tastes good.
motorcycle is cheaper than car.
This window is clear.
the symbol '*' is represented as star.
Oh!    My god!
The gd software is a library for drafting programs.
You are the best means you are the NO. 1.
The word <Happy> is the same with "glad".
I like dogs.
google is a good tool for search keyword.
goooooogle yes!
go! go! Let's go.
# I am Bobby
```

1. 查找特定字符串

假设我们要从文件 sample.txt 中查找"the"这个特定字符串，简单的方式是：

```
[root@Server01 ~]# grep -n 'the' /root/sample.txt
8:I can't finish the test.
12:the symbol '*' is represented as star.
15:You are the best means you are the NO. 1.
16:The word <Happy> is the same with "glad".
18:google is a good tool for search keyword.
```

如果想要反向选择呢？也就是说，只有该行没有"the"字符串时，才显示在屏幕上，可执行如下命令。

```
[root@Server01 ~]# grep -vn 'the' /root/sample.txt
```

执行完成后你会发现，屏幕上出现的行为除了第 8、12、15、16、18 行这 5 行之外的其他行。接下来，如果想要获得不区分大小写的"the"字符串，则执行：

```
[root@Server01 ~]# grep -in 'the' /root/sample.txt
8:I can't finish the test.
9:Oh! The soup tastes good.
12:the symbol '*' is represented as star.
14:The gd software is a library for drafting programs.
15:You are the best means you are the NO. 1.
16:The word <Happy> is the same with "glad".
18:google is a good tool for search keyword.
```

除了多两行（第 9、14 行）之外，第 16 行也多了一个"The"，并标出了颜色。

2. 利用"[ ]"来搜寻集合字符

对比"test"和"tastes"这两个单词可以发现，它们有共同点"t?st"。这个时候，可以这样搜寻：

```
[root@Server01 ~]# grep -n 't[ae]st' /root/sample.txt
8:I can't finish the test.
9:Oh! The soup tastes good.
```

上面命令中"[ ]"中的字符"ae"就是符合字符。其实"[ ]"中无论有几个字符，都只代表某一个字符，所以上面的例子说明需要的字符串是 tast 或 test。而想要搜寻有"oo"的字符串时，使用：

```
[root@Server01 ~]# grep -n 'oo' /root/sample.txt
1:"Open Source" is a good mechanism to develop programs.
2:apple is my favorite food.
3:Football game does not use feet only.
9:Oh! The soup tastes good.
18:google is a good tool for search keyword.
19:gooooooogle yes!
```

但是，如果不想"oo"前面有"g"的行显示出来，可以利用集合字节的反向选择[^]来完成。

```
[root@Server01 ~]# grep -n '[^g]oo' /root/sample.txt
2:apple is my favorite food.
3:Football game does not use feet only.
18:google is a good tool for search keyword.
19:gooooooogle yes!
```

第 1、9 行不见了，因为这两行的 oo 前面出现了 g。第 2、3 行没有疑问，因为 foo 与 Foo 均可被接受。第 18 行虽然有 google 的 goo，但因为该行后面出现了 tool 的 too，所以该行也被列出来。也就是说，虽然第 18 行中出现了我们不要的项目（goo），但是由于有需要的项目（too），因此其是符合字符串搜寻要求的。

至于第 19 行，同样，因为 goooooogle 里面的 oo 前面可能是 o，如 go(ooo)oogle，所以这一行也是符合要求的。

再者，假设不想 oo 前面有小写字母，可以这样写：[^abcd...z]oo。但是这样似乎不怎么方便，由于小写字母的 ASCII 顺序是连续的，因此我们可以将之简化：

```
[root@Server01 ~]# grep -n '[^a-z]oo' sample.txt
3:Football game does not use feet only.
```

也就是说，如果一组集合字节是连续的，如大写字母、小写字母、数字等，就可以使用 [a-z]、[A-Z]、[0-9] 等方式来书写。那么如果要求字符串是数字与英文呢？那就将其全部写在一起，变成 [a-zA-Z0-9]。例如，要获取有数字的那一行：

```
[root@Server01 ~]# grep -n '[0-9]' /root/sample.txt
5:However, this dress is about $ 3183 dollars.
15:You are the best means you are the NO. 1.
```

但考虑到语系对编码顺序的影响，所以除了连续编码使用 "-" 之外，也可以使用如下方法取得前面两个测试的结果。

```
[root@Server01 ~]# grep -n '[^[:lower:]]oo' /root/sample.txt
#   [:lower:]代表a~z
[root@Server01 ~]# grep -n '[[:digit:]]' /root/sample.txt
```

至此，对于 "[]" 和 "[^]"，以及 "[]" 中的 "-"，你是不是已经很熟悉了？

3. 行首与行尾字符^ $

在前面，可以查询到一行字符串中有 "the"，那么如何列出 "the" 在行首的行呢？

```
[root@Server01 ~]# grep -n '^the' /root/sample.txt
12:the symbol '*' is represented as star.
```

此时，就只剩下第 12 行，因为只有第 12 行的行首是 the。此外，如果想让开头是小写字母的那些行列出来，该怎么办？可以这样写：

```
[root@Server01 ~]# grep -n '^[a-z]' /root/sample.txt
2:apple is my favorite food.
4:this dress doesn't fit me.
10:motorcycle is cheaper than car.
12:the symbol '*' is represented as star.
18:google is a good tool for search keyword.
19:goooooogle yes!
20:go! go! Let's go.
```

如果不想让开头是英文字母的行列出来，则可以这样写：

```
[root@Server01 ~]# grep -n '^[^a-zA-Z]' /root/sample.txt
1:"Open Source" is a good mechanism to develop programs.
21:# I am Bobby
```

> **特别提示** "^" 在字符集合符号 "[ ]" 之内与之外的意义是不同的。它在 "[ ]" 内代表 "反向选择"，在 "[ ]" 外代表定位在行首。反过来思考，想要找出行尾结束为 "." 的那些行，该如何处理？

```
[root@Server01 ~]# grep -n '\.$' /root/sample.txt
```

```
1:"Open Source" is a good mechanism to develop programs.
2:apple is my favorite food.
3:Football game does not use feet only.
4:this dress doesn't fit me.
10:motorcycle is cheaper than car.
11:This window is clear.
12:the symbol '*' is represented as star.
15:You are the best means you are the NO. 1.
16:The word <Happy> is the same with "glad".
17:I like dogs.
18:google is a good tool for search keyword.
20:go! go! Let's go.
```

特别注意 因为小数点具有其他意义（后文会介绍），所以必须使用转义字符 "\" 来解除其特殊意义。不过，你或许会觉得奇怪，第 5~9 行最后面也是 "."，怎么无法输出？这就涉及 Windows 平台的软件对断行字符的判断问题了。我们使用 cat –An 命令将第 5 行显示出来（命令 cat 中的-A 选项含义：显示不可输出的字符，行尾显示 "$"）。

```
[root@Server01 ~]# cat -An /root/sample.txt | head -n 10 | tail -n 6
     5  However, this dress is about $ 3183 dollars.^M$
     6  GNU is free air not free beer.^M$
     7  Her hair is very beautiful.^M$
     8  I can't finish the test.^M$
     9  Oh! The soup tastes good.^M$
    10  motorcycle is cheaper than car.$
```

由此，我们可以发现第 5~9 行末尾为 Windows 的断行字符 "^M$"，而正常的 Linux 应该仅有第 10 行显示的 "$"。所以，也就找不到第 5~9 行了。这样就可以了解 "^" 与 "$" 的含义了。

思考 如果想要找出哪一行是空白行，即该行没有输入任何数据，该如何搜寻？

```
[root@Server01 ~]# grep -n '^$'  /root/sample.txt
22:
```
因为只有行首和行尾有 "^$"，所以这样就可以找出空白行了。

技巧 假设我们已经知道在一个程序脚本或者配置文件中，有空白行与开头为 "#" 的注释行，因此要将数据输出作为参考时，可以将这些行省略以节省纸张，那么应该怎么操作呢？我们以/etc/rsyslog.conf 文件为范例，可以自行参考以下输出结果（-v 选项表示输出除要求之外的所有行）。

```
[root@Server01 ~]# cat -n /etc/rsyslog.conf
#从输出结果可以发现有 91 行，其中包含很多空白行与以 "#" 开头的注释行

[root@Server01 ~]# grep -v '^$' /etc/rsyslog.conf | grep -v '^#'
# 结果仅有 10 行，其中第一个 "-v '^$'" 代表不要空白行
# 第二个 "-v '^#'" 代表不要开头是 "#" 的行
```

4. 任意一个字符 "." 与重复字符 "*"

我们知道通配符 "*" 可以用来代表任意个（0 或多个）字符，但是正则表达式并不是通配符，两者是不相同的。而正则表达式中的 "." 则表示 "绝对有一个任意字符" 的意思。这两个符号在正则表达式中的含义如下。

- .：代表一个任意字符。
- *：代表重复前一个字符 0 次到无穷多次，为组合形态。

下面直接做练习。假设需要找出 "g??d" 字符串，即共有 4 个字符，开头是 g，结尾是 d，可以这样做：

```
[root@Server01 ~]# grep -n 'g..d' /root/sample.txt
1:"Open Source" is a good mechanism to develop programs.
9:Oh! The soup tastes good.
16:The word <Happy> is the same with "glad".
```

因为强调 g 与 d 之间一定要存在两个字符，所以第 13 行的 god 与第 14 行的 gd 不会列出来。如果想要列出包含 oo、ooo、oooo 等的字符串（也就是说，至少要有两个及两个以上的 o），该如何操作呢？是使用 o*、oo* 还是 ooo* 呢？

因为 "*" 代表的是 "重复 0 个或多个前面的正则表达式（Regular Expression，RE）字符"，所以 o* 代表的是 "拥有空字符或一个以上的 o 字符"。

> **特别注意** 因为允许空字符（有没有字符都可以），所以 "grep -n 'o*' sample.txt" 将会把所有数据都列出来。

那么如果是 oo* 呢？第一个 o 必须存在，第二个 o 则是可有可无的。所以，凡是含有 o、oo、ooo、oooo 等的字符串，都可以列出来。

同理，当需要 "至少有两个 o 的字符串" 时，就需要使用 ooo*，即：

```
[root@Server01 ~]# grep -n 'ooo*' /root/sample.txt
1:"Open Source" is a good mechanism to develop programs.
2:apple is my favorite food.
3:Football game does not use feet only.
9:Oh! The soup tastes good.
18:google is a good tool for search keyword.
19:gooooooogle yes!
```

继续做练习，如果想要字符串开头与结尾都是 g，但是两个 g 之间至少存在一个 o，即 gog、goog、gooog 等，该如何操作呢？

```
[root@Server01 ~]# grep -n 'goo*g' sample.txt
18:google is a good tool for search keyword.
19:gooooooogle yes!
```

想要找出以 g 开头且以 g 结尾的字符串，当中的字符可有可无，该如何操作呢？是使用 g*g 吗？

```
[root@Server01 ~]# grep -n 'g*g' /root/sample.txt
1:"Open Source" is a good mechanism to develop programs.
3:Football game does not use feet only.
9:Oh! The soup tastes good.
13:Oh! My god!
```

143

```
14:The gd software is a library for drafting programs.
16:The word <Happy> is the same with "glad".
17:I like dogs.
18:google is a good tool for search keyword.
19:goooooogle yes!
20:go! go! Let's go.
```

但测试的结果竟然出现这么多行？因为 g*g 中的 g* 代表"空字符或 1 个以上的 g 字符"再加上后面的 g，所以整个正则表达式的内容就是 g、gg、ggg、gggg 等，只要该行当中拥有一个以上的 g 就符合所需了。

那么该如何满足 g...g 的需求呢？可以利用任意一个字符"."，即 g.*g。因为"*"可以是 0 个或多个前面字符的重复，而"."是任意一个字符，所以".*"就代表 0 个或多个任意字符。

```
[root@Server01 ~]# grep  -n  'g.*g'  /root/sample.txt
1:"Open Source" is a good mechanism to develop programs.
14:The gd software is a library for drafting programs.
18:google is a good tool for search keyword.
19:goooooogle yes!
20:go! go! Let's go.
```

因为'g.*g'代表以 g 开头并且以 g 结尾，中间任意字符均可接受，所以第 1、14、20 行是可接受的。

注意　　".*"的正则表达式表示任意字符很常见，希望大家对此能够理解并且熟悉。

再来完成一个练习，如果想要找出包含"任意数字"的行呢？因为仅包含数字，所以这样做：

```
[root@Server01 ~]# grep  -n  '[0-9][0-9]*'  /root/sample.txt
5:However, this dress is about $ 3183 dollars.
15:You are the best means you are the NO. 1.
```

虽然使用 grep -n '[0-9]' sample.txt 也可以得到相同的结果，但希望大家能够理解上面命令中正则表达式的含义。

5. 限定连续正则表达式字符范围

在上例中，可以利用"."、正则表达式字符及"*"来设置 0 个到无限多个重复字符，如果想要限制一个范围内的重复字符数该怎么办呢？例如，想要找出含 2~5 个 o 的连续字符串，该如何操作？这时候就要使用限定范围的字符"{}"了。但因为"{"与"}"在 shell 中是有特殊含义的，所以必须使用转义字符"\"让其失去特殊含义。

先来做一个练习，假设要找到含两个 o 的字符串的行，可以这样做：

```
[root@Server01 ~]# grep  -n  'o\{2\}'  /root/sample.txt
1:"Open Source" is a good mechanism to develop programs.
2:apple is my favorite food.
3:Football game does not use feet only.
9:Oh! The soup tastes good.
18:google is a good tool for search keyword.
19:goooooogle yes!
```

似乎与 ooo* 的字符没有什么差异，因为有多个 o 的第 19 行依旧出现了！那么换个搜寻的字符串试试。假设要找出 g 后面接 2~5 个 o，然后接 1 个 g 的字符串，应该这样操作：

```
[root@Server01 ~]# grep  -n  'go\{2,5\}g'  /root/sample.txt
```

```
18:google is the best tools for search keyword.
```

第 19 行没有被选中（因为第 19 行有 6 个 o）。那么，如果想要的是 2 个 o 以上的 goooo...g 呢？除了可以使用 gooo*g 外，也可以这样：

```
[root@Server01 ~]# grep -n 'go\{2,\}g'  /root/sample.txt
18:google is a good tool for search keyword.
19:goooooogle yes!
```

任务 7-4　基础正则表达式的特殊字符汇总

经过上面几个简单的例子，可以将基础正则表达式的特殊字符汇总成表 7-3。

表 7-3　基础正则表达式的特殊字符

特殊字符	含义与范例
^word	含义：待搜寻的字符串 "word" 在行首。 范例：搜寻行首以 "#" 开始的那一行，并列出行号 grep -n '^#' sample.txt
word$	含义：待搜寻的字符串 "word" 在行尾。 范例：将行尾为 "!" 的那一行列出来，并列出行号 grep -n '!$' sample.txt
.	含义：代表一定有一个任意字节的字符。 范例：搜寻的字符串可以是 "eve" "eae" "eee" "e e"，但不能仅有 "ee"，即 e 与 e 中间 "一定" 仅有一个字符，且空白字符也是字符 grep -n 'e.e' sample.txt
\	含义：转义字符，将特殊符号的特殊意义去除。 范例：搜寻含有单引号 "!" 的那一行 grep -n \' sample.txt
*	含义：重复 0 个到无穷多个的前一个正则表达式字符。 范例：找出含有 "es" "ess" "esss" 等的字符串，注意，因为 "*" 可以是 0 个，所以 es 也是符合要求的搜寻字符串。另外，因为 "*" 为重复 "前一个正则表达式字符" 的符号，所以在 "*" 之前必须紧接一个正则表达式字符！例如，任意字符为 ".*" grep -n 'ess*' sample.txt
[list]	含义：字符集合的正则表达式字符，里面列出想要选取的字符。 范例：搜寻含有 gl 或 gd 的行，需要特别留意的是，"[ ]" 中 "仅代表一个待搜寻的字符"，例如，"a[afl]y" 代表搜寻的字符串可以是 "aay" "afy" "aly"，即 [afl] 代表 a 或 f 或 l grep -n 'g[ld]' sample.txt
[n1-n2]	含义：字符集合的正则表达式字符，里面列出想要选取的字符范围。 范例：搜寻含有任意数字的那一行！需特别留意，字符集合 "[]" 中的 "-" 是有特殊含义的，代表两个字符之间的所有连续字符！但连续与否与 ASCII 有关，因此，编码需要设置正确（在 bash 中，需要确定 LANG 与 LANGUAGE 的变量是否正确！），例如，所有大写字符为 [A-Z] grep -n '[A-Z]' sample.txt
[^list]	含义：字符集合的正则表达式字符，里面列出不需要的字符串或范围。 范例：搜寻的字符串可以是 "oog" "ood"，但不能是 "oot"，"^" 在 "[]" 内时，表示 "反向选择"。例如，不选取大写字符，则为 [^A-Z]。但是，需要特别注意的是，如果以 grep -n [^A-Z] sample.txt 来搜寻，则发现该文件内的所有行都被列出，为什么？因为 [^A-Z] 是 "非大写字符" 的意思，而每一行均有非大写字符 grep -n 'oo[^t]' sample.txt

续表

特殊字符	含义与范例
\{n,m\}	含义：连续 *n*~ *m* 个前一个正则表达式字符。 含义：若为\{n\}，则是连续 *n* 个前一个正则表达式字符。 含义：若为\{n,\}，则是连续 *n* 个以上的前一个正则表达式字符。 范例：搜寻 g 与 g 之间有 2~3 个 o 存在的字符串，即"goog""gooog" grep -n 'go\{2,3\}g' sample.txt

任务 7-5　使用重定向

重定向就是不使用系统的标准输入端口、标准输出端口或标准错误端口，而重新指定，所以重定向分为输入重定向、输出重定向和错误重定向。通常情况下，重定向的使用是重定向到一个文件。在 shell 中，要实现重定向主要依靠重定向符，即 shell 通过检查命令行中有无重定向符来决定是否需要实施重定向。表 7-4 所示为常用的重定向符。

表 7-4　常用的重定向符

重定向符	说　明
<	实现输入重定向。输入重定向并不经常使用，因为大多数命令都以参数的形式在命令行上指定输入文件的文件名。尽管如此，当使用一个不接受文件名为输入参数的命令，而需要的输入又是在一个已存在的文件中时，就能用输入重定向解决问题
>或>>	实现输出重定向。输出重定向比输入重定向更常用。输出重定向使用户能把一个命令的输出重定向到一个文件中，而不是显示在屏幕上。在很多情况下都可以使用这种功能。例如，如果某个命令的输出很多，在屏幕上不能完全显示，即可把它重定向到一个文件中，稍后再用文本编辑器打开这个文件
2>或 2>>	实现错误重定向
&>	同时实现输出重定向和错误重定向

要注意的是，在实际执行命令之前，命令解释程序会自动打开重定向的文件（如果文件不存在，则自动创建）且清空该文件（文件中已存在的数据将被删除）。当命令完成时，命令解释程序会正确关闭该文件，而命令在执行时并不知道它的输出流已被重定向。

下面举几个使用重定向的例子。

（1）将 ls 命令生成的/tmp 目录的一个清单存到当前目录下的 dir 文件中。

```
[root@Server01 ~]# ls -l /tmp >dir
```

（2）将 ls 命令生成的/etc 目录的一个清单以追加的方式存到当前目录下的 dir 文件中。

```
[root@Server01 ~]# ls -l /etc >>dir
```

（3）将 passwd 文件的内容作为 wc 命令的输入。（wc 命令用来计算数字，可以计算文件的字节数、字数或列数。若不指定文件名称，或所给予的文件名称为"-"，则 wc 命令从标准输入设备读取数据。）

```
[root@Server01 ~]# wc</etc/passwd
```

（4）将 myprogram 命令的错误信息保存在当前目录下的 err_file 文件中。

```
[root@Server01 ~]# myprogram 2>err_file
```

（5）将 myprogram 命令的输出信息和错误信息保存在当前目录下的 output_file 文件中。

```
[root@Server01 ~]# myprogram &>output_file
```

（6）将 ls 命令的错误信息保存在当前目录下的 err_file 文件中。

```
[root@Server01 ~]# ls -l 2>err_file
```

注意 ls 命令并没有产生错误信息，但 err_file 文件中的原内容会被清空。

当我们输入重定向符时，命令解释程序会检查目标文件是否存在。如果不存在，则命令解释程序会根据给定的文件名创建一个空文件；如果重定向到一个已经存在的文件，则使用上述重定向命令时，会先将已经存在的文件的内容清空，然后将重定向的内容写入该文件，这可能会造成已有文件内容损毁。这种操作方式表明：当重定向到一个已存在的文件时需要十分小心，数据很容易在用户还没有意识到之前就丢失了。

bash 输入/输出重定向可以使用下面的选项设置为不覆盖已存在文件。

```
[root@Server01 ~]# set -o noclobber
```

这个选项仅用于对当前命令解释程序输入、输出进行重定向，其他程序仍可能覆盖已存在的文件。

（7）/dev/null。

空设备的一个典型用法是丢弃从 find 或 grep 等命令送来的错误信息。

```
[root@Server01 ~]# su - yangyun
[yangyun@Server01 ~]$ grep IPv6 /etc/* 2>/dev/null
[yangyun@Server01 ~]$ grep IPv6 /etc/*      //会显示包含许多错误的所有信息
[yangyun@Server01 ~]$ exit
注销
[root@Server01 ~]#
```

上面的 grep 命令的含义是从/etc 目录下的所有文件中搜索包含字符串"IPv6"的所有行。由于我们是在普通用户的权限下执行该命令的，因此 grep 命令是无法打开某些文件的，系统会显示一大堆"未得到允许"的错误提示。通过将错误重定向到空设备，可以在屏幕上只显示有用的输出。

任务 7-6　使用管道命令

许多 Linux 命令具有过滤特性，即一条命令通过标准输入端口接收一个文件中的数据，命令执行后，产生的结果数据又通过标准输出端口送给后一条命令，作为该命令的输入数据。后一条命令也通过标准输入端口接收输入数据。

shell 提供管道命令"|"将这些命令前后衔接在一起，形成一个管道线，其格式为：

```
命令 1|命令 2|...|命令 n
```

管道线中的每一条命令都作为一个单独的进程运行，每一条命令的输出作为下一条命令的输入。由于管道线中的命令总是从左到右顺序执行的，因此管道线是单向的。

管道线可实现创建 Linux 操作系统管道文件并进行重定向，但是管道不同于输入/输出重定向。输入重定向使一个程序的标准输入来自某个文件，输出重定向将一个程序的标准输出写到一个文件中，而管道直接将一个程序的标准输出与另一个程序的标准输入相连接，不需要经过任何中间文件。

例如：

```
[root@Server01 ~]# who  >tmpfile
```

我们执行命令 who 来找出谁已经登录了系统。该命令的输出结果是每个用户对应一行数据，其中包含了一些有用的信息，我们将这些信息保存在临时文件中。

现在执行下面的命令。

```
[root@Server01 ~]# wc -l  <tmpfile
```

该命令会统计临时文件的行数，最后的结果是登录系统的用户数。

可以将以上两个命令组合起来。

```
[root@Server01 ~]# who|wc  -l
```

管道告诉命令解释程序将左边的命令（在本例中为 who 命令）的标准输出流连接到右边的命令（在本例中为 wc -l 命令）的标准输入流。现在命令 who 的输出不经过临时文件就可以直接送到命令 wc 中了。

下面再举几个使用管道的例子。

（1）以长格式递归的方式分屏显示/etc 目录下的文件和目录列表。

```
[root@Server01 ~]# ls -Rl  /etc | more
```

（2）分屏显示文本文件/etc/passwd 的内容。

```
[root@Server01 ~]# cat /etc/passwd | more
```

（3）统计文本文件/etc/passwd 的行数、字数和字符数。

```
[root@Server01 ~]# cat /etc/passwd | wc
```

（4）查看是否存在 john 和 yangyun 用户账号。

```
[root@Server01 ~]# cat /etc/passwd | grep john
[root@Server01 ~]# cat /etc/passwd | grep yangyun
yangyun:x:1000:1000:yangyun:/home/yangyun:/bin/bash
```

（5）查看系统是否安装了 ssh 软件包。

```
[root@Server01 ~]# rpm -qa | grep ssh
```

（6）显示文本文件中的若干行。

```
[root@Server01 ~]# tail -15 /etc/passwd | head -3
```

管道仅能控制命令的标准输出流。如果标准错误输出未重定向，那么任何写入其中的信息都会在终端显示屏幕上显示。管道可用来连接两个及两个以上的命令。由于使用了一种被称为过滤器的服务程序，因此多级管道在 Linux 中是很普遍的。过滤器只是一段程序，它从自己的标准输入流中读入数据，然后将数据写到自己的标准输出流中，这样就能沿着管道过滤数据。在下例中：

```
[root@Server01 ~]#  who|grep  root| wc  -l
```

who 命令的输出结果由 grep 命令处理，而 grep 命令则过滤（丢弃）所有不包含字符串"root"的行。这个输出结果经过管道送到命令 wc，而该命令的功能是统计剩余的行数，这些行数与网络用户数相对应。

Linux 操作系统的一个很大的优势就是可以利用管道将一些简单的命令连接起来，形成更复杂的、功能更强的命令。标准的服务程序仅仅是一些管道应用的单元模块，在管道中它们的作用更加明显。

7.4 拓展阅读 为计算机事业做出巨大贡献的王选院士

王选院士为我国的计算机事业做出了巨大贡献，并因此获得了国家最高科学技术奖，你知道王选院士吗？

王选院士（1937—2006）是享誉国内外的著名科学家，汉字激光照排技术创始人，北京大学计算机科学技术研究所主要创建者，历任副所长、所长，博士生导师。他曾任第十届全国政协副主席、九三学社中央副主席、中国科学技术协会副主席、中国科学院院士、中国工程院院士、第三世界科学院院士。

王选院士发明的汉字激光照排系统两次获国家科学进步奖一等奖（1987 年、1995 年），两次被评为中国十大科技成就（1985 年、1995 年），并获国家重大技术装备成果奖特等奖。王选院士一生荣获了国家最高科学技术奖、联合国教科文组织科学奖、陈嘉庚科学奖、美洲中国工程师学会个人成就奖、何梁何利基金科学与技术进步奖等二十多项重大奖项。

1975 年开始，以王选院士为首的科研团队决定跨越当时日本流行的光机式二代机和欧美流行的阴极射线管式三代机阶段，开创性地研制当时国外尚无先例的第四代激光照排系统。针对汉字印刷的特点和难点，他们发明了高分辨率字形的高倍率信息压缩技术和高速复原方法，率先设计出相应的专用芯片，在世界上首次使用控制信息（参数）描述笔画特性。第四代激光照排系统获 1 项欧洲专利和 8 项中国专利，并获第 14 届日内瓦国际发明展金奖、中国专利发明创造金奖，2007 年入选"首届全国杰出发明专利创新展"。

7.5 练习题

一、填空题

1. 由于内核在内存中是受保护的区块，因此必须通过_____使我们输入的命令与内核沟通，以便让内核可以控制硬件正确无误地工作。

2. 系统合法的 shell 均写在_____文件中。

3. 用户默认登录取得的 shell 记录于_____的最后一个字段。

4. shell 变量有其规定的作用范围，可以分为_____与_____。

5. _____命令显示目前 bash 环境下的所有变量。

6. 通配符主要有_____、_____、_____等。

7. 正则表达式就是处理字符串的方法，是以_____为单位来处理字符串的。

8. 正则表达式通过一些特殊符号的辅助，可以让用户轻易地_____、_____、_____某个或某些特定的字符串。

9. 正则表达式与通配符是完全不一样的。_____代表的是 bash 操作接口的一个功能，_____则是一种字符串处理的表示方式。

7-5 慕课

项目实录 实现
shell 编程

二、简答题

1. 什么是重定向？什么是管道？

2. shell 变量有哪两种？分别如何定义？

3. 如何设置用户自己的工作环境？

4. 关于正则表达式的练习，首先要设置好环境，执行以下命令。

```
[root@Server01 ~]# cd
[root@Server01 ~]# cd /etc
[root@Server01 ~]# ls -a >~/data
[root@Server01 ~]# cd
```

这样，/etc 目录下所有文件的列表会保存在你的家目录下的 data 文件中。

写出可以在 data 文件中查找满足以下条件的所有行的正则表达式。

（1）以"P"开头。

（2）以"y"结尾。

（3）以"m"开头，以"d"结尾。

（4）以"e""g"或"l"开头。

（5）包含"o"，后面跟着"u"。

（6）包含"o"，一个字母之后是"u"。

（7）以小写字母开头。

（8）包含一个数字。

（9）以"s"开头，包含一个"n"。

（10）只含有 4 个字母。

（11）只含有 4 个字母，但不包含"f"。

项目8
学习shell script

项目导入

如果想要管理好主机，一定要好好学习 shell script。shell script 有点儿像早期的批处理，即将一些命令汇总起来一次执行。但是 shell script 拥有更强大的功能，它可以进行类似程序（program）的撰写，并且不需要经过编译（compile）就能够运行，非常方便。同时，我们还可以通过 shell script 来简化日常的管理工作。在整个 Linux 的环境中，一些服务（service）的启动是通过 shell script 来完成的，如果对 shell script 不了解，一旦发生问题，就可能会求助无门。

职业能力目标和要求

- 理解 shell script。
- 掌握判断式的用法。

- 掌握条件判断式的用法。
- 掌握循环的用法。

素养提示

- "雪人计划"服务于国家的"信创产业"。可以大大激发学生的爱国情怀和求知求学的斗志。

- "靡不有初，鲜克有终。""莫等闲，白了少年头，空悲切。"青年学生为人做事要善始善终、不负韶华。

8.1 项目知识准备

什么是 shell script（程序化脚本）呢？本节我们首先了解 shell script。另外本项目均在 Server01 服务器上编写、调试和运行，工作目录为/root/scripts。

8.1.1 了解 shell script

就字面上的含义，我们将 shell script 分为两部分。"shell"部分在项目 7 中已经讲解了，它是在命令行界面下让我们与系统沟通的一个工具接口。那么"script"是什么呢？就字面上的含义，script 是"脚本、剧本"的意思。shell script 就是针对 shell 所写的"脚本"。

其实，shell script 是利用 shell 的功能所写的一个"程序"。这个程序使用纯文本文件，将一些 shell 的语法与命令（含外部命令）写在里面，搭配正则表达式、管道命令与数据流重定向等功能，以达到一定的处理目的。

所以，简单地说，shell script 就像早期"DOS 年代"的批处理（.bat），其最简单的功能是将许多命令写在一起，让用户很轻易地就能够处理复杂的操作（运行一个"shell script"就能够一次执行多个命令）。shell script 能提供数组、循环、条件与逻辑判断等重要功能，让用户可以直接以 shell 来撰写程序，而不必使用类似 C 语言等传统程序撰写的语言。

shell script 可以简单地看成批处理文件，也可以看成程序语言，并且这个程序语言是利用 shell 与相关工具命令组成的，所以不需要编译即可运行。另外，shell script 还具有不错的调试（debug）工具，所以，它可以帮助系统管理员快速管理好主机。

8.1.2 编写与运行一个 shell script

编写任何一个计算机程序都要养成好习惯，shell script 也不例外。

8-1 微课

shell 程序控制
结构语句

1. 编写 shell script 的注意事项

- 命令的执行是从上到下、从左到右的。
- 命令、选项与参数间的多个空格都会被忽略。
- 空白行也将被忽略，并且按"Tab"键生成的空白同样被视为空白行。
- 如果读取到一个"Enter"键，就尝试开始执行该行（或该串）命令。
- 如果一行的内容太多，则可以使用"\[Enter]"将内容延伸至下一行。
- "#"用于标识注释。任何加在"#"后面的数据都将全部被视为注释文字而被忽略。

2. 运行 shell script

现在假设程序文件名是 /home/dmtsai/shell.sh，那么如何运行这个程序呢？很简单，有下面几种方法。

（1）直接下达命令运行：shell.sh 文件必须具备可读与可执行（rx）的权限。

- 绝对路径：使用/home/dmtsai/shell.sh 来下达命令。
- 相对路径：假设工作目录在/home/dmtsai/，则使用./shell.sh 来运行。
- 变量"PATH"功能：将 shell.sh 放在 PATH 指定的目录内，如~/bin/。

（2）以 bash 程序来运行：通过 bash shell.sh 或 sh shell.sh 来运行。

由于 Linux 默认家目录下的~/bin 目录会被设置到$PATH 内，因此也可以将 shell.sh 创建在 /home/dmtsai/bin/下面（~/bin 目录需要自行设置）。此时，若 shell.sh 在 ~/bin 目录内且具有 rx 的权限，则直接输入 shell.sh 即可运行该程序。

为何 sh shell.sh 也可以运行呢？这是因为/bin/sh 其实就是/bin/bash（符号链接），使用 sh shell.sh 即告诉系统，我想要直接以 bash 的功能来运行 shell.sh 这个文件内的相关命令，所以此时 shell.sh 只要有 r 的权限即可运行。也可以利用 sh 的选项，如利用-n 及-x 来检查与追踪 shell.sh 的语法是否正确。

3. 编写第一个 shell script

```
[root@Server01 ~]# cd; mkdir /root/scripts; cd /root/scripts
[root@Server01 scripts]# vim sh01.sh
#!/bin/bash
# Program:
```

```
# This program shows "Hello World!" in your screen
# History:
# 2021/08/23 Bobby   First release
PATH=/bin:/sbin:/usr/bin:/usr/sbin:/usr/local/bin:/usr/local/sbin:~/bin
export PATH
echo -e "Hello World! \a \n"
exit 0
```

在本项目中，请将撰写的所有 shell script 放置到家目录的~/scripts 目录内，以利于管理。下面分析上面的程序。

（1）第一行#!/bin/bash 宣告 shell script 使用的 shell 名称。

因为我们使用的是 bash，所以必须以"#!/bin/bash"来宣告文件内的语法使用 bash 的语法。当这个程序被运行时，就能够加载 bash 的相关环境配置文件（一般来说就是 non-login shell 的 ~/.bashrc），并且运行 bash 使下面的命令能够执行，这很重要。在很多情况下，如果没有设置好这一行，那么该程序很可能会无法运行，因为系统可能无法判断该程序需要使用什么 shell 来运行。

（2）程序内容的说明。

整个 shell script 中，除了第一行的"#!"是用来声明 shell 的之外，其他的以"#"开头的都是注释。所以在上面的程序中，第二行及以下是用来说明整个程序的基本数据。

建议 一定要养成说明 shell script 的内容与功能、版本信息、作者与联络方式、建立日期、历史记录等信息的习惯。这将有助于未来程序的改写与调试。

（3）主要环境变量的声明。

务必将一些重要的环境变量设置好，其中 PATH 与 LANG（如果使用与输出相关的信息）是很重要的。如此一来，可让程序在运行时直接执行一些外部命令，而不必写绝对路径。

（4）主要程序部分。

在这个程序中，主要程序部分就是 echo 那一行。

（5）运行结果告知（定义回传值）。

一个命令的执行成功与否，可以使用"$?"查看。也可以利用 exit 命令让程序中断，并且为系统回传一个数值。在这个程序中，使用 exit 0 代表离开 shell script 并且回传一个 0 给系统，所以当运行完这个 shell script 后，若接着执行 echo $?，则可得到 0 值。读者应该可以联想到，利用 exit n（n 是数字）的功能，还可以自定义错误信息，让程序变得更加智能。

该程序的运行结果如下。

```
[root@Server01 scripts]# sh  sh01.sh
Hello World !
```

同时，运行上述程序应该还会听到"咚"的一声，为什么呢？这是因为 echo 加上了 -e 选项。当你完成这个 shell script 之后，是不是感觉撰写脚本很简单呢？

另外，也可以利用"chmod a+x sh01.sh; ./sh01.sh"来运行这个 shell script。

8.1.3 养成良好的 shell script 撰写习惯

养成良好的 shell script 撰写习惯是很重要的，但大家在刚开始撰写程序的时候，很容易忽略这部分，认为程序写出来就好了，其他的不重要。其实，将程序说明得更清楚，对自己是有很大帮助的。

建议养成良好的 shell script 撰写习惯，在每个 shell script 的文件头处包含如下内容。

- shell script 的功能。
- shell script 的版本信息。
- shell script 的作者与联络方式。
- shell script 的版权声明方式。
- shell script 的历史记录。
- shell script 内较特殊的命令，使用绝对路径的方式来执行这些命令。
- shell script 运行时需要的环境变量预先声明与设置。

除了记录这些信息之外，在较为特殊的程序部分，建议加上注释说明。此外，程序的撰写建议使用嵌套方式，最好能以空格缩排。这样程序会显得非常漂亮、有条理，有利于轻松地阅读与调试程序。另外，撰写 shell script 的工具最好使用 vim 而不是 vi，因为 vim 有额外的语法检验机制，能够在开始撰写程序时就发现语法方面的问题。

8.2 项目设计与准备

8-2 课堂慕课

学习 shell script

本项目要用到 Server01 和 Client1，需要完成的任务如下。

（1）编写简单的 shell script。

（2）用好判断式（test 和"[ ]"）。

（3）利用条件判断式。

（4）利用循环。

其中 Server01 的 IP 地址为 192.168.10.1/24，Client1 的 IP 地址为 192.168.10.21/24，两台计算机的网络连接方式都是**仅主机模式**（VMnet1）。

> **特别
> 提醒**　本项目所有实例的工作目录都在用户的家目录下的 scripts 下，即 /root/scripts 下面，切记！

8.3 项目实施

任务 8-1　通过简单实例学习 shell script

下面先看 3 个简单实例。

1. 对话式脚本：变量内容由用户决定

很多时候我们需要用户输入一些内容，让程序可以顺利运行。

要求：使用 read 命令撰写一个 shell script。让用户输入 firstname 与 lastname 后，在屏幕上显示"Your full name is:"的内容。

（1）编写程序。

```
[root@Server01 scripts]# vim sh02.sh
#!/bin/bash
# Program:
#User inputs his first name and last name.  Program shows his full name
# History:
# 2012/08/23 Bobby    First release
PATH=/bin:/sbin:/usr/bin:/usr/sbin:/usr/local/bin:/usr/local/sbin:~/bin
export PATH

read -p "Please input your first name: " firstname    # 提示用户输入
read -p "Please input your last name:  " lastname      # 提示用户输入
echo -e "\nYour full name is: $firstname $lastname"    # 结果在屏幕上显示
```

（2）运行程序。

```
[root@Server01 scripts]# sh sh02.sh
```

2. 随日期变化：利用 date 命令创建文件

假设服务器内有数据库，数据库的数据每天都不一样。当备份数据库时，我们希望将每天的数据都备份成不同的文件，这样才能让旧的数据也保存下来不被覆盖。怎么办？

考虑到每天的"日期"并不相同，将文件命名为类似"backup.2022-09-14.data"的格式，不就可以每天有一个不同的文件名了吗？确实如此。那么 2022-09-14 是怎么来的呢？

看下面的例子：假设想要通过 touch 命令创建 3 个空文件，文件名由用户输入，以及前天、昨天和今天的日期决定。例如，用户输入"filename"，而今天的日期是 2022-08-15，则 3 个文件名分别为 filename_20220813、filename_20220814 和 filename_20220815。该如何编写程序？

（1）编写程序。

```
[root@Server01 scripts]# vim sh03.sh
#!/bin/bash
# Program:
#Program creates three files, which named by user's input and date command
# History:
# 2021/07/13 Bobby    First release
PATH=/bin:/sbin:/usr/bin:/usr/sbin:/usr/local/bin:/usr/local/sbin:~/bin
export PATH

# 让用户进行输入，并取得变量 fileuser
echo -e "I will use 'touch' command to create 3 files."    # 纯粹显示信息
read -p "Please input your filename: " fileuser            # 提示用户输入

# 为了避免用户随意按"Enter"键，利用变量功能分析文件名是否设置
filename=${fileuser:-"filename"}                # 开始判断是否设置了文件名

# 开始利用 date 命令来取得所需要的文件名
date1=$(date --date='2 days ago' +%Y%m%d) # 前两天的日期，注意"+"前面有一个空格
date2=$(date --date='1 days ago' +%Y%m%d) # 前一天的日期，注意"+"前面有一个空格
date3=$(date +%Y%m%d)                      # 今天的日期
file1=${filename}${date1}                  # 这 3 行用于设置文件名
file2=${filename}${date2}
file3=${filename}${date3}

# 创建文件
touch "$file1"
```

```
touch "$file2"
touch "$file3"
```
（2）运行程序。

```
[root@Server01 scripts]# sh  sh03.sh
[root@Server01 scripts]# ll
```
分两种情况运行 sh03.sh：一种是直接按"Enter"键查阅文件名是什么；另一种是输入一些字符，判断脚本是否设计正确。

3. 数值运算：简单的加减乘除

可以使用 declare 命令来定义变量的类型，利用"$((运算内容))"来进行数值运算。不过遗憾的是，系统默认仅支持整数。

下面的例子要求用户输入两个变量，然后将两个变量的内容相乘，最后输出相乘的结果。

（1）编写程序。

```
[root@Server01 scripts]# vim  sh04.sh
#!/bin/bash
# Program:
#User inputs 2 integer numbers; program will cross these two numbers
# History:
# 2021/08/23 Bobby    First release
PATH=/bin:/sbin:/usr/bin:/usr/sbin:/usr/local/bin:/usr/local/sbin:~/bin
export PATH
echo -e "You SHOULD input 2 numbers, I will cross them! \n"
read -p "first number: " firstnu
read -p "second number: " secnu
total=$(($firstnu*$secnu))
echo -e "\nThe result of $firstnu*$secnu is ==> $total"
```
（2）运行程序。

```
[root@Server01 scripts]# sh  sh04.sh
```
在数值的运算上，可以使用 declare –i total=$firstnu*$secnu，也可以使用上面的方式来表示。建议使用下面的方式进行运算。

```
var=$((运算内容))
```
这种方式不但容易记忆，而且比较方便，因为两个圆括号内可以加上空白字符。至于数值运算上的处理，则有"+""–""*""/""%"等，其中"%"表示取余数。

```
[root@Server01 scripts]# echo  $((13 %3))
1
```

任务 8-2　了解脚本的运行方式差异

不同的脚本运行方式会带来不一样的结果，尤其对 bash 的环境影响很大。脚本的运行方式除了前文谈到的方式之外，还有 source 命令和"."等运行方式。那么这些运行方式有何不同呢？

1. 利用直接运行的方式来运行脚本

当使用前文提到的直接命令（无论是绝对路径、相对路径，还是$PATH 内的路径），或者利用 bash（或 sh）来运行脚本时，该脚本都会使用一个新的 bash 环境来运行脚本内的命令。也就是说，使用这种运行方式时，其实脚本是在子程序的 bash 内运行的，并且当子程序完成后，在子程序内的各项变量或动作将会结束而不会传回到父程序中。这是什么意思呢？

我们以刚刚提到过的 sh02.sh 脚本来说明。该脚本可以让使用者自行配置两个变量，分别是 firstname 与 lastname。想一想，如果直接执行 sh02.sh 中的命令，该命令配置的 firstname 会不会生效？请看下面的运行结果。

```
[root@Server01 scripts]# echo $firstname $lastname    <==首先确认变量并不存在
[root@Server01 scripts]# sh  sh02.sh
Please input your first name: Bobby              <==这个名字是读者自行输入的
Please input your last name: Yang

Your full name is: Bobby Yang                    <==在脚本运行中，这两个变量会生效
[root@Server01 scripts]# echo  $firstname  $lastname
    <==事实上，这两个变量在父程序的 bash 中还是不存在
```

从上面的结果可以看出，sh02.sh 配置好的变量竟然在 bash 环境中无效。这是怎么回事呢？
这里用图 8-1 来说明。当使用直接运行的方式来处理时，系统会开辟一个新的 bash 来执行 sh02.sh 中的命令。因此 firstname、lastname 等变量其实是在图 8-1 所示的子程序 bash 内运行的。当 sh02.sh 运行完毕，子程序 bash 内的所有数据便被移除。因此在上面的例子中，在父程序下面执行 echo $firstname 时，就看不到任何东西了。

图 8-1　sh02.sh 在子程序 bash 中运行

2. 利用 source 命令运行脚本：在父程序中运行

如果使用 source 命令来运行脚本，那么会出现什么情况呢？请看下面的运行结果。

```
[root@Server01 scripts]# source sh02.sh
Please input your first name: Bobby <==这个名字是读者自行输入的
Please input your last name: Yang

Your full name is: Bobby Yang       <==在脚本运行中，这两个变量会生效
 [root@Server01 scripts]# echo $firstname  $lastname
Bobby Yang                          <==有数据产生
```

变量竟然生效了，为什么呢？利用 source 命令运行脚本的方式可以使用图 8-2 来说明。sh02.sh 会在父程序 bash 中运行，因此各项操作都会在原来的 bash 内生效。这也是当你不注销系统而要让某些写入~/.bashrc 的

图 8-2　sh02.sh 在父程序 bash 中运行

设置生效时，需要使用"source ~/.bashrc"而不能使用"bash ~/.bashrc"的原因。

任务 8-3　利用 test 命令的测试功能

在项目 7 中，我们提到过"$?"这个变量的含义。在项目 7 的讨论中，想要判断一个目录是否存在，使用的是 ls 命令搭配数据流重定向，最后配合"$?"来决定后续的命令执行与否。但是否有更简单的方式来进行"条件判断"呢？有，那就是"test"命令。

当需要检测系统中的某些文件或者相关的属性时，test 命令是较好的选择。例如，要检查 /dmtsai 是否存在时，使用如下命令。

```
[root@Server01 scripts]# test -e /dmtsai
```

运行结果并不会显示任何信息，但最后可以通过"$?"或"&&"及"||"来显示整个结果。例如，将上面的例子改写成（也可以试试/etc 目录是否存在）：

```
[root@Server01 scripts]# test -e /dmtsai && echo "exist" || echo "Not exist"
Not exist  <==结果显示不存在
```

最终的结果可以告诉我们/dmtsai 是"exist"还是"Not exist"。我们知道 -e 选项是用来判断一个"文件或目录"存在与否的，如果还想判断该文件名是什么，还有哪些选项可以用来判断呢？我们看表 8-1～表 8-6。

表 8-1　test 命令各选项的作用——文件类型

选项	含　义
-e	该文件名是否存在（常用）
-f	该文件名是否存在且为文件（常用）
-d	该文件名是否存在且为目录（常用）
-b	该文件名是否存在且为一个块设备文件
-c	该文件名是否存在且为一个字符设备文件
-S	该文件名是否存在且为一个 Socket 文件
-p	该文件名是否存在且为一个管道文件
-L	该文件名是否存在且为一个连接文档

关于某个文件名的文件类型判断，如 test -e filename 表示判断文件名存在与否。

表 8-2　test 命令各选项的作用——文件权限检测

选项	含　义
-r	检测该文件名是否存在且具有"可读"的权限
-w	检测该文件名是否存在且具有"可写"的权限
-x	检测该文件名是否存在且具有"可执行"的权限
-u	检测该文件名是否存在且具有"SUID"的权限
-g	检测该文件名是否存在且具有"SGID"的权限
-k	检测该文件名是否存在且具有"Sticky bit"的属性
-s	检测该文件名是否存在且为非空白文件

关于文件的权限检测，如 test -r filename 表示判断文件是否可读，但 root 权限常有例外。

表 8-3　test 命令各选项的作用——两个文件之间的比较

选项	含　义
-nt	判断 file1 是否比 file2 新
-ot	判断 file1 是否比 file2 旧
-ef	判断 file1 与 file2 是否为同一文件，可用在硬链接的判断上。主要意义在于判断两个文件是否均指向同一个索引节点

两个文件之间的比较，如 test file1 -nt file2 表示判断 file1 是否比 file2 新。

表 8-4　test 命令各选项的作用——两个整数之间的判定

选项	含　义
-eq	两数值相等
-ne	两数值不等
-gt	n1 大于 n2
-lt	n1 小于 n2
-ge	n1 大于或等于 n2
-le	n1 小于或等于 n2

关于两个整数之间的判定，如 test n1 -eq n2 表示判断 n1 是否等于 n2。

表 8-5　test 命令各选项的作用——判定字符串数据

选项	含　义
-z	判定字符串是否为 0。若为空字符串，则为 true
-n	判定字符串是否非 0。若为空字符串，则为 false 注：-n 也可省略
=	判定 str1 是否等于 str2。若相等，则回传 true
!=	判定 str1 是否不等于 str2。若相等，则回传 false

表 8-6　test 命令各选项的作用——多重条件判定

选项	含　义
-a	两状况同时成立。例如，test -r file -a -x file，只有 file 同时具有 r 与 x 权限时，才回传 true
-o	两状况任何一个成立。例如，test -r file -o -x file，只要 file 具有 r 或 x 权限，就可回传 true
!	反相状况，例如，test ! -x file，当 file 不具有 x 权限时，回传 true

多重条件判定，例如，test -r filename -a -x filename 表示只有 filename 同时具有 r 与 x 权限时，才回传 true。

现在利用 test 来实现几个简单的例子。首先，输入一个文件名，然后做如下判断。

- 这个文件是否存在，若不存在，则给出"Filename does not exist"的信息，并中断程序。
- 若这个文件存在，则判断其是文件还是目录，结果输出"Filename is regular file"或"Filename is directory"。
- 判断执行者的身份对这个文件或目录所拥有的权限，并输出权限数据。

注意　读者可以先自行实现，再与下面的结果比较。注意利用 test、"&&"还有"||"等。

```
[root@Server01 scripts]# vim  sh05.sh
#!/bin/bash
# Program:
# User input a filename, program will check the flowing:
# 1.) exist? 2.) file/directory? 3.) file permissions
```

```
# History:
# 2021/08/25 Bobby    First release
PATH=/bin:/sbin:/usr/bin:/usr/sbin:/usr/local/bin:/usr/local/sbin:~/bin
export PATH

#  让用户输入文件名，并判断用户是否输入了字符串
echo -e "Please input a filename, I will check the filename's type and \
permission. \n\n"
read -p "Input a filename : " filename
test -z $filename && echo "You MUST input a filename." && exit 0
#  判断文件是否存在，若不存在，则显示信息并结束脚本
test ! -e $filename && echo "The filename '$filename' DO NOT exist" && exit 0
# 开始判断文件类型与权限
test -f $filename && filetype="regulare file"
test -d $filename && filetype="directory"
test -r $filename && perm="readable"
test -w $filename && perm="$perm writable"
test -x $filename && perm="$perm executable"
# 开始输出信息
echo "The filename: $filename is a $filetype"
echo "And the permissions are : $perm"
```

执行如下命令。

```
[root@Server01 scripts]# sh  sh05.sh
```

运行这个脚本后，"test" 命令会依据输入的文件名进行检查。先判断文件是否存在，再判断是文件还是目录类型，最后判断权限。但是必须注意的是，由于 root 账户在很多权限的限制上都是无效的，因此使用 root 身份运行这个脚本时，常常会发现其结果与执行 ls –l 命令观察到的结果并不相同。所以，建议使用普通用户身份来运行这个脚本。不过必须先使用 root 身份将脚本转移给普通用户，否则普通用户无法进入/root 目录。

任务 8-4   利用判断符号 "[]"

除了使用 test 之外，还可以利用判断符号 "[]"（就是方括号）来判断数据。例如，想要知道 $HOME 变量是否为空，可以这样做：

```
[root@Server01 scripts]# [ -z "$HOME" ]  ; echo $?
```

-z string 的含义是，若 string 长度为 0，则为真。使用 "[ ]" 时必须特别注意，因为 "[ ]" 用在很多地方，包括通配符与正则表达式等，所以要在 bash 的语法中使用 "[ ]" 作为 shell 的判断式时，必须注意 "[ ]" 的两端需要有空格符来分隔。假设空格符使用 "□" 表示，那么在下面这些地方都需要有空格符。

```
[□"$HOME"□==□"$MAIL"□]
 ↑      ↑   ↑      ↑
```

> **注意** ① 上面的判断式中使用了两个等号 "=="。其实在 bash 中使用一个等号与使用两个等号的效果是一样的。不过一般在程序中，一个等号代表 "变量的设置"，两个等号代表 "逻辑判断（是否之意）"。由于 "[ ]" 内的重点在于 "判断" 而非 "设置变量"，因此建议使用两个等号。
> ② 当判断式的值为真时，"$?" 的值为 "0"。

上面的例子说明，两个字符串$HOME 与$MAIL 是否有相同的意思，相当于 test $HOME ＝ $MAIL。如果没有空格符分隔，例如，写成 [$HOME==$MAIL]，bash 就会显示错误信息。因此，一定要注意以下几点。

- "[ ]"内的每个组件都需要有空格符来分隔。
- "[ ]"内的变量最好都以双引号标注。
- "[ ]"内的常数最好都以单引号或双引号标注。

为什么要这么麻烦呢？例如，假如设置了 name="Bobby Yang"，然后这样判定：

```
[root@Server01 scripts]# name="Bobby Yang"
[root@Server01 scripts]# [ $name == "Bobby" ]
bash: [: too many arguments
```

怎么会发生错误呢？bash 显示的错误信息是"太多参数"。为什么呢？因为如果$name 没有使用双引号标注，那么上面的判断式会变成：

```
[ Bobby Yang == "Bobby" ]
```

上面的表达式肯定不对。因为一个判断式仅能有两个数据进行比对，上面的 Bobby、Yang 和 Bobby 有 3 个数据。正确的形式应该是下面这样的。

```
[ "Bobby Yang" == "Bobby" ]
```

另外，"[ ]"的使用方法与 test 的使用方法几乎一模一样。只是"[ ]"经常用在条件判断式 if...then... fi 中。

下面使用"[ ]"的判断来设计一个小范例，范例要求如下。

- 当运行一个程序时，这个程序会让用户选择 Y 或 N。
- 用户输入 Y 或 y 时，显示"OK, continue"。
- 用户输入 N 或 n 时，显示"Oh, interrupt!"
- 如果不是 Y、y、N、n 之内的字符，就显示"I don't know what your choice is"。

分析：需要利用"[]""&&"与"||"。

```
[root@Server01 scripts]# vim  sh06.sh
#!/bin/bash
# Program:
# This program shows the user's choice
# History:
# 2021/08/25 Bobby   First release
PATH=/bin:/sbin:/usr/bin:/usr/sbin:/usr/local/bin:/usr/local/sbin:~/bin
export PATH

read -p "Please input (Y/N): " yn
[ "$yn" == "Y" -o "$yn" == "y" ] && echo "OK, continue" && exit 0
[ "$yn" == "N" -o "$yn" == "n" ] && echo "Oh, interrupt!" && exit 0
echo "I don't know what your choice is" && exit 0
```

运行结果：

```
[root@Server01 scripts]# sh  sh06.sh
Please input (Y/N): y
OK, continue
[root@Server01 scripts]# sh sh06.sh
Please input (Y/N): u
```

```
I don't know what your choice is
[root@Server01 scripts]# sh sh06.sh
Please input (Y/N): n
Oh, interrupt!
```

 提示 由于输入正确的选择没有大小写之分，因此输入 Y 或 y 都是可以的，此时判断式内要有两个判断条件才行。由于任何一个输入（Y/y）成立即可，因此这里使用-o（或）连接两个判断条件。

任务 8-5 利用 if…then 条件判断式

只要讲到"程序"，条件判断式即"if…then"就肯定是要学习的。因为很多时候，我们必须依据某些数据来判断程序该如何进行。例如，在前面的 sh06.sh 范例中练习输入"Y/N"时，输出不同的信息。简单的方式是利用"&&"与"||"，但如果还想要执行许多命令呢？那就得用 if…then 了。

if…then 是十分常见的条件判断式。简单地说，其含义就是当符合某个判断式时，进行某项工作。if…then 的判断还有多层次的情况，下面分别介绍。

1. 单层、简单条件判断式

如果只有一个判断式，那么可以简单地写为：

```
if [判断式]; then
    当判断式成立时，可以进行的命令工作内容；
fi   <==将 if 反过来写，就成为 fi 了，结束 if 之意
```

至于条件判断式的判断方法，与前文的介绍相同。比较特别的是，如果有多个判断条件要判断，除了范例 sh06.sh 所写的，也就是将多个判断条件写入一个"[ ]"内的情况之外，还可以将多个"[ ]"隔开。而"[ ]"与"[ ]"之间则以"&&"或"||"隔开，其含义如下。

- "&&"代表与。
- "||"代表或。

所以，在使用"[ ]"的判断式中，"&&"及"||"就与命令执行的状态不同了。例如，sh06.sh 中的判断式可以这样修改：

```
[ "$yn" == "Y" -o "$yn" == "y" ]
```

上式可替换为：

```
[ "$yn" == "Y" ] || [ "$yn" == "y" ]
```

之所以这样改，有的人是因为习惯问题，还有的人是因为喜欢一个"[ ]"内仅有一个判断式。下面将 sh06.sh 范例修改为 if…then 的样式。

```
[root@Server01 scripts]# cp sh06.sh sh06-2.sh   <==这样改比较快
[root@Server01 scripts]# vim sh06-2.sh
#!/bin/bash
# Program:
# This program shows the user's choice
# History:
# 2021/08/25   Bobby   First release
PATH=/bin:/sbin:/usr/bin:/usr/sbin:/usr/local/bin:/usr/local/sbin:~/bin
export PATH

read -p "Please input (Y/N): " yn
```

```
if [ "$yn" == "Y" ] || [ "$yn" == "y" ]; then
    echo "OK, continue"
    exit 0
fi
if [ "$yn" == "N" ] || [ "$yn" == "n" ]; then
    echo "Oh, interrupt!"
    exit 0
fi
echo "I don't know what your choice is" && exit 0
```

运行结果参照任务 8-4 中 sh06.sh 的运行结果。

sh06.sh 范例还算比较简单。但是如果以逻辑概念来看，在此范例中，我们使用了两个判断式。明明仅有一个$yn 变量，为何需要进行两次比较呢？此时，最好使用多重条件判断。

2. 多重、复杂条件判断式

在同一个数据的判断中，如果该数据需要进行多种不同的判断，那么应该怎么做呢？

例如，在上面的 sh06.sh 脚本中，只想进行一次$yn 的判断（仅进行一次 if），不想进行多次$yn 的判断，此时必须用到下面的语法。

```
# 一个判断式，分成功进行与失败进行 (else)
if [判断式]; then
    当判断式成立时，可以进行的命令工作内容；
else
    当判断式不成立时，可以进行的命令工作内容；
fi
```

如果考虑更复杂的情况，则可以使用：

```
# 多个判断式 (if...elif...elif...else) 分多种不同情况运行
if [判断式一]; then
    当判断式一成立时，可以进行的命令工作内容；
elif [判断式二]; then
    当判断式二成立时，可以进行的命令工作内容；
else
    当判断式一与判断式二均不成立时，可以进行的命令工作内容；
fi
```

注意 elif 也是一个判断式，因此 elif 后面要接 then 来处理。但是 else 已经是最后的没有成立的结果了，所以 else 后面并没有 then。

将 sh06-2.sh 改写如下。

```
[root@Server01 scripts]# cp sh06-2.sh sh06-3.sh
[root@Server01 scripts]# vim sh06-3.sh
#!/bin/bash
# Program:
# This program shows the user's choice
# History:
# 2021/08/25    Bobby   First release
PATH=/bin:/sbin:/usr/bin:/usr/sbin:/usr/local/bin:/usr/local/sbin:~/bin
export PATH
```

```
read -p "Please input (Y/N): " yn
if [ "$yn" == "Y" ] || [ "$yn" == "y" ]; then
    echo "OK, continue"
elif [ "$yn" == "N" ] || [ "$yn" == "n" ]; then
    echo "Oh, interrupt!"
else
    echo "I don't know what your choice is"
fi
```

运行结果参照任务 8-4 中 sh06.sh 的运行结果。

程序变得很简单，而且依序判断，可以避免重复判断。这样很容易设计程序。

下面再来进行另外一个范例的设计。一般来说，如果你不希望用户从键盘输入额外的数据，那么可以使用前文提到的参数功能（$1），让用户在执行命令时将参数带进去。现在我们想让用户输入"hello"这个关键字，利用参数功能可以按照以下内容依序设计。

- 判断 $1 是否为 hello，如果是，就显示"Hello, how are you ?"。
- 如果没有加任何参数，就提示用户必须使用的参数。
- 如果加入的参数不是 hello，就提醒用户仅能使用 hello 作为参数。

整个程序如下。

```
[root@Server01 scripts]# vim  sh07.sh
#!/bin/bash
# Program:
# Check $1 is equal to "hello"
# History:
# 2021/08/28  Bobby   First release
PATH=/bin:/sbin:/usr/bin:/usr/sbin:/usr/local/bin:/usr/local/sbin:~/bin
export PATH

if [ "$1" == "hello" ]; then
    echo "Hello, how are you ?"
elif [ "$1" == "" ]; then
    echo "You MUST input parameters, ex> {$0 someword}"
else
    echo "The only parameter is 'hello', ex> {$0 hello}"
fi
```

然后可以运行这个程序，在 $1 的位置输入 hello，或没有输入及随意输入，可以看到不同的输出。下面继续完成较复杂的例子。

```
 [root@Server01 scripts]# sh sh09.sh hello          //正确输入
Hello, how are you ?
[root@Server01 scripts]# sh sh09.sh                 //没有输入
You MUST input parameters, ex> {sh09.sh someword}
[root@Server01 scripts]# sh sh09.sh Linux           //随意输入
The only parameter is 'hello', ex> {sh09.sh hello}
[root@Server01 scripts]#
```

我们在前面已经学了 grep 命令，现在再学习 netstat 命令。这个命令可以查询到目前主机开启的网络服务端口（service port）。可以利用"netstat -tuln"来取得目前主机启动的网络服务，取得的信息如下。

```
 [root@Server01 scripts]# netstat  -tuln
```

```
Active Internet connections (only servers)
Proto Recv-Q Send-Q Local Address          Foreign Address    State
tcp      0      0    0.0.0.0:111            0.0.0.0:*          LISTEN
tcp      0      0    127.0.0.1:631          0.0.0.0:*          LISTEN
tcp      0      0    127.0.0.1:25           0.0.0.0:*          LISTEN
tcp      0      0    :::22                  :::*               LISTEN
udp      0      0    0.0.0.0:111            0.0.0.0:*
udp      0      0    0.0.0.0:631            0.0.0.0:*
#封包格式               本地 IP 地址:端口      远程 IP 地址:端口     是否监听
```

　　上面的重点是"Local Address"（本地 IP 地址与端口）列，表示本机启动的网络服务。IP 地址部分说明该服务位于哪个端口上，若为 127.0.0.1，则代表仅针对本机开放；若为 0.0.0.0 或:::，则代表对整个互联网开放。每个端口都有其特定的网络服务，几个常见的端口与相关网络服务的关系如下。

- 80：WWW。
- 22：SSH。
- 21：FTP。
- 25：Mail。
- 111：远程过程调用（Remote Procedure Call，RPC）。
- 631：输出服务功能（Common Unix Printing System，CUPS）。

　　假设需要检测的是比较常见的端口 21、22、25 及 80，那么如何通过 netstat 检测主机是否开启了这 4 个主要的网络服务端口呢？由于每个服务的关键字都接在":"后面，因此可以选取类似":80"的形式来检测。请看下面的程序。

```
[root@Server01 scripts]# vim sh10.sh
#!/bin/bash
# Program:
# Using netstat and grep to detect WWW,SSH,FTP and Mail services
# History:
# 2021/08/28    Bobby    First release
PATH=/bin:/sbin:/usr/bin:/usr/sbin:/usr/local/bin:/usr/local/sbin:~/bin
export PATH

# 提示信息
echo "Now, I will detect your Linux server's services!"
echo -e "The www, ftp, ssh, and mail will be detect! \n"

# 开始进行一些测试的工作，并且也输出一些信息
testing=$(netstat -tuln | qrep ":80 ")      # 检测端口 80 是否存在
if [ "$testing" != "" ]; then
    echo "WWW is running in your system."
fi
testing=$(netstat -tuln | grep ":22 ")      # 检测端口 22 是否存在
if [ "$testing" != "" ]; then
    echo "SSH is running in your system."
fi
testing=$(netstat -tuln | grep ":21 ")      # 检测端口 21 是否存在
if [ "$testing" != "" ]; then
```

```
        echo "FTP is running in your system."
fi
testing=$(netstat -tuln | grep ":25 ")    # 检测端口 25 是否存在
if [ "$testing" != "" ]; then
        echo "Mail is running in your system."
fi
```

执行如下命令查看程序运行结果。

```
[root@Server01 scripts]# sh sh10.sh
```

任务 8-6　利用 case...in...esac 条件判断式

前文提到的 "if...then...fi" 对于变量的判断是以 "比较" 的方式进行的。如果符合状态就进行某些行为，并且通过较多层次（如 elif...）的方式来撰写含多个变量的程序，如 sh09.sh。但是，假如有多个既定的变量内容，例如，sh09.sh 中所需的变量内容是 "hello" 及空字符，那么这时只要针对这两个变量内容来设置就可以了。这时使用 case...in...esac 更为方便。

```
case  $变量名称 in        <==关键字为 case，变量名称前有 "$"
  "第一个变量内容")        <==每个变量内容建议用双引号括起来，关键字则用小括号括起来
      程序段
      ;;                  <==每个类别结尾使用两个连续的分号来处理
  "第二个变量内容")
      程序段
      ;;
  *)                      <==最后一个变量内容都会用 "*" 来代表所有其他值
      不包含第一个变量内容与第二个变量内容的其他程序段
      exit 1
      ;;
esac                      <==最终的 case 结尾！思考 case 反过来写是什么
```

要注意的是，这段代码以 case 开头，结尾自然就是将 case 的英文反过来写。另外，每一个变量内容的程序段最后都需要两个分号来代表该程序段的结束。为何需要有 "*" 这个变量内容在最后呢？这是因为，如果用户不是输入的第一个变量内容或第二个变量内容，则可以告诉用户相关的信息。将范例 sh09.sh 修改如下。

```
[root@Server01 scripts]# vim  sh09-2.sh
#!/bin/bash
# Program:
# Show "Hello" from $1.... by using case .... esac
# History:
# 2021/08/29 Bobby    First release
PATH=/bin:/sbin:/usr/bin:/usr/sbin:/usr/local/bin:/usr/local/sbin:~/bin
export PATH

case $1 in
  "hello")
      echo "Hello, how are you ?"
      ;;
  "")
      echo "You MUST input parameters, ex> {$0 someword}"
      ;;
```

```
    *)    # 其实就相当于通配符，表示 0 到无穷多个任意字符
        echo "Usage $0 {hello}"
        ;;
esac
```

运行结果：

```
[root@Server01 scripts]# sh sh09-2.sh
You MUST input parameters, ex> {sh09-2.sh someword}
[root@Server01 scripts]# sh sh09-2.sh smile
Usage sh09-2.sh {hello}
[root@Server01 scripts]# sh sh09-2.sh hello
Hello, how are you ?
```

在范例 sh09-2.sh 中，如果输入"sh sh09-2.sh smile"来运行，那么屏幕上会出现
"Usage sh09-2.sh {hello}"的字样，告诉用户仅能够使用 hello。这样的方式对于需要某些
固定字符作为变量内容来运行的程序来说显得更加方便。系统中很多服务的启动脚本都是使用这
种写法的。

一般来说，使用"case $变量名称 in"时，"$变量名称"一般有以下两种获取方式。

- 直接执行式：例如，利用"script.sh variable"的方式直接给出$1 变量的内容，这也是在
  /etc/init.d 目录下大多数程序采用的方式。
- 互动式：通过 read 命令来让用户输入变量的内容。

下面以一个例子来进一步说明：让用户能够输入 one、two、three，并且将用户的变量内容显
示到屏幕上；如果不是 one、two、three，就告诉用户仅有这 3 种选择。

```
[root@Server01 scripts]# vim  sh11.sh
#!/bin/bash
# Program:
# This script only accepts the flowing parameter: one, two or three
# History:
# 2021/08/29 Bobby   First release
PATH=/bin:/sbin:/usr/bin:/usr/sbin:/usr/local/bin:/usr/local/sbin:~/bin
export PATH

echo "This program will print your selection !"
# read -p "Input your choice: " choice    # 暂时取消，可以替换
# case $choice in                         # 暂时取消，可以替换
case $1 in                                # 下面使用 case 来实现上面两行的功能
  "one")
    echo "Your choice is ONE"
    ;;
  "Lwo")
    echo "Your choice is TWO"
    ;;
  "three")
    echo "Your choice is THREE"
    ;;
  *)
    echo "Usage $0 {one|two|three}"
    ;;
```

167

```
esac
```
运行结果：

```
[root@Server01 scripts]# sh sh12.sh two
This program will print your selection !
Your choice is TWO
[root@Server01 scripts]# sh sh12.sh test
This program will print your selection !
Usage sh12.sh {one|two|three}
```

此时，可以使用"sh sh12.sh two"的方式来执行命令。上面使用的是直接执行式，而如果要使用互动式，将上面第 10、11 行的"#"去掉，并将第 12 行加上"#"，就可以让用户输入变量内容了。

任务 8-7　while do done、until do done（不定循环）

除了 if...then...fi 这种条件判断式之外，循环（loop）也是程序中另一个重要的结构。循环可以不停地运行某个程序段，直到用户配置的条件成立为止。所以，重点是循环条件成立的是什么。除了这种依据条件成立与否的不定循环之外，还有另外一种已知固定要运行多少次的循环，可称为固定循环！下面就来谈一谈循环。

一般来说，不定循环常见的形式有以下两种。

```
while [ condition ]    <==方括号内的就是条件
do                     <==do 是循环的开始
    程序段
done                   <==done 是循环的结束
```

while 的含义是"当……时"，所以这种形式表示当条件成立时，就进行循环，直到条件不成立才停止。还有另外一种不定循环的形式。

```
until [ condition ]
do
    程序段
done
```

这种形式恰恰与 while 相反，它表示当条件成立时，终止循环，否则持续运行循环的程序段。我们以 while 来进行简单的练习。假设用户输入 yes 或者 YES 时才结束程序的运行，否则程序一直运行并提示用户输入字符。

```
[root@Server01 scripts]# vim sh13.sh
#!/bin/bash
# Program:
# Repeat question until user input correct answer
# History:
# 2021/08/29 Bobby    First release
PATH=/bin:/sbin:/usr/bin:/usr/sbin:/usr/local/bin:/usr/local/sbin:~/bin
export PATH

while [ "$yn" != "yes" -a "$yn" != "YES" ]
do
    read -p "Please input yes/YES to stop this program: " yn
```

```
done
echo "OK! you input the correct answer."
```

上面这个范例说明"当变量$yn 不是'yes'且$yn 也不是'YES'时，才运行循环内的程序；当$yn 是'yes'或'YES'时，结束循环"。那么使用 until 呢？

```
[root@Server01 scripts]# vim  sh13-2.sh
#!/bin/bash
# Program:
# Repeat question until user input correct answer
# History:
# 2021/08/29 Bobby   First release
PATH=/bin:/sbin:/usr/bin:/usr/sbin:/usr/local/bin:/usr/local/sbin:~/bin
export PATH

until [ "$yn" == "yes" -o "$yn" == "YES" ]
do
    read -p "Please input yes/YES to stop this program: " yn
done
echo "OK! you input the correct answer."
```

提醒 仔细比较这两个程序的不同。

计算 1+2+3+…+100 的值，利用 while 循环，程序如下。

```
[root@Server01 scripts]# vim  sh14.sh
#!/bin/bash
# Program:
# Use loop to calculate "1+2+3+...+100" result
# History:
# 2021/08/29 Bobby   First release
PATH=/bin:/sbin:/usr/bin:/usr/sbin:/usr/local/bin:/usr/local/sbin:~/bin
export  PATH

s=0                      # 这是累加的数值变量
i=0                      # 这是累计的数值，即1、2、3……
while [ "$i" != "100" ]
do
    i=$(($i+1))          # 每次 i 都会添加 1
    s=$(($s+$i))         # 每次都会累加一次
done
echo "The result of '1+2+3+...+100' is --> $s"
```

执行"sh sh14.sh"之后，可以得到 5050 这个数据。

```
[root@Server01 scripts]# sh sh14.sh
The result of '1+2+3+...+100' is ==> 5050
```

思考 如果想让用户自行输入一个数字，让程序计算 1+2+…，直到加到输入的数字为止，该如何撰写程序呢？

任务 8-8　for...do...done（固定循环）

while、until 循环必须符合某个条件，而 for 循环则是已经知道要进行几次循环。for 循环的格式如下。

```
for var in con1 con2 con3 ...
do
     程序段
done
```

以上面的例子来说，$var 变量的内容在循环时，会发生以下改变。

- 第一次循环时，$var 的内容为 con1。
- 第二次循环时，$var 的内容为 con2。
- 第三次循环时，$var 的内容为 con3。

......

我们可以进行一个简单的练习。假设有 3 种动物，分别是 dog、cat、elephant，如果每一行都要求按"There are dogs..."的样式输出，则可以撰写如下程序。

```
[root@Server01 scripts]# vim sh15.sh
#!/bin/bash
# Program:
# Using for ... loop to print 3 animals
# History:
# 2021/08/29 Bobby    First release
PATH=/bin:/sbin:/usr/bin:/usr/sbin:/usr/local/bin:/usr/local/sbin:~/bin
export PATH

for animal in dog cat elephant
do
     echo "There are ${animal}s... "
done
```

运行结果：

```
[root@Server01 scripts]# sh sh15.sh
There are dogs...
There are cats...
There are elephants...
```

让我们想象另外一种情况，由于系统中的各种账号都是写在/etc/passwd 的第一列的，能不能在通过管道命令 cut 找出账号名称后，用 id 检查用户的识别码呢？由于不同 Linux 操作系统中的用户账号都相同，因此实际去查找/etc/passwd 并使用循环处理就是一个可行的方案。

程序如下。

```
[root@Server01 scripts]# vim sh16.sh
#!/bin/bash
# Program
# Use id, finger command to check system account's information
# History
# 2021/02/18   Bobby   first release
PATH=/bin:/sbin:/usr/bin:/usr/sbin:/usr/local/bin:/usr/local/sbin:~/bin
export PATH
users=$(cut -d ':' -f1 /etc/passwd)    # 获取账号名称
```

```
for username in $users                              # 开始循环
do
        id $username
done
```

运行结果:

```
[root@Server01 scripts]# sh sh16.sh
uid=0(root) gid=0(root) 组=0(root)
uid=1(bin) gid=1(bin) 组=1(bin)
uid=2(daemon) gid=2(daemon) 组=2(daemon)
……
```

程序运行后，系统账号会被找出来。这个程序还可以用在每个账号的删除、重整操作上。

换个角度来看，如果现在需要一连串的数字来进行循环呢？例如，想要利用 ping 这个可以判断网络状态的命令来进行网络状态的实际检测，要侦测的域是本机所在的 192.168.10.1～192.168.10.100。由于有 100 台主机，因此在 for 后面输入 1～100 比较麻烦，此时可以撰写如下程序。

```
[root@Server01 scripts]# vim  sh17.sh
#!/bin/bash
# Program
# Use ping command to check the network's PC state
# History
# 2021/02/18    Bobby    first release
PATH=/bin:/sbin:/usr/bin:/usr/sbin:/usr/local/bin:/usr/local/sbin:~/bin
export PATH
network="192.168.10"                          # 先定义一个网络号（网络 ID）
for sitenu in $(seq 1 100)                     # seq 为连续(sequence)之意
do
    # 下面的语句用于判断取 ping 的回传值是否成功
    ping -c 1 -w 1 ${network}.${sitenu} &> /dev/null && result=0  || result=1
            # 若成功（回传值为 0），则显示启动（UP），否则显示没有连通（DOWN）
    if [ "$result" == 0 ]; then
            echo "Server ${network}.${sitenu} is UP."
    else
            echo "Server ${network}.${sitenu} is DOWN."
    fi
done
```

运行结果:

```
[root@Server01 scripts]# sh sh17.sh
Server 192.168.10.1 is UP.
Server 192.168.10.2 is DOWN.
Server 192.168.10.3 is DOWN.
……
```

上面这一串命令执行之后可以显示出 192.168.10.1～192.168.10.100 这 100 台主机目前是否能与你的机器连通。其实这个范例的重点在于$(seq ...)，seq 代表后面接的两个数值之间是连续的。如此一来，就能够轻松地将连续数字代入程序中了。

最后，尝试使用判断式加循环的功能撰写程序。如果想要让用户输入某个目录名，然后找出该目录内的文件的权限，该如何做呢？程序如下。

```
[root@Server01 scripts]# vim  sh18.sh
#!/bin/bash
# Program:
# User input dir name, I find the permission of files
# History:
# 2021/08/29 Bobby    First release
PATH=/bin:/sbin:/usr/bin:/usr/sbin:/usr/local/bin:/usr/local/sbin:~/bin
export PATH

# 先看看这个目录是否存在
read -p "Please input a directory: " dir
if [ "$dir" == "" -o ! -d "$dir" ]; then
    echo "The $dir is NOT exist in your system."
    exit 1
fi

# 开始测试文件
filelist=$(ls $dir)                         # 列出所有在该目录下的文件名称
for filename in $filelist
do
    perm=""
    test -r "$dir/$filename" && perm="$perm readable"
    test -w "$dir/$filename" && perm="$perm writable"
    test -x "$dir/$filename" && perm="$perm executable"
    echo "The file $dir/$filename's permission is $perm "
done
```

运行结果：

```
[root@Server01 scripts]# sh sh18.sh
Please input a directory: /var
```

任务 8-9 for...do...done 的数值处理

除了上述写法之外，for 循环还有另外一种写法。其格式如下。

```
for (( 初始值；限制值；执行步长 ))
do
    程序段
done
```

这种写法适合进行数值的运算，for 后面圆括号内参数的含义如下。

- 初始值：某个变量在循环中的起始值，直接以类似 i=1 的形式设置好。
- 限制值：当变量的值在这个限制值的范围内时，继续执行循环，如 i<=100。
- 执行步长：每执行一次循环时变量的变化量，例如，i=i+1，执行步长为 1。

 注意 在执行步长的设置上，如果每次增加 1，则可以使用类似 i++ 的方式。下面以这种方式来完成从 1 累加到用户输入的数值的循环示例。

```
[root@Server01 scripts]# vim  sh19.sh
#!/bin/bash
```

```
# Program:
# Try do calculate 1+2+...+${your_input}
# History:
# 2021/08/29 Bobby    First release
PATH=/bin:/sbin:/usr/bin:/usr/sbin:/usr/local/bin:/usr/local/sbin:~/bin
export PATH

read -p "Please input a number, I will count for 1+2+...+your_input: " nu

s=0
for (( i=1; i<=$nu; i=i+1 ))
do
  s=$(($s+$i))
done
echo "The result of '1+2+3+...+$nu' is ==> $s"
```
运行结果：
```
[root@Server01 scripts]# sh sh19.sh
Please input a number, I will count for 1+2+...+your_input: 10000
The result of '1+2+3+...+10000' is ==> 50005000
```

任务 8-10 查询 shell script 错误

脚本在运行之前，有可能出现语法错误。那么该如何调试脚本呢？有没有办法不需要运行脚本就可以判断是否有语法问题呢？当然有！下面直接以 sh 命令的相关选项来进行判断，其格式如下。

```
sh  [-nvx] scripts.sh
```
sh 命令的选项如下。

-n：不运行脚本，仅查询语法问题。

-v：在运行脚本前，先将脚本的内容显示到屏幕上。

-x：将使用到的脚本内容及运行过程显示到屏幕上，这是很有用的选项！

测试 sh16.sh 有无语法问题。

```
[root@Server01 scripts]# sh  -n sh16.sh
# 若语法没有问题，则不会显示任何信息！
```
将 sh15.sh 的脚本内容及运行过程全部列出来。

```
[root@Server01 scripts]# sh  -x sh15.sh
+ PATH=/bin:/sbin:/usr/bin:/usr/sbin:/usr/local/bin:/usr/local/sbin:/root/bin
+ export PATH
+ for animal in dog cat elephant
+ echo 'There are dogs... '
There are dogs...
+ for animal in dog cat elephant
+ echo 'There are cats... '
There are cats...
+ for animal in dog cat elephant
+ echo 'There are elephants... '
There are elephants...
```

> **注意** 上面 sh15.sh 运行的结果并不会有颜色的显示。为了方便说明，"+" 之后的数据都加粗了。在输出的信息中，"+" 后面的数据其实都是命令串，使用 sh -x 来将命令执行过程显示出来，用户可以判断程序代码执行到哪一段时会出现哪些相关的信息。这个功能非常棒！通过显示完整的命令串，用户能够依据输出的错误信息来订正脚本。

8.4 拓展阅读 "雪人计划"

"雪人计划（Yeti DNS Project）"是基于全新技术架构的全球下一代互联网 IPv6 根服务器测试和运营实验项目，旨在打破现有的根服务器困局，为下一代互联网提供更多的根服务器解决方案。

"雪人计划"是 2015 年 6 月 23 日在国际互联网名称与数字地址分配机构（the Internet Corporation for Assigned Names and Numbers，ICANN）第 53 届会议上正式对外发布的。

发起者包括中国"下一代互联网关键技术和评测北京市工程中心"、日本 WIDE 机构（M 根运营者）、国际互联网名人堂入选者保罗·维克西（Paul Vixie）博士等组织和个人。

2019 年 6 月 26 日，中华人民共和国工业和信息化部同意中国互联网络信息中心设立域名根服务器及运行机构。"雪人计划"于 2016 年在中国、美国、日本、印度、俄罗斯、德国、法国等全球16 个国家完成 25 台 IPv6 根服务器架设，其中 1 台主根服务器和 3 台辅根服务器部署在中国，事实上形成了 13 台原有根服务器加 25 台 IPv6 根服务器的新格局，为建立多边、透明的国际互联网治理体系打下坚实基础。

8.5 项目实训 实现 shell 编程

1. 视频位置

8-3 慕课

项目实录 使用
shell 编程

实训前请扫描二维码，观看"项目实录 使用 shell 编程"慕课。

2. 项目实训目的

* 掌握 shell 环境变量、管道、输入/输出重定向的使用方法。
* 熟悉 shell 程序设计。

3. 项目背景

（1）计算 1+2+3+…+100 的值，利用循环，该怎样撰写程序？

如果想要让用户自行输入一个数字，让程序计算 1+2+…，直到加到输入的数字为止，该如何撰写程序呢？

（2）创建一个脚本，名为/root/batchusers。此脚本能为系统创建本地用户，并且这些用户的用户名来自一个包含用户名列表的文件，同时满足下列要求。

* 此脚本要求提供一个参数，此参数就是包含用户名列表的文件。
* 如果没有提供参数，则此脚本应该给出提示信息"Usage: /root/batchusers"，然后退出并返回相应的值。
* 如果提供一个不存在的文件名，则此脚本应该给出提示信息"input file not found"，然后退出并返回相应的值。

- 创建的用户登录 shell 为/bin/false。
- 此脚本需要为用户设置默认密码"123456"。

4. 项目要求

练习 shell 程序设计方法及 shell 环境变量、管道、输入/输出重定向的使用方法。

5. 做一做

根据项目实录进行项目实训，检查学习效果。

8.6 练习题

1. shell script 是利用_____的功能所写的一个"程序"。这个程序使用纯文本文档，将一些_____写在里面，搭配_____、_____与_____等功能，以达到想要的处理目的。

2. 在 shell script 的文件中，命令是从_____到_____、从_____到_____进行分析与执行的。

3. shell script 的运行至少需要有_____的权限，若需要直接执行命令，则需要拥有_____的权限。

4. 养成良好的程序撰写习惯，第一行要声明_____，第二行以后则声明_____、_____、_____等。

5. 对话式脚本可使用_____命令达到目的。要创建每次运行脚本时都有不同结果的数据，可使用_____命令来完成。

6. 若以 source 来执行脚本，则代表在_____的 bash 内运行。

7. 若需要判断式，可使用_____或_____来处理。

8. 条件判断式可使用_____来判断，在固定变量内容的情况下，可使用_____来处理。

9. 循环主要分为_____以及_____，配合 do、done 来完成所需任务。

10. 假如脚本文件名为 script.sh，可使用_____命令来调试程序。

8.7 实践习题

1. 创建一个脚本，运行该脚本时，显示：你目前的身份（用 whoami ）；你目前所在的目录（用 pwd ）。

2. 创建一个程序，计算"你还有几天过生日"。

3. 创建一个程序，让用户输入一个数字，计算 1+2+3+…，一直累加到用户输入的数字为止。

4. 撰写一个程序，其作用是：先查看/root/test/logical 这个名称是否存在；若不存在，则创建一个文件（使用 touch 来创建），创建完成后离开；若存在，则判断该名称是否为文件名称，若为文件名称，则将文件删除后创建一个目录，目录名为 logical，创建完成后离开；若存在，而且该名称为目录名称，则移除此目录。

5. 我们知道/etc/passwd 中以"："为分隔符，第一列为账号名称。编写程序，将/etc/ passwd 的第一列取出，而且每一列都以一行字符串"The 1 account is "root" "显示，其中 1 表示行数。

项目9
使用gcc和make调试程序

项目导入

程序写好了，接下来做什么呢？编译和调试！程序调试对于程序员或管理员来说也是至关重要的。

职业能力目标和要求

- 理解程序调试。
- 掌握使用 gcc 进行编译和调试程序的方法。
- 掌握使用 make 编译和调试程序的方法。

素养提示

- 近几年，在全球浮点运算性能最强的 500 台超级计算机中，中国部署的超级计算机数量一直领先。这是中国的自豪，也是中国崛起的重要见证。

- "三更灯火五更鸡，正是男儿读书时。黑发不知勤学早，白首方悔读书迟。"祖国的发展日新月异，我们唯有勤奋学习，惜时如金，才无愧盛世年华。

9.1 项目知识准备

9-1 微课

使用 gcc 和 make 调试程序

　　编程是一项复杂的工作，难免会出错。据说有这样一个故事：早期的计算机体积都很大，有一次一台计算机不能正常工作，工程师们找了半天原因，最后发现是一只臭虫钻进计算机中造成的。从此以后，程序中的错误被称作臭虫（bug），而找到这些 bug 并加以纠正的过程就叫作调试（debug）。有时候调试是非常复杂的工作，要求程序员概念明确、逻辑清晰、沉着冷静，可能还需要一点儿运气。调试的技能在后续的学习中可以慢慢提高，但首先要清楚现代编译器的主要工和流程以及程序中的错误分为哪几类。

9.1.1 程序源代码、编译器、函数库与可执行文件

　　一个现代编译器的主要工作流程：源代码（sourcecode）→预处理器（preprocessor）→

编译器（compiler）→目标代码（objectcode）→链接器（Linker）→可执行程序（executables），如图 9-1 所示。

图 9-1　现代编译器的主要工作流程

（1）程序源代码：也称源程序，是指一系列人类可读的计算机语言指令。

（2）编译器：就是将"一种语言（通常为高级语言）"翻译为"另一种语言（通常为低级语言）"的程序。高级计算机语言便于人编写、阅读交流、维护。机器语言是计算机能直接解读、运行的语言。编译器将汇编语言或高级计算机语言源程序（Sourceprogram）作为输入，翻译成目标语言（Targetlanguage）机器代码的等价程序。

（3）函数库：是由系统建立的具有一定功能的函数的集合。库中存放函数的名称和对应的目标代码，以及链接过程中所需的重定位信息。用户也可以根据自己的需要建立自己的用户函数库。

（4）可执行文件：指的是可以由操作系统直接进行加载执行的文件。程序源代码通过编译器编译生成目标文件，链接器是将一个或多个由编译器或汇编器生成的目标文件外加函数库链接为一个可执行文件的程序。

9.1.2　编译时错误

编译器只能编译语法正确的程序，语法错误的程序将导致编译失败，无法生成可执行文件。对于自然语言来说，一点儿语法错误不是很严重的问题，因为我们仍然可以读懂句子。编译器就没那么"宽容"了，哪怕只有一个很小的语法错误，编译器都会输出一条错误提示信息，然后"罢工"，你将无法得到想要的结果。虽然大部分情况下，编译器给出的错误提示信息可指出出错的代码行，但有时候编译器给出的错误提示信息帮助不大，甚至会误导你。在开始学习编程的前几个星期，你可能会花大量的时间来纠正语法错误。等到有一些经验之后，你可能还是会犯这样的错误，不过错误会少得多，而且你能更快地发现错误原因。等到经验更丰富之后你就会觉得，语法错误也许是很简单、很低级的错误。编译器的错误提示也就那么几种，即使错误提示误导了你，你也能够快速找出真正的错误原因。相比下面讲解的运行时错误、逻辑错误和语义错误，编译时错误解决起来要容易得多。

9.1.3　运行时错误

编译器检查不出运行时错误，仍然可以生成可执行文件，但在运行时会出错而导致程序崩溃。对于我们即将编写的简单程序来说，运行时错误很少见，在以后的学习中我们可能会遇到越来越多的运行时错误。读者在以后的学习中，要时刻注意区分编译时和运行时这两个概念，不仅在调试时需要区分这两个概念，在学习 C 语言的很多语法时也需要区分这两个概念。有些事情在编译时做，有些事情则在运行时做。

9.1.4 逻辑错误和语义错误

如果程序里有逻辑错误，编译和运行或许都会很顺利，看上去也不产生任何错误信息，但是程序没有做它该做的事情，而是做了别的事情。当然不管怎么样，计算机只会按你写的程序去做，关键问题在于你写的程序得出的结果不是你真正想要的。逻辑错误意味着程序的意思（语义）是错的。找到逻辑错误在哪儿需要头脑十分清醒，还要观察程序的输出回过头来判断它到底在做什么。

读者应掌握的最重要的技巧之一就是调试。调试的过程可能会让人感到沮丧，但调试也是编程中需要动脑、富有挑战性和富有乐趣的部分。从某种角度看，调试就像侦探工作，我们根据掌握的线索来推断是什么原因和过程导致了错误的结果。调试也像是做实验，每次想到哪里可能有错，就修改程序再试一次。如果假设是对的，就能得到预期的正确结果，就可以接着调试下一个 bug，一步一步逼近正确的程序；如果假设错误，只好另外找思路再做假设。当你把不可能的结果全部剔除时，剩下的就一定是事实。

也有一种观点认为，编程和调试是一回事，编程就是逐步调试，直到获得期望的结果的过程。你应该从一个能正确运行的小规模程序开始，每做一步小的改动就立刻进行调试，这样的好处是总有一个正确的程序做参考：如果正确，就继续编程；如果不正确，那么很可能是刚才的小改动出了问题。例如，Linux 操作系统包含成千上万行代码，但它也不是一开始就规划好了内存管理、设备管理、文件系统、网络等大的模块，一开始它仅仅是莱纳斯用来琢磨 Intel 80386 芯片而写的小程序。据拉里·格林菲尔德（Larry Greenfield）说，莱纳斯的早期工作之一是编写一个交替输出 AAAA 和 BBBB 的程序，这个程序后来进化成了 Linux。

9.2 项目设计与准备

本项目要用到 Server01，需要完成的任务如下。
（1）利用 gcc 进行程序调试。
（2）使用 make 编译程序。
其中 Server01 的 IP 地址为 192.168.10.1/24，计算机的网络连接方式都是**仅主机模式**（VMnet1）。

特别提醒 本项目实例的工作目录在用户的家目录下，即**/root** 和 **home/**用户名目录下面，切记！切记！

9.3 项目实施

经过上面的介绍之后，你应该比较清楚地知道程序源代码、编译器、函数库与可执行文件之间的相关性了。不过，详细的编译过程你可能还不是很清楚，所以在这里以一个简单的程序范例来说明整个编译的过程！赶紧进入 Linux 操作系统，执行下面的任务吧！

任务 9-1　安装 gcc

1. 认识 gcc

GNU 编译器集合（GNU Compiler Collection，gcc）是一套由 GNU 开发的编程语言编译器。

9-2　课堂慕课

使用 gcc 和 make
调试程序

它是一套 GNU 编译器套装，是由自由软件基金会以 GPL 协议发行的自由软件，也是 GNU 项目的关键部分。gcc 原本作为 GNU 操作系统的官方编译器，现已被大多数类 UNIX 操作系统（如 Linux、BSD、macOS 等）作为标准的编译器。gcc 同样适用于微软的 Windows 操作系统。gcc 是自由软件发展过程中的著名例子。

gcc 原名为 GNU C 语言编译器，因为它原本只能处理 C 语言。但后来 gcc 得到扩展，既可以处理 C++，又可以处理 Fortran、GO、Objective-C、D、Ada，以及其他语言。

2. 安装 gcc 软件包

（1）使用 rpm 命令检查是否安装了 gcc 软件包。

```
[root@Server01 ~]# rpm -qa|grep gcc
libgcc-8.3.1-5.el8.x86_64
```

上述结果表示未安装 gcc 软件包。

（2）如果系统还没有安装 gcc 软件包，则可以使用 dnf 命令安装所需软件包。

① 挂载 ISO 映像文件。

```
//将 ISO 映像文件挂载到 /media 下，项目 1 中已建立 yum 源
[root@Server01 ~]# mount /dev/cdrom /media
```

② 制作用于安装的 yum 源文件（后面不赘述）。

```
[root@Server01 ~]# vim /etc/yum.repos.d/dvd.repo
[Media]
name=Media
baseurl=file:///media/BaseOS
gpgcheck=0
enabled=1

[rhel8-AppStream]
name=rhel8-AppStream
baseurl=file:///media/AppStream
gpgcheck=0
enabled=1
```

③ 使用 dnf 命令查看 gcc 软件包的信息，如图 9-2 所示。

```
[root@Server01 ~]# dnf info gcc
```

④ 使用 dnf 命令安装 gcc 软件包。

```
[root@Server01 ~]# dnf clean all                    //安装前先清除缓存
[root@Server01 ~]# dnf install gcc -y
```

正常安装完成后，最后的提示信息是：

```
Installed products updated

已安装:
```

```
cpp-8.3.1-5.el8.x86_64              gcc-8.3.1-5.el8.x86_64
glibc-devel-2.28-101.el8.x86_64      glibc-headers-2.28-101.el8.x86_64
isl-0.16.1-6.el8.x86_64              kernel-headers-4.18.0-193.el8.x86_64
libxcrypt-devel-4.1.1-4.el8.x86_64
```

完毕!

图 9-2　使用 dnf 命令查看 gcc 软件包的信息

所有软件包安装完毕，可以使用 rpm 命令再一次进行查询。

```
[root@Server01 ~]# rpm -qa | grep gcc
libgcc-8.3.1-5.el8.x86_64
gcc-8.3.1-5.el8.x86_64
```

任务 9-2　编写单一程序：输出 Hello World

我们以 Linux 中常见的 C 语言来编写第一个程序。该程序可以在屏幕上输出 "Hello World"。如果你对 C 语言有兴趣，则请自行学习相关的知识，本书只介绍简单的例子。

> **提示**　请先确认你的 Linux 操作系统中已经安装了 gcc。如果尚未安装，则使用 RPM 安装，安装好 gcc 之后，再继续下面的内容。

1. 编辑程序代码即源码

```
[root@Server01 ~]# vim hello.c    <==用 C 语言写的程序文件的扩展名建议用.c
#include <stdio.h>
int main(void)
{
       printf("Hello World\n");
}
```

上面是用 C 语言写的一个程序文件。第一行以 "#" 开头的内容并不是注释。

2. 开始编译与测试运行

```
[root@Server01 ~]# gcc hello.c
[root@Server01 ~]# ll hello.c a.out
```

```
-rwxr-xr-x. 1 root root 8512 Jul 15 21:18 a.out     <==此时会生成这个文件名
-rw-r--r--. 1 root root   72 Jul 15 21:17 hello.c
[root@Server01 ~]# ./a.out
Hello World                                         <==运行结果
```

在默认状态下，如果直接以 gcc 编译源码，并且没有加上任何参数，则可执行文件的文件名被自动设置为 a.out，./a.out 这个可执行文件能够直接执行。

上面的例子很简单，hello.c 是源码，gcc 是编译器，a.out 是编译成功的可执行文件。但如果想要生成目标文件（object file）来进行其他操作，而且可执行文件的文件名也不使用默认的 a.out，那该如何做呢？其实可以将上面的第 2 个步骤改成下面这样。

```
[root@Server01 ~]# gcc -c hello.c
[root@Server01 ~]# ll hello*
-rw-r--r--. 1 root root   72 Jul 15 21:17 hello.c
-rw-r--r--. 1 root root 1496 Jul 15 21:20 hello.o <==这就是生成的目标文件
[root@Server01 ~]# gcc -o hello hello.o            <==小写字母 o
[root@Server01 ~]# ll hello*
-rwxr-xr-x. 1 root root 8512 Jul 15 21:20 hello     <==这就是可执行文件（-o 的结果）
-rw-r--r--. 1 root root   72 Jul 15 21:17 hello.c
-rw-r--r--. 1 root root 1496 Jul 15 21:20 hello.o
[root@Server01 ~]# ./hello
Hello World
```

这个步骤主要是利用 hello.o 这个目标文件生成一个名为 hello 的可执行文件，详细的 gcc 语法会在后面继续介绍。通过这个操作，可以得到 hello 及 hello.o 这两个文件，真正可以执行的是 hello 这个二进制文件（该源码程序可在出版社网站下载）。

任务 9-3 编译与链接主程序和子程序

有时会在一个主程序中又调用另一个子程序。这是很常见的程序写法，因为可以简化整个程序。在下面的例子中，我们以主程序 thanks.c 调用子程序 thanks_2.c，写法很简单。

1. 编写主程序、子程序

```
[root@Server01 ~]# vim thanks.c
#include <stdio.h>
int main(void)
{
        printf("Hello World\n");
        thanks_2();
}
```

下面的 thanks_2.c 就是要调用的子程序。

```
[root@Server01 ~]# vim thanks_2.c
#include <stdio.h>
void thanks_2(void)
{
        printf("Thank you!\n");
}
```

2. 编译与链接程序

（1）将源码编译为可执行的二进制文件（警告信息可忽略）。

```
[root@Server01 ~]# gcc -c thanks.c thanks_2.c
```

```
[root@Server01 ~]# ll  thanks*
-rw-r--r--. 1 root root   76 Jul 15 21:27 thanks_2.c
-rw-r--r--. 1 root root 1504 Jul 15 21:27 thanks_2.o      <==编译生成的目标文件
-rw-r--r--. 1 root root   91 Jul 15 21:25 thanks.c
-rw-r--r--. 1 root root 1560 Jul 15 21:27 thanks.o        <==编译生成的目标文件
[root@Server01 ~]# gcc -o thanks thanks.o thanks_2.o      <==小写字母 o
[root@Server01 ~]# ll thanks
-rwxr-xr-x. 1 root root 8584 Jul 15 21:28 thanks          <==最终结果会生成可执行文件
```

（2）运行可执行文件。

```
[root@Server01 ~]# ./thanks
Hello World
Thank you!
```

为什么要生成目标文件呢？由于我们的源码文件有时并非只有一个文件，因此无法直接进行编译。这时就需要先生成目标文件，然后链接生成二进制的可执行文件。另外，如果有一天，你升级了 thanks_2.c 文件的内容，则只需重新编译 thanks_2.c 来产生新的 thanks_2.o，再以链接生成新的二进制可执行文件，而不必重新编译其他没有改动过的源码文件。对于软件开发者来说，这是一个很重要的功能，因为有时候要将大量的源码全部编译完成会花很长的一段时间。

此外，如果想要让程序在运行时具有比较好的性能，或者是具有其他的调试功能，则可以在编译的过程中加入适当的选项，例如：

```
[root@Server01 ~]# gcc -O -c thanks.c thanks_2.c  <== -O 为生成优化的选项
[root@Server01 ~]# gcc -Wall -c thanks.c thanks_2.c
thanks.c: 在函数'main'中:
thanks.c:5:9: 警告: 隐式声明函数'thanks_2' [-Wimplicit-function-declaration]
      thanks_2();
      ^~~~~~~~
      thanks_2();
      ^
thanks.c:6:1: warning: control reaches end of non-void function [-Wreturn-type]
 }
```

-Wall 的作用为产生更详细的编译过程信息。上面的信息为警告信息，不用理会。

> **提示**　gcc 更多的额外选项，请使用 man gcc 查看、学习。

任务 9-4　调用外部函数库：加入链接的函数库

刚刚只是在屏幕上面输出一些文字而已，如果要计算数学公式该怎么办呢？例如，想要计算出三角函数中的 sin90°。要注意的是，大多数程序语言都使用弧度而不是"角度"，180° 等于 3.14 弧度。我们来写一个程序。

```
[root@Server01 ~]# vim  sin.c
#include <stdio.h>
int main(void)
{
      float value;
```

```
        value = sin ( 3.14/2 );
        printf("%f\n",value);
}
```

要如何编译这个程序呢？我们先直接编译：

```
[root@Server01 ~]# gcc  sin.c
sin.c: 在函数'main'中:
              ^~~
sin.c:5:17: 警告: 隐式声明与内建函数'sin'不兼容
sin.c:5:17: 附注: include '<math.h>' or provide a declaration of 'sin'
sin.c:2:1:
+#include <math.h>
 int main(void)
sin.c:5:17:
        value = sin ( 3.14/2 );
                ^~~
# 注意看上面的黑体部分，有个错误信息，代表没有成功
```

为什么没有编译成功呢？黑体部分的意思是"包含<math.h>库文件或者提供 sin 的声明"，为什么会这样呢？这是因为 C 语言中的 sin 函数是写在 libm.so 函数库中的，而我们并没有在源码中将这个函数库加进去。

可以这样更正：在 sin.c 中的第 2 行加入语句#include<math.h>，且编译时加入额外函数库的链接。

```
[root@Server01 ~]# vim sin.c
#include <stdio.h>
#include <math.h>
int main(void)
{
        float value;
        value = sin ( 3.14/2 );
        printf("%f\n",value);
}

[root@Server01 ~]# gcc  sin.c  -lm  -L/lib  -L/usr/lib  <==重点在 -lm
[root@Server01 ~]# ./a.out                              <==尝试执行新文件
1.000000
```

特别 使用 gcc 编译时加入的-lm 是有意义的，也可以拆成两部分来分析。

注意
- -l: 表示加入某个函数库（library）。
- m: 表示 libm.so 函数库，其中，lib 与扩展名（.a 或.so）不需要写。

所以-lm 表示使用 libm.so（或 libm.a）函数库。那-L 后面接的路径呢？这表示程序需要的函数库 libm.so 要到/lib 或/usr/lib 里面寻找。

注意 由于 Linux 默认将函数库放置在/lib 与/usr/lib 中，因此即便没有写-L/lib 与-L/usr/lib，也没有关系。不过，如果使用的函数库并非放置在这两个目录中，那么-L/path 就很重要了，没有-L/path 可能会找不到函数库。

除了链接的函数库之外，你或许已经发现一个奇怪的地方，那就是 sin.c 中的第一行 "#include <stdio.h>"，这行说明的是要将一些定义数据由 stdio.h 文件读入，这包括 printf 的相关设置。这个文件其实是放置在/usr/include/stdio.h 中的。万一这个文件并非放置在这里呢？那么可以使用下面的方式来定义要读取的 include 文件放置的目录。

```
[root@Server01 ~]# gcc sin.c -lm -I/usr/include
```

-I 后面接的路径就是相关的 include 文件的目录。不过，include 文件一般默认放置在/usr/include 下面，除非 include 文件放置在其他路径下，否则也可以略过这个选项。

通过上面的几个小范例，你应该对 gcc 以及源码有一定程度的认识了，接下来整理 gcc 的简易使用方法。

任务 9-5　使用 gcc（编译、参数与链接）

gcc 是 Linux 中最标准的编译器，是由 GNU 项目维护的，有兴趣的读者请参考相关资料。既然 gcc 对于 Linux 中的开放源码这样重要，下面就列举 gcc 常用的几个选项。

（1）仅将原始程序编译成目标文件，不生成可执行代码。

```
[root@Server01 ~]# gcc -c hello.c
```

上述命令会自动生成 hello.o 文件，但是并不会生成二进制可执行文件。

（2）在编译时，依据作业环境优化执行速度。

```
[root@Server01 ~]# gcc -O hello.c -c
```

上述命令会自动生成 hello.o 文件，并且进行优化。

（3）在制作二进制可执行文件时，将链接的函数库与相关的路径填入。

```
[root@Server01 ~]# gcc sin.c -lm -L/usr/lib -I/usr/include
```

- 在最终链接成二进制可执行文件时，这个命令经常执行。
- -lm 指的是 libm.so 或 libm.a 函数库文件。
- -L 后面接的路径是函数库的搜索目录。
- -I 后面接的是源码内的 include 文件所在的目录。

（4）将编译的结果生成某个特定文件。

```
[root@Server01 ~]# gcc -o hello hello.c
```

在命令中，-o 后面接的是要输出的二进制可执行文件的文件名。

（5）在编译时，输出较多的信息说明。

```
[root@Server01 ~]# gcc -o hello hello.c -Wall
```

加入-Wall 之后，程序的编译会变得较为严谨，所以以警告信息也会显示出来。

我们通常称-Wall 或者-O 这些非必要的选项为标志（FLAGS）。因为我们使用的是 C 语言，所以有时候也会简称这些标志为 CFLAGS。这些标志偶尔会被使用，尤其是在后文介绍 make 相关用法的时候。

任务 9-6　使用 make 进行宏编译

make 可以简化编译过程下达的命令，同时还具有很多很方便的功能。下面使用 make 来简化下达编译命令的过程。

1. 为什么要使用 make

先来想象一个例子，假设执行文件包含 4 个源码文件，分别是 main.c、haha.c、sin_value.c 和 cos_value.c，这 4 个文件的功能如下。

- main.c：让用户输入角度数据与调用其他 3 个子程序。
- haha.c：输出一些信息。
- sin_value.c：计算用户输入的角度（360°）的正弦值。
- cos_value.c：计算用户输入的角度（360°）的余弦值。

提示 这 4 个文件可在人邮教育社区下载，或通过 QQ 号联系编者获取。

```
[root@Server01 ~]# mkdir   /c
[root@Server01 ~]# cd   /c
[root@Server01 c]# vim   main.c
#include <stdio.h>
#define pi 3.14159
char name[15];
float angle;
int main(void)
{   printf ("\n\nPlease input your name: ");
    scanf ("%s", &name );
    printf ("\nPlease enter the degree angle (ex> 90): " );
    scanf ("%f", &angle );
    haha(name);
    sin_value(angle);
    cos_value(angle);
}
```

```
[root@Server01 c]# vim haha.c
#include <stdio.h>
int haha(char name[15])
{   printf ("\n\nHi, Dear %s, nice to meet you.", name);
}
```

```
[root@Server01 c]# vim sin_value.c
#include <stdio.h>
#include <math.h>
#define pi 3.14159
float angle;
void sin_value(void)
{   float value;
    value = sin ( angle / 180. * pi );
    printf ("\nThe Sin is: %5.2f\n",value);
}
```

185

```
[root@Server01 c]# vim cos_value.c
#include <stdio.h>
#include <math.h>
#define pi 3.14159
float angle;
void cos_value(void)
{
    float value;
    value = cos ( angle / 180. * pi );
    printf ("The Cos is: %5.2f\n",value);
}
```

由于这 4 个文件有相关性，并且还用到数学函数公式，因此要让这个程序可以运行，需要进行编译。

（1）编译文件

① 先进行目标文件的编译，最终会有 4 个 *.o 的文件名出现。

```
[root@Server01 c]# gcc -c main.c
[root@Server01 c]# gcc -c haha.c
[root@Server01 c]# gcc -c sin_value.c
[root@Server01 c]# gcc -c cos_value.c
```

② 再链接形成可执行文件 main，并加入 libm.so 的数学函数（"\"是命令换行符，按"Enter"键后，在下一行继续输入未输入完成的命令即可）。

```
[root@Server01 c]# gcc -o main main.o haha.o sin_value.o cos_value.o \
 -lm -L/usr/lib -L/lib
```

③ 本程序的运行结果如下（必须输入姓名、角度，程序会先将角度换算成弧度）。

```
[root@Server01 c]# ./main
Please input your name: Bobby   <==这里先输入姓名
Please enter the degree angle (ex> 90): 30   <==输入角度值30
Hi, Dear Bobby, nice to meet you.   <==这 3 行为输出的结果
The Sin is: 0.50
The Cos is: 0.87
```

编译的过程需要进行许多操作，如果要重新编译，则上述流程要重复一遍，光是找出这些命令就够麻烦了。如果可以，能不能一个步骤就全部完成上面所有的操作呢？能，那就是利用 make 这个工具。先试着在这个目录下创建一个名为 makefile 的文件。

（2）使用 make 编译

① 先编辑规则文件 makefile，内容是制作出可执行文件 main。

```
[root@Server01 c]# vim makefile
main: main.o haha.o sin_value.o cos_value.o
     gcc -o main main.o haha.o sin_value.o cos_value.o -lm
```

特别注意 第 3 行的 gcc 之前是按"Tab"键产生的空格，不是真正的空格，用真正的空格会出错！

② 尝试使用 makefile 制订的规则进行编译。

```
[root@Server01 c]# rm -f main *.o    <==先将之前的目标文件删除
[root@Server01 c]# make
bash: make: 未找到命令……
安装软件包"make"以提供命令"make"？ [N/y]
```

③ 按"N"键并按"Enter"键退出。从上面的信息可以看出，make 软件包没有安装，下面是安装过程。

```
[root@Server01 c]# dnf -y install gcc automake autoconf libtool make
警告: rpmdb: BDB2053 Freeing read locks for locker 0xef: 33313/140283926284032
……
Installed products updated.

已安装:
  autoconf-2.69-27.el8.noarch              automake-1.16.1-6.el8.noarch
  libtool-2.4.6-25.el8.x86_64              m4-1.4.18-7.el8.x86_64
  perl-Thread-Queue-3.13-1.el8.noarch

完毕!
[root@Server01 c]# make -v
GNU Make 4.2.1
为 x86_64-redhat-linux-gnu 编译
……
```

④ 再次执行 make 命令。

```
[root@Server01 c]# make
cc    -c -o main.o main.c
cc    -c -o haha.o haha.c
cc    -c -o sin_value.o sin_value.c
cc    -c -o cos_value.o cos_value.c
gcc -o main main.o haha.o sin_value.o cos_value.o -lm
```

此时 make 会读取 makefile 的内容，并根据内容直接编译相关的文件，警告信息可忽略。

⑤ 在不删除任何文件的情况下，重新进行一次编译。

```
[root@Server01 c]# make
make: "main"已是最新。
```

看到了吧！这是不是很方便呢？只进行了更新的操作。

```
[root@Server01 c]# ./main
Please input your name: yy
Please enter the degree angle (ex> 90): 60
Hi, Dear yy, nice to meet you.
The Sin is:  0.87
The Cos is:  0.50
```

2. 了解 makefile 的基本语法与变量

makefile 的语法相当多且复杂，有兴趣的读者可以到 GNU 官网查阅相关的说明。这里仅列出一些基本的规则，重点在于让读者在接触原始码时不会太紧张！基本的 makefile 规则如下。

```
目标(target): 目标文件 1 目标文件 2
<tab>    gcc -o 欲创建的可执行文件 目标文件 1 目标文件 2
```

目标就是我们想要创建的信息，而目标文件就是具有相关性的文件，创建可执行文件的语法在按"Tab"键开头的第 2 行。要特别留意，命令行必须以按"Tab"键产生的空格作为开头才行。语法规则如下。

- makefile 中的"#"标识注解。
- 需要在命令行（如 gcc 这个编译器命令）的第一个字节按"Tab"键。
- 目标与相关文件（就是目标文件）之间需以":"隔开。

同样，我们以前文的范例做进一步说明。如果想要有两个以上的执行操作，例如，想要执行一个命令就直接清除所有目标文件与可执行文件，那么该如何制作 makefile 文件呢？

（1）先编辑 makefile 来建立新的规则，此规则的目标名称为 clean。

```
[root@Server01 c]# vim makefile
main: main.o haha.o sin_value.o cos_value.o
    gcc -o main main.o haha.o sin_value.o cos_value.o -lm
clean:
    rm -f main main.o haha.o sin_value.o cos_value.o
```

特别注意 第 3 行和第 5 行的开头是按"Tab"键产生的空格，不是真正的空格，用真正的空格会出错！

（2）以新的目标测试，看看执行 make 的结果。

```
[root@Server01 c]# make clean    <==就是这里! 通过 make 以 clean 为目标
rm -rf main main.o haha.o sin_value.o cos_value.o
```

如此一来，makefile 中具有至少两个目标，分别是 main 与 clean。如果想要创建 main，就执行"make main"；想要清除信息，执行"make clean"即可。而想要先清除目标文件再编译 main 程序，可以执行"make clean main"，如下所示。

```
[root@Server01 c]# make clean main
rm -rf main main.o haha.o sin_value.o cos_value.o
cc   -c -o main.o main.c
cc   -c -o haha.o haha.c
cc   -c -o sin_value.o sin_value.c
cc   -c -o cos_value.o cos_value.c
gcc -o main main.o haha.o sin_value.o cos_value.o -lm
```

不过，makefile 中重复的数据还是有点多。我们可以通过 shell script 的"变量"来简化 makefile。

```
[root@Server01 c]# vim makefile
LIBS = -lm
OBJS = main.o haha.o sin_value.o cos_value.o
main: ${OBJS}
        gcc -o main ${OBJS} ${LIBS}
clean:
        rm -f main ${OBJS}
```

特别注意 第 5 行和第 7 行开头是按"Tab"键产生的空格，不是真正的空格，用真正的空格会出错！

与 shell script 的语法不太相同，变量的基本语法如下。

- 变量与变量内容以"="隔开，同时两边可以有空格。
- 变量左边不可以按"Tab"键，例如，上面范例的第 2 行 LIBS 左边不可以按"Tab"键。
- 变量与变量内容在"="两边不能有":"。
- 习惯上，变量最好以"大写字母"为主。
- 运用变量时，使用 ${变量}或 $(变量)。
- 环境变量是可以被套用的，例如，提到的 CFLAGS 变量。
- 在命令行模式中也可以定义变量。

由于 gcc 在进行编译时，会主动读取环境变量 CFLAGS，因此可以直接在 shell 中定义这个环境变量，也可以在 makefile 文件中定义，或者在命令行中定义。例如：

```
[root@Server01 c]# CFLAGS="-Wall" make clean main
# 这个操作在 make 上进行编译时，会取用 CFLAGS 的变量内容
也可以这样：
```

```
[root@Server01 c]# vim makefile
LIBS = -lm
OBJS = main.o haha.o sin_value.o cos_value.o
CFLAGS = -Wall
main: ${OBJS}
        gcc -o main ${OBJS} ${LIBS}
clean:
        rm -f main ${OBJS}
```

可以利用命令行输入环境变量，也可以在文件内直接指定环境变量。但如果 CFLAGS 的内容在命令行与在 makefile 中并不相同，那么该以哪种方式的输入为主呢？环境变量使用的规则如下。

- make 命令行后面加上的环境变量第一。
- makefile 中指定的环境变量第二。
- shell 原本具有的环境变量第三。

此外，还有一些特殊的变量需要了解。$@代表目前的目标。

所以也可以将 makefile 改成如下形式（$@ 就表示 main）。

```
[root@Server01 c]# vim makefile
LIBS = -lm
OBJS = main.o haha.o sin_value.o cos_value.o
CFLAGS = -Wall
main: ${OBJS}
    gcc -o $@ ${OBJS} ${LIBS}
clean:
    rm -f main ${OBJS}
```

9.4 拓展阅读 中国的超级计算机

你知道全球超级计算机 500 强榜单吗？你知道中国目前的水平吗？

由国际组织"TOP 500"编制的新一期全球超级计算机 500 强榜单于 2020 年 6 月 23 日揭晓。榜单显示，在全球浮点运算性能最强的 500 台超级计算机中，中国部署的超级计算机数量继续位列全球第一，达到 226 台，占总体份额超过 45%；"神威·太湖之光"和"天河二号"分列榜单第四、

第五位。中国厂商联想、曙光、浪潮是全球前三的"超算"供应商，总交付数量达到 312 台，所占份额超过 62%。

全球超级计算机 500 强榜单始于 1993 年，每半年发布一次，是给全球已安装的超级计算机排名的知名榜单。

9.5　项目实训　安装和管理软件包

1. 视频位置
实训前请扫描二维码，观看"项目实录　安装和管理软件包"慕课。

2. 项目实训目的
- 学会管理 Tarball 软件。其中 Tarball 是 Linux 系统下的打包软件。
- 学会使用 RPM 软件管理程序。
- 学会使用 SRPM 软件。SRPM 即源 RPM（Source RPM），它的 RPM 文件里包含有没有经过编译的源码（Source Code）。
- 学会使用基于 DNF 技术（YUM v4）的 YUM 工具。

9-3　慕课

项目实录　安装和管理软件包

3. 项目要求
（1）编译、链接和运行简单的 C 语言程序。
（2）使用 make 进行宏集编译。
（3）管理 Tarball。
（4）使用 rpm 命令管理软件包。
（5）使用 srpm 命令编译生成 RPM 文件。
（6）使用 dnf 或 yum 命令管理软件包。

4. 做一做
根据项目实录进行项目实训，检查学习效果。

9.6　练习题

一、填空题
1. 源码其实大多是＿＿＿＿＿＿文件，需要通过＿＿＿＿＿＿操作后，才能够制作出 Linux 操作系统能够认识的可运行的＿＿＿＿＿＿。
2. ＿＿＿＿＿＿可以加速软件的升级速度，让软件效能更高、漏洞修补更及时。
3. 在 Linux 操作系统中，最标准的 C 语言编译器为＿＿＿＿＿＿。
4. 在编译的过程中，可以通过其他软件提供的＿＿＿＿＿＿来使用该软件的相关机制与功能。
5. 为了简化编译过程中复杂的命令输入，可以通过＿＿＿＿＿＿与＿＿＿＿＿＿规则定义来简化程序的升级、编译与链接等操作。

二、简答题
简述程序错误的分类。

学习情境四

网络配置与安全管理

一夫当关，万夫莫开。

—— 《蜀道难》

项目10
配置与管理防火墙和SELinux

10

项目导入

某高校组建了校园网，并且已经架设了 Web、FTP、DNS、DHCP、Mail 等功能的服务器来为校园网用户提供服务，现有如下问题需要解决。

（1）需要架设防火墙以保障校园网的安全。

（2）需要将子网连接在一起构成整个校园网。

（3）由于校园网使用的是私有地址，需要转换网络地址，使校园网中的用户能够访问互联网。

该项目由 Linux 的防火墙 firewall 来实现，通过部署防火墙 firewall 和 NAT，即可实现上述功能。

职业能力目标和要求

- 了解防火墙的分类及工作原理。
- 了解 NAT。
- 掌握 firewalld 防火墙的配置。

- 掌握服务的访问控制列表。
- 掌握利用 firewall 实现 NAT 的方法。

素养提示

- 大学生应记住"龙芯""863""973""核高基"等国家重大项目，这是中国人的骄傲。

- "人无刚骨，安身不牢。"骨气是人的脊梁，是前行的支柱。新时代青年学生要有"富贵不能淫，贫贱不能移，威武不能屈"的气节，要有"自信人生二百年，会当水击三千里"的勇气，还要有"我将无我，不负人民"的担当。

10.1 项目知识准备

10.1.1 防火墙概述

防火墙的本义是指一种防护建筑物，古代建造木制结构房屋时，为防止火灾发生和蔓延，人们在房屋周围将石块堆砌成石墙，这种防护建筑物就被称为"防火墙"。

10-1　微课

配置与管理防
火墙和 SELinux

通常所说的网络防火墙是套用了古代的防火墙的含义，它指的是隔离在本地网络与外界网络之间的一个防御系统。防火墙可以使企业内部局域网与 Internet 之间或者与其他外部网络间互相隔离、限制网络互访，以此来保护内部网络。

防火墙的分类方法多种多样，不过从传统意义上讲，防火墙大致可以分为三大类，分别是"包过滤""应用代理""状态检测"。无论防火墙的功能多么强大，性能多么完善，归根结底都是在这 3 类的基础之上扩展功能的。

10.1.2　iptables 与 firewalld

早期的 Linux 系统采用 ipfwadm 作为防火墙，但在 2.2.0 版本中其被 ipchains 取代。

Linux 2.4 发布后，iptables 数据包过滤系统正式使用。它引入了很多重要的改进，比如基于状态的功能、基于任何 TCP 标记和 MAC 地址的包过滤功能、更灵活的配置和记录功能、强大而且简单的 NAT 功能和透明代理功能等，然而，更加重要的改进是引入了模块化的架构方式。这使得 iptables 的运用和功能扩展更加方便、灵活。

iptables 数据包过滤系统实际是由 netfilter 和 iptables 两个组件构成的。netfilter 是集成在内核中的一部分，它的作用是定义、保存相应的规则。iptables 是一种工具，用于修改信息的过滤规则及其他配置。用户可以通过 iptables 来设置适合当前环境的规则，而这些规则会保存在内核空间中。如果将 iptables 数据包过滤系统比作一辆功能完善的汽车，那么 netfilter 就像是发动机、车轮等部件，它可以让汽车发动、行驶。而 iptables 则像方向盘、刹车、油门等，汽车行驶的方向、速度都要靠 iptables 来控制。

对 Linux 服务器而言，采用 iptables 数据包过滤系统，能够节约软件成本，还可以提供强大的数据包过滤控制功能，iptables 是理想的防火墙解决方案。

在 RHEL 8 中，firewalld 防火墙取代了 iptables 防火墙。实际上，iptables 与 firewalld 都不是真正的防火墙，它们都只是用来定义防火墙策略的防火墙管理工具，或者说，它们只是一种服务。iptables 服务会把配置好的防火墙策略交由内核层面的 netfilter 来处理，而 firewalld 服务则是把配置好的防火墙策略交由内核层面的 iptables 数据包过滤系统来处理。换句话说，当前在 Linux 系统中其实存在多个防火墙管理工具，旨在方便运维人员管理 Linux 系统中的防火墙策略，我们只需要配置好其中的一个就足够了。虽然这些工具各有优劣，但它们在防火墙策略的配置思路上是保持一致的。

10.1.3　NAT 基础知识

网络地址转换器（Network Address Translator，NAT）位于使用专用 IP 地址的内联网（Intranet）和使用公用 IP 地址的 Internet 之间。

1. NAT 的主要功能

NAT 主要具有以下几种功能。

（1）从 Intranet 传出的数据包由 NAT 将它们的专用 IP 地址转换为公用 IP 地址。

（2）从 Internet 传入的数据包由 NAT 将它们的公用 IP 地址转换为专用 IP 地址。

（3）支持多重服务器和负载均衡。

（4）实现透明代理。

这样，在 Intranet 中计算机使用未注册的专用 IP 地址，而在与 Internet 通信时，计算机使用注册的公用 IP 地址，大大降低了连接成本。同时，NAT 也起到将 Intranet 隐藏起来、保护 Intranet 的作用，因为对于外部用户来说，只有使用公用 IP 地址的 NAT 是可见的，这类似于防火墙的安全措施。

2. NAT 的工作过程

NAT 的工作过程主要有以下 4 个步骤，如图 10-1 所示。

（1）客户端将数据包发送给运行 NAT 的计算机。

（2）NAT 将数据包中的端口号和专用 IP 地址换成自己的端口号和公用 IP 地址，然后将数据包发送给外网的目的主机，同时在映像表中记录一个跟踪信息，以便向客户端发送回答信息。

（3）外网发送回答信息给 NAT。

（4）NAT 将收到的数据包的端口号和公用 IP 地址转换为客户端的端口号和内网使用的专用 IP 地址并转发给客户端。

以上步骤对于内网的主机和外网的主机都是透明的，对它们来讲就如同直接通信。

担当 NAT 的计算机有两块网卡，两个 IP 地址。IP 地址 1 为 192.168.0.1，IP 地址 2 为 202.162.4.1。

图 10-1　NAT 的工作过程

下面举例来说明。

（1）192.168.0.2 用户使用 Internet 连接到位于 202.202.163.1 的 Web 服务器，用户计算机将创建带有下列信息的 IP 数据包。

目标 IP 地址：202.202.163.1。

源 IP 地址：192.168.0.2。

目标端口：TCP 端口 80。

源端口：TCP 端口 1350。

（2）IP 数据包转发到运行 NAT 的计算机上，它将传出的数据包中的 IP 地址转换成下面的形式。

目标 IP 地址：202.202.163.1。

源 IP 地址：202.162.4.1。

目标端口：TCP 端口 80。

源端口：TCP 端口 2500。

（3）NAT 协议在地址转换表中保留了{192.168.0.2，TCP 端口 1350}到{202.162.4.1，TCP 端口 2500}的映射，以便回传。

（4）转发的 IP 数据包是通过 Internet 发送的。Web 服务器响应通过 NAT 协议实现发送和接收。当接收时，数据包包含下面的公用地址信息。

目标 IP 地址: 202.162.4.1。

源 IP 地址: 202.202.163.1。

目标端口: TCP 端口 2500。

源端口: TCP 端口 80。

（5）NAT 协议检查转换表，将公用 IP 地址映射到专用 IP 地址，并将数据包转发给位于 192.168.0.2 的计算机。转发的数据包包含以下地址信息。

目标 IP 地址: 192.168.0.2。

源 IP 地址: 202.202.163.1。

目标端口: TCP 端口 1350。

源端口: TCP 端口 80。

说明 对于来自 NAT 服务器的传出数据包，源 IP 地址（专用 IP 地址）被映射到因特网服务提供方（Internet Service Previder，ISP）分配的目标 IP 地址（公用 IP 地址），并且 TCP/IP 端口号也会被映射为不同的 TCP/IP 端口号。对于来自 NAT 服务器的传入数据包，目标 IP 地址（公用 IP 地址）被映射到源 IP 地址（专用 IP 地址），并且 TCP/UDP 端口号被重新映射回源 TCP/UDP 端口号。

---

3. NAT 的分类

（1）源 NAT（Source NAT，SNAT）是指修改第一个包的源 IP 地址。SNAT 会在包送出之前的"最后一刻"做好路由后（post-routing）的动作。Linux 中的 IP 伪装（Masquerade）就是 SNAT 的一种特殊形式。

（2）目的 NAT（Destination NAT，DNAT）是指修改第一个包的目标 IP 地址。DNAT 总是在包进入后立刻进行预路由（pre-routing）动作。端口转发、负载均衡和透明代理均属于 DNAT。

10.1.4 SELinux

安全增强型 Linux（Security-Enhanced Linux，SELinux）是美国国家安全局（National Security Agency，NSA）对于强制访问控制的实现，是 Linux 历史上杰出的新安全子系统。NSA 在 Linux 社区的帮助下开发了一种访问控制体系，在这种访问控制体系的限制下，进程只能访问那些在它的任务中所需要的文件。2.6 及以上版本的 Linux 内核都集成了 SELinux 模块。SELinux 是每个 Linux 系统管理员的必修课。

1. DAC

Linux 上传统的访问控制标准是自主访问控制（Discretionary Access Control，DAC）。在这种标准下，一个软件或守护进程以用户 ID（User ID，UID）或设置用户 ID（Set User ID，SUID）的身份运行，并且拥有该用户的目标（文件、套接字，以及其他进程）权限。这使得恶意代码很容易运行在特定权限之下，从而取得访问关键的子系统的权限。而更"致命"的问题是，root 用户不受任何管制，其可以无限制地访问系统上的任何资源。

2. MAC

在使用了 SELinux 的操作系统中，决定一个资源是否能被访问的因素除了"某个资源是否拥有对应的用户权限（读、写、执行）"之外，还需要判断每一类进程是否拥有对某一类资源的访问权限。

这样，即使进程是以 root 身份运行的，也需要判断这个进程的类型以及允许访问的资源类型，才能决定是否允许访问某个资源，进程的活动空间也可以被压缩到最小。即使是以 root 身份运行的服务进程，一般也只能访问到它所需要的资源。即使程序出了漏洞，影响范围也只在其允许访问的资源范围内，安全性大大增加。这种权限管理机制的主体是进程，这种机制称为强制访问控制（Mandatory Access Control，MAC）。

SELinux 实际上就是 MAC 理论最重要的实现之一，并且 SELinux 在架构上允许 DAC 和 MAC 两种机制都起作用。所以，在 RHEL 8 中，DAC 和 MAC 机制实际上是共同使用的，通过两种机制共同过滤能达到更好的安全效果。

3. SELinux 工作机制

与 SELinux 相关的概念如下。

- 主体（subject）。
- 目标（object）。
- 策略（policy）。
- 模式（mode）。

当一个主体（如一个程序）尝试访问一个目标（如一个文件）时，在内核中的 SELinux 安全服务器（SELinux security server）将在策略数据库（policy database）中运行一个检查。该检查基于当前的模式，如果 SELinux 安全服务器授予权限，该主体就能够访问该目标。如果 SELinux 安全服务器拒绝了权限，就会在/var/log/messages 中记录一条拒绝信息。

10.2 项目设计与准备

10.2.1 项目设计

在网络建立初期，人们往往只考虑如何实现通信而忽略了网络的安全。使用防火墙可以使企业内部局域网与 Internet 之间或者与其他外网互相隔离，通过限制网络互访来保护内网。

大量拥有内部地址的机器组成了企业内网，那么如何连接内网与 Internet 呢？iptables、firewalld、NAT 服务器将是很好的选择，它们能够解决内网访问 Internet 的问题，并提供访问的优化和控制功能。

本项目在安装有企业版 Linux 网络操作系统的服务器 Server01 和 Server02 上配置 firewall 和 NAT，项目配置拓扑图会在任务中详细说明。

10.2.2 项目准备

部署 firewall 和 NAT 应满足下列需求。

（1）服务器安装好企业版 Linux 网络操作系统，并且必须保证常用服务正常工作。客户端使用 Linux 或 Windows 网络操作系统。服务器和客户端能够通过网络进行通信。

（2）或者利用虚拟机设置网络环境。

（3）3 台安装好 RHEL 8 的计算机。

本项目要完成的任务如下。

① 安装与配置 firewall。

② 配置 SNAT 和 DNAT。

可以使用 VMware Workstation 的"克隆"技术快速安装需要的 Linux 客户端。

10.3 项目实施

任务 10-1 使用 firewalld 服务

RHEL 8 集成了多款防火墙管理工具，其中 firewalld 提供了支持网络/防火墙区域（zone）定义的网络连接以及接口安全等级的动态防火墙管理工具——Linux 系统的动态防火墙管理器（dynamic firewall manager of Linux systems）。Linux 系统的动态防火墙管理器拥有基于命令行界面（Command Line Interface，CLI）和基于图形用户界面（Graphical User Interface，GUI）的两种管理方式。

相较于传统的防火墙管理工具，firewalld 支持动态更新技术并加入了区域的概念。简单来说，区域就是 firewalld 预先准备了几套防火墙策略集合（策略模板），用户可以根据生产场景的不同选择合适的策略集合，从而实现防火墙策略之间的快速切换。例如，我们有一台笔记本计算机，每天都要在办公室、咖啡厅和家里使用。按常理来讲，这三者的安全性按照由高到低的顺序排列，应该是家里、办公室、咖啡厅。当前，我们希望为这台笔记本计算机指定如下防火墙策略规则：在家里允许访问所有服务；在办公室内仅允许访问文件共享服务；在咖啡厅仅允许上网浏览。在以往，我们需要频繁地手动设置防火墙策略规则，而现在只需要预设好区域集合，然后轻点鼠标就可以自动切换了，从而极大地提升了防火墙策略的应用效率。firewalld 中常用的区域名称（默认为 public）及默认策略规则如表 10-1 所示。

表 10-1　firewalld 中常用的区域名称及默认策略规则

区域名称	默认策略规则
trusted	允许所有的数据包
home	拒绝流入的流量，除非与流出的流量相关。如果流量与 ssh、mdns、ipp-client、amba-client 及 dhcpv6-client 服务相关，则允许流入
internal	等同于 home 区域
work	拒绝流入的流量，除非与流出的流量相关。如果流量与 ssh、ipp-client 及 dhcpv6-client 服务相关，则允许流入
public	拒绝流入的流量，除非与流出的流量相关。如果流量与 ssh、dhcpv6-client 服务相关，则允许流入
external	拒绝流入的流量，除非与流出的流量相关。如果流量与 ssh 服务相关，则允许流入
dmz	拒绝流入的流量，除非与流出的流量相关。如果流量与 ssh 服务相关，则允许流入
block	拒绝流入的流量，除非与流出的流量相关
drop	拒绝流入的流量，除非与流出的流量相关

1. 使用终端管理工具

命令行终端是一种极富效率的运行工具，firewall-cmd 是 firewalld 防火墙管理工具的 CLI 版本。它的选项一般都是"长格式"，但幸运的是，RHEL 8 支持部分命令的选项补齐。现在除了能按"Tab"键自动补齐命令或文件名等内容之外，还可以按"Tab"键来补齐表 10-2 所示的长格式选项。firewall-cmd 命令中使用的选项及作用如表 10-2 所示。

表 10-2　firewall-cmd 命令中使用的选项及作用

选项	作　用
--get-default-zone	查询默认的区域名称
--set-default-zone=<区域名称>	设置默认的区域，使其永久生效
--get-zones	显示可用的区域
--get-services	显示预先定义的服务
--get-active-zones	显示当前正在使用的区域与网卡名称
--add-source=	将源自此 IP 地址或子网的流量导向某个指定的区域
--remove-source=	不再将源自此 IP 地址或子网的流量导向某个指定区域
--add-interface=<网卡名称>	将源自该网卡的所有流量都导向某个指定区域
--change-interface=<网卡名称>	将某个网卡与区域关联
--list-all	显示当前区域的网卡配置参数、资源、端口以及服务等信息
--list-all-zones	显示所有区域的网卡配置参数、资源、端口以及服务等信息
--add-service=<服务名>	设置默认区域允许该服务的流量
--add-port=<端口号/协议>	设置默认区域允许该端口/协议的流量
--remove-service=<服务名>	设置默认区域不再允许该服务的流量
--remove-port=<端口号/协议>	设置默认区域不再允许该端口/协议的流量
--reload	让"永久生效"的配置规则立即生效，并覆盖当前的配置规则
--panic-on	开启应急状况模式
--panic-off	关闭应急状况模式

与 Linux 系统中其他的防火墙管理工具一样，使用 firewalld 配置的防火墙策略默认为运行时（runtime）模式，又称当前生效模式，而且系统重启后会失效。如果想让配置策略一直存在，就需要使用永久（permanent）模式，方法就是在用 firewall-cmd 命令正常设置防火墙策略时添加 --permanent 选项，这样配置的防火墙策略就可以永久生效了。但是，永久模式有一个"不近人情"的特点，就是使用它配置的策略只有在系统重启之后才能自动生效。如果想让配置的策略立即生效，则需要执行 firewall-cmd --reload 命令。

接下来的例子都很简单，但是提醒大家一定要仔细查看这里使用的是运行时模式还是永久模式。如果不关注这个细节，即使正确配置了防火墙策略，也可能无法达到预期的效果。

（1）systemctl 命令速查。

```
systemctl unmask firewalld              #执行命令，即可实现取消服务的锁定
systemctl mask firewalld                #下次需要锁定该服务时执行
systemctl start firewalld.service       #启动防火墙
systemctl stop firewalld.service        #禁用防火墙
systemctl reload firewalld.service      #重载配置
```

```
systemctl restart firewalld.service          #重启服务
systemctl status firewalld.service           #显示服务的状态
systemctl enable firewalld.service           #在开机时启用服务
systemctl disable firewalld.service          #在开机时禁用服务
systemctl is-enabled firewalld.service       #查看服务是否开机启动
systemctl list-unit-files|grep enabled       #查看已启动的服务列表
systemctl --failed                           #查看启动失败的服务列表
```

（2）firewall-cmd 命令速查。

```
firewall-cmd --state                         #查看防火墙状态
firewall-cmd --reload                        #重载防火墙规则
firewall-cmd --list-ports                    #查看所有打开的端口
firewall-cmd --list-services                 #查看所有允许的服务
firewall-cmd --get-services                  #获取所有支持的服务
```

（3）区域相关命令速查。

```
firewall-cmd --list-all-zones                #查看所有区域信息
firewall-cmd --get-active-zones              #查看活动区域信息
firewall-cmd --set-default-zone=public       #设置 public 为默认区域
firewall-cmd --get-default-zone              #查看默认区域信息
firewall-cmd --zone=public --add-interface=eth0  #将接口 eth0 加入区域 public
```

（4）接口相关命令速查。

```
firewall-cmd --zone=public --remove-interface=ens160 #从区域 public 中删除接口 ens160
firewall-cmd --zone=default --change-interface=ens160 #修改接口 ens160 所属区域为 default
firewall-cmd --get-zone-of-interface=ens160          #查看接口 ens160 所属区域
```

（5）端口控制命令速查。

```
firewall-cmd --add-port=80/tcp --permanent                 #永久开启 80 端口 (全局)
firewall-cmd --remove-port=80/tcp --permanent              #永久关闭 80 端口 (全局)
firewall-cmd --add-port=65001-65010/tcp --permanent        #永久开启 65001-65010 端口 (全局)
firewall-cmd --zone=public --add-port=80/tcp --permanent
#永久开启 80 端口 (区域 public)
firewall-cmd --zone=public --remove-port=80/tcp --permanent
#永久关闭 80 端口 (区域 public)
firewall-cmd --zone=public --add-port=65001-65010/tcp --permanent
#永久开启 65001-65010 端口 (区域 public)
firewall-cmd --query-port=8080/tcp                         #查询 8080 端口是否开放
firewall-cmd --permanent --add-port=80/tcp                 #开放 80 端口
firewall-cmd --permanent --remove-port=8080/tcp            #移除 8080 端口
firewall-cmd --reload                                      #重启防火墙 (修改配置后要重启防火墙)
```

（6）使用终端管理工具实例。

① 查看 firewalld 服务当前状态和使用的区域。

```
[root@Server01 ~]# firewall-cmd --state                    #查看防火墙状态
[root@Server01 ~]# systemctl restart firewalld
[root@Server01 ~]# firewall-cmd --get-default-zone         #查看默认区域
public
```

② 查询防火墙生效 ens160 网卡在 firewalld 服务中的区域。

```
[root@Server01 ~]# firewall-cmd --get-active-zones         #查看当前防火墙中生效的区域
[root@Server01 ~]# firewall-cmd --set-default-zone=trusted #设定默认区域
```

③ 把 firewalld 服务中 ens160 网卡的默认区域修改为 external，并在系统重启后生效。分别查看运行时模式与永久模式下的区域名称。

```
[root@Server01 ~]# firewall-cmd --list-all --zone=work #查看指定区域的防火墙策略
[root@Server01 ~]# firewall-cmd --permanent --zone=external --change-interface=ens160
success
```

```
[root@Server01 ~]# firewall-cmd --get-zone-of-interface=ens160
trusted
[root@Server01 ~]# firewall-cmd --permanent --get-zone-of-interface=ens160
no zone
```

④ 把 firewalld 服务的当前默认区域设置为 public。

```
[root@Server01 ~]# firewall-cmd --set-default-zone=public
[root@Server01 ~]# firewall-cmd --get-default-zone
public
```

⑤ 启动/关闭 firewalld 服务的应急状况模式，阻断一切网络连接（远程控制服务器时请慎用）。

```
[root@Server01 ~]# firewall-cmd --panic-on
success
[root@Server01 ~]# firewall-cmd --panic-off
success
```

⑥ 查询 public 区域是否允许请求 ssh 和 https 的流量。

```
[root@Server01 ~]# firewall-cmd --zone=public --query-service=ssh
yes
[root@Server01 ~]# firewall-cmd --zone=public --query-service=https
no
```

⑦ 把 firewalld 服务中请求 https 的流量设置为永久允许，并立即生效。

```
[root@Server01 ~]# firewall-cmd --get-services                      #查看所有可以设定的服务
[root@Server01 ~]# firewall-cmd --zone=public --add-service=https
[root@Server01 ~]# firewall-cmd --permanent --zone=public --add-service=https
[root@Server01 ~]# firewall-cmd --reload
[root@Server01 ~]# firewall-cmd --list-all                          #查看生效的防火墙策略
success
```

⑧ 把 firewalld 服务中请求 https 的流量设置为永久拒绝，并立即生效。

```
[root@Server01 ~]# firewall-cmd --permanent --zone=public --remove-service=https
success
[root@Server01 ~]# firewall-cmd --reload
[root@Server01 ~]# firewall-cmd --list-all                          #查看生效的防火墙策略
```

⑨ 把在 firewalld 服务中访问 8088 和 8089 端口的流量策略设置为允许，但仅限当前生效。

```
[root@Server01 ~]# firewall-cmd --zone=public --add-port=8088-8089/tcp
success
[root@Server01 ~]# firewall-cmd --zone=public --list-ports
8088-8089/tcp
```

firewalld 中的富规则表示更细致、更详细的防火墙策略配置，它可以针对系统服务、端口号、源地址和目标地址等诸多信息进行更有针对性的策略配置。它的优先级在所有的防火墙策略中也是最高的。

2. 使用图形管理工具

firewall-config 是 firewalld 防火墙管理工具的 GUI 版本，几乎可以实现所有以命令来执行的操作。毫不夸张地说，即使读者没有扎实的 Linux 命令基础，也完全可以通过它来妥善配置 RHEL 8 中的防火墙策略。

RHEL8 默认没有安装 firewall-config。

（1）安装 firewall-config。

```
[root@Server01 ~]# mount /dev/cdrom /media
[root@Server01 ~]# vim /etc/dnf.repos.d/dvd.repo
[root@Server01 ~]# dnf install firewall-config -y
```

（2）启动图形界面的 firewall。

安装完成后，计算机的"活动"菜单中就会出现防火墙图标，在终端输入命令 firewall-config 或者单击"活动"→"防火墙"，打开图 10-2 所示的"防火墙配置"界面，其功能具体如下。

① 选择运行时模式或永久模式的配置。

② 可选的策略集合区域列表。

③ 常用的系统服务列表。

④ 当前正在使用的区域。

⑤ 管理当前被选中区域中的服务。

⑥ 管理当前被选中区域中的端口。

⑦ 开启或关闭 SNAT 技术。

⑧ 设置端口转发策略。

⑨ 控制请求互联网控制报文协议（Internet Control Message Protocol，ICMP）服务的流量。

⑩ 管理防火墙的富规则。

⑪ 管理网卡设备。

⑫ 被选中区域的服务，若勾选了相应服务前面的复选框，则表示允许与之相关的流量。

⑬ firewall-config 工具的运行状态。

图 10-2 "防火墙配置"界面

> **特别 注意** 在使用 firewall-config 工具配置完防火墙策略之后，无须进行二次确认，因为只要修改了内容，它就会自动保存。下面进入动手实践环节。

（1）将当前区域中请求 http 服务的流量设置为允许，但仅限当前生效，具体配置如图 10-3 所示。

图 10-3　允许请求 http 服务的流量

（2）尝试添加一条防火墙策略规则，使其放行访问 8088～8089 端口（TCP）的流量，并将其设置为永久生效，以达到系统重启后防火墙策略规则依然生效的目的。

① 选择**"端口"** → **"添加"**，打开"端口和协议"对话框。

② 配置完毕后单击"确定"按钮，如图 10-4 所示。

图 10-4　"端口和协议"对话框

③ 在"选项"菜单中单击"重载防火墙"，让配置的防火墙策略规则立即生效，如图 10-5 所示。这与在终端中执行 --reload 选项的效果相似。

图 10-5　让配置的防火墙策略规则立即生效

任务 10-2　设置 SELinux 的模式

SELinux 有 3 个模式（可以由用户设置）。这些模式将规定 SELinux 在面对主体请求时如何应对。

- Enforcing（强制）：SELinux 策略强制执行，基于 SELinux 的策略授予或拒绝主体对目标的访问权限。
- Permissive（宽容）：SELinux 策略不强制执行，没有实际拒绝访问，但会有拒绝信息写入日志文件/var/log/messages。
- Disabled（禁用）：完全禁用 SELinux，使 SELinux 不起作用。

1. 使用配置文件设置 SELinux 的模式

与 SELinux 相关的文件主要有以下 3 类。

- /etc/selinux/config 和/etc/sysconfig/selinux：主要用于打开和关闭 SELinux。
- /etc/selinux/targeted/contexts：主要用于对 contexts 的配置。contexts 是 SELinux 的安全上下文，是 SELinux 实现安全访问的重要功能。
- /etc/selinux/targeted/policy：SELinux 策略文件。

对于大多数用户而言，直接修改/etc/selinux/config 和/etc/sysconfig/selinux 文件来控制是否启用 SELinux 就可以了。另外，提醒读者，因为/etc/sysconfig/selinux 文件是/etc/selinux/config 的链接文件，所以只要修改一个文件的内容，另一个文件的内容就会同步改变。

【例 10-1】查看/etc/selinux/config 文件。

```
[root@Server01 ~]# cat /etc/selinux/config -n
     1
     2    # This file controls the state of SELinux on the system.
     3    # SELINUX= can take one of these three values:
     4    #     enforcing - SELinux security policy is enforced.
     5    #     permissive - SELinux prints warnings instead of enforcing.
     6    #     disabled - No SELinux policy is loaded.
     7    SELINUX=permissive
     8    # SELINUXTYPE= can take one of these three values:
```

```
   9    #     targeted - Targeted processes are protected,
  10    # minimum - Modification of targeted policy. Only selected processes are
protected.
  11    #     mls - Multi Level Security protection.
  12    SELINUXTYPE=targeted
```

2. 使用命令更改 SELinux 的模式

读者可以使用命令 setenforce 更改 SELinux 的模式。

 注意 使用命令更改 SELinux 的模式，只能临时生效，重启计算机后会失效。

【例 10-2】将 SELinux 模式改为宽容模式。

```
[root@Server01 ~]# getenforce              #检查当前 SELinux 的模式
Enforcing
[root@Server01 ~]# setenforce Permissive   #切换到宽容模式
[root@Server01 ~]# getenforce
Permissive
[root@Server01 ~]# setenforce 1            #1 代表强制模式
[root@Server01 ~]# getenforce
Enforcing
[root@Server01 ~]# setenforce 0            #0 代表宽容模式
[root@Server01 ~]# getenforce
Permissive
[root@Server01 ~]# sestatus                #查看 SELinux 的运行状态
SELinux status:                 enabled
SELinuxfs mount:                /sys/fs/selinux
SELinux root directory:         /etc/selinux
Loaded policy name:             targeted
Current mode:                   permissive
Mode from config file:          permissive
Policy MLS status:              enabled
Policy deny_unknown status:     allowed
Memory protection checking:     actual (secure)
Max kernel policy version:      31
```

任务 10-3   设置 SELinux 安全上下文

SELinux contexts 称为 SELinux 安全上下文，简称上下文。在运行 SELinux 的系统中，所有的进程和文件都被标记上与安全有关的信息，这就是安全上下文。查看用户、文件和进程的命令都带有一个选项-Z（大写字母），可以通过此选项查看安全上下文。

【例 10-3】查看用户、文件和进程的安全上下文。

```
[root@Server01 ~]# id -Z            #查看用户的安全上下文
unconfined_u:unconfined_r:unconfined_t:s0-s0:c0.c1023
[root@Server01 ~]# ls -Zl           #查看文件的安全上下文
总用量 8
drwxr-xr-x. 2 root root unconfined_u:object_r:admin_home_t:s0    6 8月  18 16:13 公共
drwxr-xr-x. 2 root root unconfined_u:object_r:admin_home_t:s0    6 8月  18 16:13 模板
```

```
......
-rw-r--r--. 1 root root system_u:object_r:admin_home_t:s0     1877 8 月   18 16:11
initial-setup-ks.cfg
[root@Server01 ~]# ps -Z                    #查看进程的安全上下文
LABEL                                        PID TTY    TIME CMD
unconfined_u:unconfined_r:unconfined_t:s0-s0:c0.c1023 2948 pts/0 00:00:00 bash
unconfined_u:unconfined_r:unconfined_t:s0-s0:c0.c1023 3020 pts/0 00:00:00 ps
```

安全上下文有 5 个安全元素。

- user：指示登录系统的用户类型，如 root、user_u、system_u 等，多数本地进程都属于自由（unconfined）进程。
- role：定义文件、进程和用户的角色，如 object_r 和 system_r。
- type：指定主体、客体的数据类型，规则中定义了何种进程类型访问何种文件。
- sensitivity：由组织定义的分层安全级别，如 unclassified、secret 等。一个对象有且只有一个 sensitivity，分 0～15 级，s0 最低，目标策略集默认使用 s0。
- category：对于特定组织划分不分层的分类，如 FBI Secret、NSA Secret，一个对象可以有多个 categroy，c0～c1023 共 1024 个分类。

【例 10-4】使用命令 semanage 查看系统默认的安全上下文。

```
[root@Server01 ~]# semanage fcontext -l |head -10
SELinux fcontext        类型              安全上下文

/                       directory        system_u:object_r:root_t:s0
/.*                     all files        system_u:object_r:default_t:s0
/[^/]+                  regular file     system_u:object_r:etc_runtime_t:s0
......
```

文件的安全上下文是可以更改的，可以使用 chcon 命令来实现。如果系统执行重新标记安全上下文或执行恢复安全上下文操作，那么 chcon 命令的更改将会失效。

【例 10-5】使用 chcon 命令修改安全上下文。

```
[root@Server01 ~]# ls -Zl anaconda-ks.cfg     #查看 anaconda-ks.cfg 文件的安全上下文类型
-rw-------. 1 root root  system_u:object_r:admin_home_t:s0 1722 8 月 18 16:06
anaconda-ks.cfg
[root@Server01 ~]# chcon -t httpd_cache_t anaconda-ks.cfg  #修改 anaconda-ks.cfg 文件的安全上下文类型
[root@Server01 ~]# ls -Zl anaconda-ks.cfg
-rw-------. 1 root root  system_u:object_r:httpd_cache_t:s0 1722 8 月  18 16:06
anaconda-ks.cfg
[root@Server01 ~]# restorecon -v anaconda-ks.cfg   #恢复 anaconda-ks.cfg 的安全上下文
Relabeled  /root/anaconda-ks.cfg   from   system_u:object_r:httpd_cache_t:s0   to
system_u:object_r:admin_home_t:s0
[root@Server01 ~]# ls -Zl anaconda-ks.cfg
-rw-------. 1 root root  system_u:object_r:admin_home_t:s0 1722 8 月   18 16:06
anaconda-ks.cfg
```

任务 10-4　管理布尔值

SELinux 既可以用来实现对文件的访问控制，也可以实现对各种网络服务的访问控制。其中

SELinux 安全上下文可实现对文件的访问控制，管理布尔值用来实现对网络服务的访问控制。

基于不同的网络服务，管理布尔值为其设置了一个开关，用于精确地对某种网络服务的某个选项进行保护。下面是几个例子。

getsebool 命令用来查询 SELinux 策略内各项规则的布尔值。SELinux 的策略与规则管理相关命令：seinfo 命令、sesearch 命令、getsebool 命令、setsebool 命令、semanage 命令。

【例 10-6】查看系统中所有管理布尔值的设置。

```
[root@Server01 ~]# getsebool -a
abrt_anon_write --> off
abrt_handle_event --> off
abrt_upload_watch_anon_write --> on
antivirus_can_scan_system --> off
antivirus_use_jit --> off
auditadm_exec_content --> on
authlogin_nsswitch_use_ldap --> off
```

【例 10-7】查看系统中有关 http 的所有管理布尔值的设置。

```
[root@Server01 ~]# getsebool -a |grep http
httpd_anon_write --> off
httpd_builtin_scripting --> on
httpd_can_check_spam --> off
......
```

【例 10-8】查看系统中有关 ftp 的所有管理布尔值的设置。

```
[root@Server01 ~]# getsebool -a |grep ftp
ftpd_anon_write --> off
ftpd_connect_all_unreserved --> off
ftpd_connect_db --> off
ftpd_full_access --> off
ftpd_use_cifs --> off
ftpd_use_fusefs --> off
ftpd_use_nfs --> off
ftpd_use_passive_mode --> off
httpd_can_connect_ftp --> off
httpd_enable_ftp_server --> off
tftp_anon_write --> off
tftp_home_dir --> off
[root@Server01 ~]#
```

可以使用 setsebool 命令来修改管理布尔值的设置，加上-P 选项可以使系统重启后修改仍有效。

【例 10-9】使用 setsebool 命令修改 ftpd_full_access 的管理布尔值的设置。

```
#使具有访问 ftp 根目录以及文件传输的权限
[root@Server01 ~]# getsebool -a |grep ftpd_full_access
ftpd_full_access --> off
#数字 1 表示开启，数字 0 表示关闭
 [root@Server01 ~]# setsebool ftpd_full_access=1
[root@Server01 ~]# getsebool -a |grep ftpd_full_access
ftpd_full_access --> on
#以上设置在重启系统后会失效，加上大写的-P 选项可以确保重启系统后设置仍生效
 [root@Server01 ~]# setsebool -P ftpd_full_access=on
[root@Server01 ~]# setsebool -P ftpd_full_access 1        #也可使用空格符代替 "="
```

10.4　NAT（SNAT 和 DNAT）企业实战

firewall 防火墙利用 NAT 表能够实现 NAT 功能，将内网地址与外网地址进行转换，完成内、外网的通信。NAT 表支持以下 3 种操作。

- SNAT：改变数据包的源 IP 地址。防火墙会使用外部 IP 地址替换数据包的本地网络地址，使网络内部主机能够与网络外部主机通信。
- DNAT：改变数据包的目标 IP 地址。防火墙接收到数据包后，会替换该包的目标 IP 地址，重新将其转发到网络内部的主机。当应用服务器处于网络内部时，防火墙接收到外部的请求，会按照规则设定，将访问重定向到指定的主机上，使外部的主机能够正常访问网络内部的主机。
- MASQUERADE：MASQUERADE 的作用与 SNAT 完全一样，即改变数据包的源 IP 地址。因为对于每个匹配的包，MASQUERADE 都要自动查找可用的 IP 地址，而不像 SNAT 用的 IP 地址是配置好的，所以会加重防火墙的负担。当然，如果接入外网的 IP 地址不是固定 IP 地址，而是 ISP 随机分配的，则使用 MASQUERADE 将会非常方便。

下面以一个具体的综合案例来说明如何在 RHEL 上配置 NAT 服务，使得内、外网主机能够互访。

10.4.1　企业环境和需求

企业网络拓扑如图 10-6 所示。内部主机使用 192.168.10.0/24 网段的 IP 地址，并且使用 Linux 主机作为服务器连接互联网，外网 IP 地址为固定 IP 地址（202.112.113.112）。现需要满足如下要求。

（1）配置 SNAT 保证内网用户能够正常访问 Internet。

（2）配置 DNAT 保证外网用户能够正常访问内网的 Web 服务器。

Linux 服务器和客户端的信息如表 10-3 所示（可以使用 VMware Workstation 的"克隆"技术快速安装需要的 Linux 客户端）。

图 10-6　企业网络拓扑

表 10-3　Linux 服务器和客户端的信息

主机名	操作系统	IP 地址	角色
内网 NAT 客户端：Server01	RHEL 8	IP 地址：192.168.10.1（VMnet1） 默认网关：192.168.10.20/24	Web 服务器、firewall
防火墙：Server02	RHEL 8	IP 地址 1：192.168.10.20/24 （VMnet1） IP 地址 2：202.112.113.112/24 （VMnet8）	firewall、SNAT、DNAT
外网 NAT 客户端：Client1	RHEL 8	IP 地址：202.112.113.113/24 （VMnet8）	Web 服务器、firewall

10.4.2　解决方案

1. 配置 SNAT 并测试

（1）在 Server02 上安装双网卡。

① 在 Server02 关机状态下，在虚拟机中添加两块网卡：第 1 块网卡连接到 VMnet1，第 2 块网卡连接到 VMnet8。

② 启动 Server02，以 root 用户身份登录计算机。

③ 单击右上角的网络连接图标🖧，配置过程如图 10-7、图 10-8 所示。（编者的计算机原来的网卡是 ens160，第 2 块网卡系统自动命名为 ens224，图 10-8 中的 10 000Mb/秒表示 10 000Mbit/s。）

图 10-7　ens224 的有线设置

图 10-8　网络设置

④ 单击图 10-8 中的齿轮按钮设置网络接口 ens224 的 IP 地址为：202.112.113.112/24。

⑤ 按照前文的方法，设置 ens160 的 IP 地址为 192.168.10.20/24。

在 Server02 上测试双网卡的 IP 地址设置是否成功。

```
[root@Server02 ~]# ifconfig
ens160: flags=4163<UP,BROADCAST,RUNNING,MULTICAST>  mtu 1500
     inet 192.168.10.20  netmask 255.255.255.0  broadcast 192.168.10.255
     ……

ens224: flags=4163<UP,BROADCAST,RUNNING,MULTICAST>  mtu 1500
     inet 202.112.113.112  netmask 255.255.255.0  broadcast 202.112.113.255
     ……
```

（2）测试环境。

① 根据图 10-6 和表 10-3 所示配置 Server01 和 Client1 的 IP 地址、子网掩码、网关等信息。Server02 要安装双网卡，同时一定要注意计算机的网络连接方式！

> **注意**　Client1 的网关不需要设置，或者设置为自身的 IP 地址（202.112.113.113）。

② 在 Server01 上测试与 Server02 和 Client1 的连通性。

```
[root@Server01 ~]# ping 192.168.10.20   -c  4          //通
[root@Server01 ~]# ping 202.112.113.112 -c  4          //通
[root@Server01 ~]# ping 202.112.113.113 -c  4          //不通
```

③ 在 Server02 上测试与 Server01 和 Client1 的连通性。结果显示都是畅通的。

```
[root@Server02 ~]# ping -c 4 192.168.10.1
[root@Server02 ~]# ping -c 4 202.112.113.113
```

④ 在 Client1 上测试与 Server01 和 Server02 的连通性。结果显示 Client1 与 Server01 是不通的。

```
[root@Client1 ~]# ping -c 4 192.168.10.1          //不通
[root@Client1 ~]# ping -c 4 202.112.113.112       //通
```

（3）在 Server02 上开启转发功能。

```
[root@client1 ~]# cat /proc/sys/net/ipv4/ip_forward
1                      //确认开启路由存储转发，其值为 1。若没开启，则需要进行下面的操作

[root@Server02 ~]# echo 1 > /proc/sys/net/ipv4/ip_forward
```

（4）在 Server02 上将接口 ens224 加入外网区域 external。

由于内网的计算机无法在外网上路由，内网的计算机 Server01 是无法上网的。所以需要通过 NAT 将内网计算机的 IP 地址转换成 RHEL 主机接口 ens224 的 IP 地址。为了实现这个功能，首先需要将接口 ens224 加入外网区域。在 firewall 中，外网被视为直接与外部网络相连接的区域，来自此区域中的主机连接将不被信任。

```
[root@Server02 ~]# firewall-cmd --get-zone-of-interface=ens224
public
[root@Server02 ~]# firewall-cmd --permanent --zone=external --change-interface= ens224
The interface is under control of NetworkManager, setting zone to 'external'.
success
[root@Server02 ~]# firewall-cmd --zone=external --list-all
external (active)
  target: default
  icmp-block-inversion: no
  interfaces: ens224
  sources:
  services: ssh
  ports:
  protocols:
  masquerade: no
  ......
```

（5）由于需要 NAT 连接网络，因此将外网区域的伪装打开（Server02）。

```
[root@Server02 ~]# firewall-cmd --permanent --zone=external --add-masquerade
[root@Server02 ~]# firewall-cmd --reload
success
[root@Server02 ~]# firewall-cmd --permanent --zone=external --query-masquerade
yes                        #查询伪装是否打开，也可以使用下面的命令
[root@Server02 ~]# firewall-cmd --zone=external --list-all
external (active)
  ......
  interfaces: ens224
  ......
  masquerade: yes
  ......
```

（6）在 Server02 上配置内部接口 ens160。

具体做法是将内部接口加入内网区域 internal。

```
[root@Server02 ~]# firewall-cmd --get-zone-of-interface=ens160
public
[root@Server02 ~]# firewall-cmd --permanent --zone=internal --change-interface= ens160
The interface is under control of NetworkManager, setting zone to 'internal'.
success
[root@Server02 ~]# firewall-cmd --reload
[root@Server02 ~]# firewall-cmd --zone=internal --list-all
internal (active)
  target: default
  icmp-block-inversion: no
  interfaces: ens160
  ......
```

（7）在外网 Client1 上配置供测试的 Web 服务器。

```
[root@client2 ~]# mount /dev/cdrom  /media
[root@client2 ~]# dnf clean all
[root@client2 ~]# dnf install httpd -y
[root@client2 ~]# firewall-cmd --permanent --add-service=http
[root@client2 ~]# firewall-cmd --reload
[root@client2 ~]# firewall-cmd -list-all
[root@client2 ~]# systemctl restart httpd
[root@client2 ~]# netstat -an |grep :80                //查看 80 端口是否开放
[root@client2 ~]# firefox 127.0.0.1
```

（8）在内网 Server01 上测试 SNAT 配置是否成功。

```
[root@Server01 ~]# ping 202.112.113.113 -c 4
[root@Server01 ~]# firefox  202.112.113.113
```

网络应该是畅通的，且能访问到外网的默认网站。

思考 请读者在 Client1 上查看/var/log/httpd/access_log 中是否包含源 IP 地址 192.168.10.1，为什么？包含 202.112.113.112 吗？

```
[root@Client1 ~]# cat /var/log/httpd/access_log |grep 192.168.10.1
[root@Client1 ~]# cat /var/log/httpd/access_log |grep 202.112.113.112
```

2. 配置 DNAT 并测试

（1）在 Server01 上配置内网 Web 服务器及防火墙。

```
[root@Server01 ~]# mount /dev/cdrom /media
[root@Server01 ~]# dnf clean all
[root@Server01 ~]# dnf install httpd -y
[root@Server01 ~]# systemctl restart httpd
[root@Server01 ~]# netstat -an |grep :80                    //查看 80 端口是否开放
[root@Server01 ~]# firefox 127.0.0.1
```

（2）在 Server02 上配置 DNAT。

要想让外网能访问内网的 Web 服务器，需要进行端口映射，将外网区域的 Web 访问请求映射到内部的 Server01 的 80 端口。

```
#外网区域的 80 端口的请求都转发到 192.168.10.1。加--permanent 需要重启防火墙才能生效
[root@Server02 ~]# firewall-cmd --permanent --zone=external --add-forward-port=port=
80:proto=tcp:toaddr=192.168.10.1
  success
[root@Server02 ~]# firewall-cmd --reload
# 查询端口映射结果
[root@Server02 ~]# firewall-cmd --zone=external --query-forward-port=port=80:proto=
tcp:toaddr=192.168.10.1
  yes
[root@Server02 ~]# firewall-cmd --zone=external --list-all #查询端口映射结果
external (active)
  ......
  masquerade: yes
  forward-ports: port=80:proto=tcp:toport=:toaddr=192.168.10.1
  ......
```

（3）在外网 Client1 上测试。

在外网上访问的是 202.112.113.112，NAT 服务器 Server02 会将该 IP 地址的 80 端口的请求转发到内网 Server01 的 80 端口。**注意，不是直接访问** 192.168.10.1，NAT 服务器无法直接访问内网地址。访问结果如图 10-9 所示。

```
[root@client2 ~]# ping 192.168.10.1
connect: 网络不可达
[root@client2 ~]# firefox 202.112.113.112
```

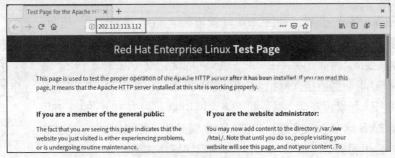

图 10-9　访问结果

3. 实训结束后删除 Server02 上的 SNAT 和 DNAT 信息

```
[root@Server02 ~]# firewall-cmd --permanent --zone=external --remove-forward-port=
```

```
port=80:proto=tcp:toaddr=192.168.10.1
[root@Server02 ~]# firewall-cmd --permanent --zone=public --change-interface=ens224
[root@Server02 ~]# firewall-cmd --permanent --zone=public --change-interface=ens160
[root@Server02 ~]# firewall-cmd --reload
```

10.5　拓展阅读　中国的"龙芯"

你知道"龙芯"吗？你知道"龙芯"的应用水平吗？

通用处理器是信息产业的基础部件，是电子设备的核心器件。通用处理器是关系到国家命运的战略产业之一，其发展直接关系到国家技术创新能力，关系到国家安全，是国家的核心利益所在。

"龙芯"是我国最早研制的高性能通用处理器系列，于 2001 年在中国科学院计算所开始研发，得到了"863""973""核高基"等项目的大力支持，完成了 10 年的核心技术积累。2010 年，中国科学院和北京市政府共同牵头出资，龙芯中科技术有限公司正式成立，开始市场化运作，旨在将龙芯处理器的研发成果产业化。

龙芯中科技术有限公司（简称龙芯中科）研制的处理器产品包括龙芯 1 号、龙芯 2 号、龙芯 3 号三大系列。为了将国家重大创新成果产业化，龙芯中科技术有限公司（简称龙芯中科）努力探索，在国防、教育、工业、物联网等行业取得了重大市场突破，龙芯产品达到了良好的应用效果。

目前龙芯处理器产品在各领域取得了广泛应用。在安全领域，龙芯处理器已经通过了严格的可靠性实验，作为核心元器件应用在几十种型号和系统中，2015 年，龙芯处理器成功应用于北斗二代导航卫星。在通用领域，龙芯处理器已经应用在个人计算机、服务器及高性能计算机、行业计算机终端，以及云计算终端等方面。在嵌入式领域，基于龙芯 CPU 的防火墙等网安系列产品已达到规模销售；应用于国产高端数控机床等系列工控产品显著提升了我国工控领域的自主化程度和产业化水平；龙芯提供了 IP 设计服务，在国产数字电视领域也与国内多家知名厂家展开合作，其 IP 地址授权量已达百万片以上。

10.6　项目实训　配置与管理 firewall 防火墙

1. 视频位置
实训前请扫描二维码，观看"项目实录 配置与管理 firewall 防火墙"慕课。

2. 项目背景
假如某企业需要接入 Internet，由 ISP 分配 IP 地址 202.112.113.112。采用 firewall 作为 NAT 服务器接入网络，内部采用 192.168.1.0/24，外部采用 202.112.113.112。为确保安全，需要配置防火墙功能，要求内部仅能够访问 Web、DNS 及 Mail 这 3 台服务器；内部 Web 服务器 192.168.1.2 通过端口映射方式对外提供服务。配置 firewall 防火墙网络拓扑如图 10-10 所示。

10-2　视频

项目实录　配置与管理 firewall 防火墙

3. 深度思考
在观看视频时思考以下几个问题。
（1）为何要设置两块网卡的 IP 地址？如何设置网卡的默认网关？

（2）如何接受或拒绝 TCP、UDP 的某些端口？

（3）如何屏蔽 ping 命令？如何屏蔽扫描信息？

（4）如何使用 SNAT 来实现内网访问互联网？如何实现 DNAT？

（5）在客户端如何设置 DNS 服务器地址？

图 10-10　配置 firewall 防火墙网络拓扑

4．做一做

根据项目实录进行项目实训，检查学习效果。

10.7　练习题

一、填空题

1. ＿＿＿＿＿＿可以使企业内网与 Internet 之间或者与其他外网间互相隔离、限制网络互访，以此来保护＿＿＿＿＿＿。

2. 防火墙大致可以分为三大类，分别是＿＿＿＿＿＿、＿＿＿＿＿＿和＿＿＿＿＿＿。

3. ＿＿＿＿＿＿表仅用于网络地址转换，其具体的动作有＿＿＿＿＿＿、＿＿＿＿＿＿以及＿＿＿＿＿＿。

4. NAT 位于使用专用 IP 地址的＿＿＿＿＿＿和使用公用 IP 地址的＿＿＿＿＿＿之间。

5. SELinux 有 3 个模式：＿＿＿＿＿＿、＿＿＿＿＿＿和＿＿＿＿＿＿。

6. SELinux contexts 称为＿＿＿＿＿＿＿，简称上下文。查看用户、进程和文件的命令都带有一个选项＿＿＿＿＿＿，可以通过此选项查看上下文。

7. 安全上下文有 5 个安全元素：＿＿＿＿＿＿、＿＿＿＿＿＿、＿＿＿＿＿＿、＿＿＿＿＿＿和＿＿＿＿＿＿。

8. ＿＿＿＿＿＿实现对文件的访问控制，＿＿＿＿＿＿用来实现对网络服务的访问控制。

二、选择题

1. 在 RHEL 8 的内核中，提供 TCP/IP 数据包过滤功能的服务叫什么？（　　）

A. firewall　　　　　　　B. iptables

C. firewalld　　　　　　D. filter

2. 从下面选择关于 IP 伪装的适当描述。（　　　）

A. 它是一个转化包的数据的工具

B. 它的功能就像 NAT 系统：转换内部 IP 地址到外部 IP 地址

C. 它是一个自动分配 IP 地址的程序

D. 它是一个将内网连接到 Internet 的工具

三、简答题

1. 简述防火墙的概念、分类及作用。

2. 简述 NAT 的工作过程。

3. 简述 firewalld 中区域的作用。

4. 如何在 firewalld 中把默认的区域设置为 dmz？

5. 如何让 firewalld 中以永久模式配置的防火墙策略规则立即生效？

6. 使用 SNAT 技术的目的是什么？

项目11
配置与管理代理服务器

项目导入

某高校组建了校园网，并且已经架设了配置有 Web、FTP、DNS、DHCP、Mail 等功能的服务器来为校园网用户提供服务，现有如下问题需要解决。

（1）需要架设防火墙以实现校园网的安全。

（2）由于校园网使用的是私有地址，所以需要转换网络地址，使校园网中的用户能够访问互联网。

该项目实际上是由 Linux 的防火墙与代理服务器 firewalld 和 squid 来完成的，通过部署 firewalld、NAT、squid，就能够解决上述问题。项目 10 已经完成了 firewalld、NAT 的学习，现在来学习关于代理服务器的知识。

职业能力目标和要求

• 了解代理服务器的基本知识。	• 掌握 Squid 代理服务器的配置。

素养提示

• 国产操作系统的未来前途光明！只有瞄准核心科技埋头攻关，才能为高质量发展和国家信息产业安全插上腾飞的"翅膀"。	• "少壮不努力，老大徒伤悲。""劝君莫惜金缕衣，劝君惜取少年时。"青少年学生要珍惜时间。

11.1 项目知识准备

11-1 微课

配置与管理代理
服务器

代理服务器（proxy server）类似于内网与 Internet 间的"桥梁"。普通的 Internet 访问是一个典型的客户端与服务器结构：用户利用计算机上的客户端程序（如浏览器）发出请求，远端 Web 服务器程序响应请求并返回相应的数据。代理服务器处于客户端与服务器之间，对于服务器来说，代理服务器是客户端，代理服务器提出请求，服务器响应；对于客户端来说，代理服务器是服务器，它接收客户端的请求，并将服务器上传的数据转给客户端。代理服务器的作用如同现实生活中的代理服务商。

11.1.1　代理服务器的工作原理

当客户端在浏览器中设置好代理服务器后，所有使用浏览器访问 Internet 站点的请求都不会直接发送给目的主机，而是首先发送至代理服务器，代理服务器接收到客户端的请求以后，由代理服务器向目的主机发出请求，并接收目的主机返回的数据，将其存放在代理服务器的缓存中，然后由代理服务器将客户端请求的数据转发给客户端。代理服务器的工作原理如图 11-1 所示。

图 11-1　代理服务器的工作原理

① 当客户端 A 对 Web 服务器提出请求时，此请求会首先发送到代理服务器。
② 代理服务器接收到客户端 A 的请求后，会检查缓存中是否存有客户端 A 需要的数据。
③ 如果代理服务器的缓存中没有客户端 A 请求的数据，则它将向 Web 服务器提交请求。
④ Web 服务器响应请求，返回数据。
⑤ 代理服务器从 Web 服务器获取数据后，将其保存至本地的缓存，以备以后查询使用。
⑥ 代理服务器向客户端 A 转发 Web 服务器返回的数据。
⑦ 客户端 B 访问 Web 服务器，向代理服务器发出请求。
⑧ 代理服务器查找缓存记录，确认其中已经存在 Web 服务器的相关数据。
⑨ 代理服务器直接回应查询的数据，而不需要再去 Web 服务器查询，从而节约网络流量，提高访问速度。

11.1.2　代理服务器的作用

代理服务器的作用如下。

（1）提高访问速度。因为客户端需要的数据存于代理服务器的硬盘中，因此下次这个客户端或其他客户端再要求相同目的站点的数据时，可以直接从代理服务器的硬盘中读取，代理服务器起到了缓存的作用，提高了访问速度。热门站点有很多客户端访问时，代理服务器的优势更为明显。

（2）限制用户访问。因为所有使用代理服务器的用户都必须通过代理服务器访问远程站点，所以在代理服务器上可以设置相应的限制，以过滤或屏蔽某些信息。这是局域网网关限制局域网用户访问范围常用的办法，也是局域网用户不能浏览某些网站的原因。拨号用户如果使用代理服务器，则同样必须服从代理服务器的访问限制。

（3）提高安全性。无论是聊天还是浏览网站，目的站点都只能知道使用的代理服务器的相关信息，而无法得知客户端的真实 IP 地址，这就使得用户的安全性得到提高。

11.2 项目设计与准备

11.2.1 项目设计

如何连接内网与 Internet？代理服务器将是很好的选择，它能够解决内网访问 Internet 的问题并提供访问的优化和控制功能。

本项目在装有企业版 Linux 网络操作系统的服务器上安装 squid 代理服务器。

11.2.2 项目准备

部署 squid 代理服务器应满足下列需求。

（1）安装好的企业版 Linux 网络操作系统，并且必须保证常用服务正常工作。客户端使用 Linux 或 Windows 网络操作系统。服务器和客户端能够通过网络进行通信。

（2）或者利用虚拟机设置网络环境。如果模拟互联网的真实情况，则需要 3 台虚拟机。Linux 服务器和客户端配置信息如表 11-1 所示。

表 11-1　Linux 服务器和客户端配置信息

主机名	操作系统	IP 地址	角　色
内网服务器：Server01	RHEL 8	192.168.10.1（VMnet1）	Web 服务器、firewalld
Squid 代理服务器：Server02	RHEL 8	IP 地址 1：192.168.10.20（VMnet1） IP 地址 2：202.112.113.112（VMnet8）	firewalld、squid
外网 Linux 客户端：Client1	RHEL 8	202.112.113.113（VMnet8）	Web 服务器、firewalld

11.3 项目实施

任务 11-1　安装、启动、停止与随系统启动 squid 服务

对于 Web 用户来说，squid 是一个高性能的代理服务器，可以加快内网浏览 Internet 的速度，提高客户端的访问命中率。squid 不仅支持 HTTP，还支持 FTP、gopher、安全套接字层（Secure Socket Layer，SSL）和广域信息服务（Wide Area Information Service，WAIS）等协议。和一般的代理服务器不同，squid 用一个单独的、非模块化的 I/O 驱动的进程来处理所有的客户端请求。

1. squid 软件包与常用配置项

（1）squid 软件包

- 软件包名：squid。
- 服务名：squid。
- 主程序：/usr/sbin/squid。
- 配置目录：/etc/squid/。
- 主配置文件：/etc/squid/squid.conf。
- 默认监听端口：TCP 3128。
- 默认访问日志文件：/var/log/squid/access.log。

（2）常用配置项

- http_port 3128。
- access_log /var/log/squid/access.log。
- visible_hostname proxy.example.com。

2. 安装、启动、停止 squid 服务（在 Server02 上安装）

```
[root@Server02 ~]# rpm -qa |grep squid
[root@Server02 ~]# mount /dev/cdrom /media
[root@Server02 ~]# dnf clean all                    #安装前先清除缓存
[root@Server02 ~]# dnf install squid -y
[root@Server02 ~]# systemctl start squid            #启动 squid 服务
[root@Server02 ~]# systemctl enable squid           #开机自动启动
```

任务 11-2 配置 squid 服务器

squid 服务的主配置文件是/etc/squid/squid.conf，用户可以根据自己的实际情况修改相应的选项。

1. 几个常用的参数

与之前配置的服务程序大致类似，squid 服务程序的配置文件也存放在/etc 目录下一个以服务名称命名的目录中。表 11-2 所示为常用的 squid 服务程序配置参数及其作用。

表 11-2 常用的 squid 服务程序配置参数及其作用

参　数	作　用
http_port 3128	设置监听的端口为 3128
cache_mem 64M	设置内存缓冲区的大小为 64MB
cache_dir ufs /var/spool/squid 2000 16 256	设置硬盘缓存大小为 2000MB，缓存目录为/var/spool/squid，一级子目录 16 个，二级子目录 256 个
cache_effective_user squid	设置缓存的有效用户
cache_effective_group squid	设置缓存的有效用户组
dns_nameservers [IP 地址]	一般不设置，而是用服务器默认的 DNS 地址
cache_access_log /var/log/squid/access.log	访问日志文件的保存路径
cache_log /var/log/squid/cache.log	缓存日志文件的保存路径
visible_hostname www.smile60.cn	设置 squid 服务器的名称

2. 设置 ACL

squid 代理服务器是 Web 客户端与 Web 服务器之间的中介，它能实现访问控制，决定哪一台计算机可以访问 Web 服务器以及如何访问。squid 服务器通过检查具有控制信息的主机和域的 ACL 来决定是否允许某计算机访问。ACL 是控制客户的主机和域的列表。使用 acl 命令可以定义 ACL，该命令可在控制项中创建标签。用户可以使用 http_access 等命令定义这些控制功能，可以基于多种 acl 选项（如源 IP 地址、域名、时间和日期等）来使用 acl 命令定义系统或者系统组。

（1）acl 命令

acl 命令的格式如下。

```
acl   列表名称    列表类型   [-i]   列表值
```

其中，列表名称用于区分 squid 的各个 ACL，任何两个 ACL 都不能用相同的列表名称。一般来说，为了便于区分列表的含义，应尽量使用意义明确的列表名称。

列表类型用于定义可被 squid 识别的类型，如 IP 地址、主机名、域名、日期和时间等类型。ACL 列表类型及说明如表 11-3 所示。

表 11-3 ACL 列表类型及说明

ACL 列表类型	说　　明
src ip-address/netmask	客户端源 IP 地址和子网掩码
src addr1-addr4/netmask	客户端源 IP 地址范围
dst ip-address/netmask	客户端目标 IP 地址和子网掩码
myip ip-address/netmask	本地套接字 IP 地址
srcdomain domain	源域名（客户端所属的域）
dstdomain domain	目的域名（Internet 中的服务器所属的域）
srcdom_regex expression	对源 URL 进行正则表达式匹配
dstdom_regex expression	对目的 URL 进行正则表达式匹配
time	指定时间。用法：acl aclname time [day-abbrevs] [h1:m1-h2:m2] 其中 day-abbrevs 可以为 S(Sunday)、M(Monday)、T(Tuesday)、W(Wednesday)、H(Thursday)、F(Friday)、A(Saturday) 注意，h1:m1 一定要比 h2:m2 小
port	指定连接端口，如 acl SSL_ports port 443
Proto	指定使用的通信协议，如 acl allowprotolist proto HTTP
url_regex	设置 URL 规则匹配表达式
urlpath_regex:URL-path	设置略去协议和主机名的 URL 规则匹配表达式

更多的 ACL 列表类型可以查看 squid.conf 文件。

（2）http_access 命令

http_access 命令用于设置允许或拒绝某个 ACL 的访问请求。格式如下。

```
http_access  [allow|deny]  ACL 的名称
```

squid 服务器在定义 ACL 后，会根据 http_access 的规则允许或禁止满足一定条件的客户端的访问请求。

【例 11-1】拒绝所有客户端的请求。

```
acl  all  src  0.0.0.0/0.0.0.0
http_access deny  all
```

【例 11-2】禁止 IP 地址为 192.168.1.0/24 的用户上网。

```
acl  client1  src  192.168.1.0/255.255.255.0
http_access  deny  client1
```

【例 11-3】禁止用户访问域名为 www.***.com 的网站。

```
acl  baddomain  dstdomain  www.***.com
http_access  deny  baddomain
```

【例 11-4】禁止 IP 地址为 192.168.1.0/24 的用户在周一到周五的 9:00—18:00 上网。

```
acl  client1  src  192.168.1.0/255.255.255.0
acl  badtime  time  MTWHF  9:00-18:00
http_access deny  client1  badtime
```

【例 11-5】禁止用户下载*.mp3、*.exe、*.zip 和*.rar 类型的文件。

```
acl  badfile  urlpath_regex  -i  \.mp3$  \.exe$  \.zip$  \.rar$
http_access  deny  badfile
```

【例 11-6】屏蔽 www. ***.gov 站点。

```
acl  badsite  dstdomain  -i  www.***.gov
http_access  deny  badsite
```

–i 表示忽略字母大小写，默认情况下 squid 是区分大小写的。

【例 11-7】屏蔽所有包含"sex"的 URL 路径。

```
acl  sex  url_regex  -i  sex
http_access  deny  sex
```

【例 11-8】禁止访问 22、23、25、53、110、119 这些危险端口。

```
acl  dangerous_port  port  22  23  25  53  110  119
http_access  deny  dangerous_port
```

如果不确定哪些端口具有危险性，则也可以采取更为保守的方法，那就是只允许访问安全的端口。
默认的 squid.conf 包含下面的安全端口 ACL。

```
acl  safe_port1   port  80              #http
acl  safe_port2   port  21              #ftp
acl  safe_port3   port  443 563         #https,snews
acl  safe_port4   port  70              #gopher
acl  safe_port5   port  210             #wais
acl  safe_port6   port  1025-65535      #unregistered  ports
acl  safe_port7   port  280             #http-mgmt
acl  safe_port8   port  488             #gss-http
acl  safe_port9   port  591             #filemaker
acl  safe_port10  port  777             #multiling  http
acl  safe_port11  port  210             #waisp
http_access  deny  !safe_port1
http_access  deny  !safe_port2
      ......
http_access  deny  !safe_port11
```

http_access deny !safe_port1 表示拒绝所有非 safe_ports 列表中的端口。这样设置后，
系统的安全性得到了进一步保障。其中"!"表示取反。

注意　由于 squid 是按照顺序读取 ACL 的，因此合理安排各个 ACL 的顺序至关重要。

11.4　企业实战与应用

利用 squid 和 NAT 功能可以实现透明代理。透明代理是指客户端不需要知道代理服务器的存在，客户端也不需要在浏览器或其他的客户端中做任何设置，只需要将默认网关设置为 Linux 服务器的 IP 地址即可（内网 IP 地址）。

11.4.1　企业环境和需求

透明代理服务的典型应用环境如图 11-2 所示。

角色：squid代理服务器、防火墙
主机名：Server02
操作系统：RHEL 8
接入Internet的
IP地址：
202.112.113.112/24

内网的IP地址：
192.168.10.20/24

角色：允许Internet访问的Web
服务器、firewall
主机名：Server01
IP地址：192.168.10.1/24
网关：192.168.10.20
操作系统：RHEL 8

角色：Internet 上的Web
服务器、firewall
主机名：Client1
操作系统：RHEL 8
IP地址：202.112.113.113/24
网　关：202.112.113.113

图 11-2　透明代理服务的典型应用环境

企业需求如下。

（1）客户端在设置代理服务器地址和端口的情况下能够访问互联网上的 Web 服务器。

（2）客户端不需要设置代理服务器地址和端口就能够访问互联网上的 Web 服务器，即透明代理。

（3）为 Server02 配置代理服务，内存为 2GB，硬盘为 SCSI 硬盘，容量为 200GB，硬盘缓存为 10GB，要求所有客户端都可以上网。

11.4.2　手动设置代理服务器解决方案

1．部署环境

（1）在 Server02 上安装双网卡。

具体方法参见 10.4.2 小节的相关内容。编者的计算机的第 1 块网卡是 ens160，第 2 块网卡系统自动命名为 ens224。

（2）配置 IP 地址、网关等信息。

本实训由 3 台 Linux 虚拟机组成，请按要求进行 IP 地址、网关等信息的设置：一台是 squid 代理服务器（Server02），双网卡（IP 地址 1 为 192.168.10.20/24，网络连接方式为 VMnet1；IP 地址 2 为 202.112.113.112/24，网络连接方式为 VMnet8）；一台是安装 Linux 操作系统的 squid 客户端（Server01，IP 地址为 192.168.10.1/24，网关为 192.168.10.20，网络连接方式为

VMnet1）；还有一台是互联网上的 Web 服务器，也安装了 Linux（IP 地址为 202.112.113.113，网络连接方式为 VMnet8）。

请读者注意各网卡的网络连接方式是 VMnet1 还是 VMnet8。各网卡的 IP 地址信息可以使用 10.4 节介绍的方法永久设置，后面的实训也会沿用。

① 在 Server01 上设置 IP 地址等信息（方法参照项目 6）。

② 在 Client1 上安装 httpd 服务，让防火墙放行 httpd 服务，并测试默认网络配置是否成功。

```
[root@Client1 ~]# mount /dev/cdrom  /media        #挂载安装光盘
[root@Client1 ~]# dnf clean all
[root@Client1 ~]# dnf install httpd -y            #安装 httpd 服务
[root@Client1 ~]# systemctl start httpd
[root@Client1 ~]# systemctl enable httpd
[root@Client1 ~]# systemctl start firewalld
[root@Client1 ~]# firewalld-cmd --permanent --add-service=http #让防火墙放行 httpd 服务
[root@Client1 ~]# firewalld-cmd --reload
[root@Client1 ~]# firefox 202.112.113.113              #测试 Web 服务器配置是否成功
```

 注意 Client1 的网关不需要设置，或者设置为自身的 IP 地址（202.112.113.113）。

2. 在 Server02 上安装 squid 服务（前面已安装），配置 squid 服务（行号为大致位置）

```
[root@Server02 ~]# vim /etc/squid/squid.conf
......
55 acl localnet src 192.0.0.0/8
56 http_access allow localnet
57 http_access deny all
#上面 3 行的意思是，定义 192.0.0.0 的网络为 localnet，允许访问 localnet，其他都被拒绝
64 http_port 3128
67 cache_dir ufs /var/spool/squid 10240 16 256
#设置硬盘缓存大小为 10GB，目录为/var/spool/squid，一级子目录 16 个，二级子目录 256 个
68 visible_hostname Server02
[root@Server02 ~]# systemctl start squid
[root@Server02 ~]# systemctl enable squid
```

3. 在 Linux 客户端 Server01 上测试代理设置是否成功

① 打开 Firefox 浏览器，配置代理服务器。在浏览器中按"Alt"键调出菜单，单击"编辑"→"首选项"→"网络"→"设置"，打开"连接设置"对话框，单击"手动代理配置"单选按钮，将 HTTP 代理地址设为"192.168.10.20"，端口设为"3128"，同时勾选"为所有协议使用相同代理服务器"复选框，如图 11-3 所示。设置完成后单击"确定"按钮退出。

② 在浏览器地址栏中输入 http://202.112.113.113，按"Enter"键，出现图 11-4 所示的不能正常连接界面。

4. 排除故障

① 解决方案：在 Server02 上设置防火墙，当然也可以停用全部防火墙。

```
[root@Server02 ~]# firewalld-cmd --permanent --add-service=squid
[root@Server02 ~]# firewalld-cmd --permanent --add-port=80/tcp
[root@Server02 ~]# firewalld-cmd --reload
[root@Server02 ~]# netstat -an |grep :3128                #3128 端口正常监听
tcp6      0      0 :::3128            :::*                 LISTEN
```

图 11-3　在 Firefox 中配置代理服务器

图 11-4　不能正常连接界面

② 在 Server01 的浏览器地址栏中输入 http://202.112.113.113，按"Enter"键，出现图 11-5 所示的成功浏览界面。

图 11-5　成功浏览界面

特别提示　设置服务器一要考虑 firewalld 防火墙，二要考虑管理布尔值（SELinux）。

5. 在 Linux 服务器 Server02 上查看日志文件

```
[root@Server02 ~]# vim /var/log/squid/access.log
  532869125.169      5 192.168.10.1 TCP_MISS/403 4379 GET http:#202.112.113.113/ -
HIER_DIRECT/202.112.113.113 text/html
```

思考　Web 服务器 Client1 上的日志文件 var/log/messages 中有何记录？读者不妨查阅该日志文件。

11.4.3 客户端不需要配置代理服务器的解决方案

（1）在 Server02 上配置 squid 服务，前文开放 squid 防火墙和端口的内容仍适用于本任务。

① 修改 squid.conf 配置文件，在"http_port 3128"下面增加如下内容并重新加载该配置。

```
[root@Server02 ~]# vim  /etc/squid/squid.conf
64 http_port 3128
64 http_port 3129 transparent
[root@Server02 ~]# systemctl restart squid
[root@Server02 ~]# netstat -an |grep :3128          #查看端口是否启动监听，很重要
tcp6        0      0 :::3128              :::*                    LISTEN
[root@Server02 ~]# netstat -an |grep :3129          #查看端口是否启动监听，很重要
tcp6        0      0 :::3129              :::*                    LISTEN
```

特别说明 3128 端口默认必须启动，因此不能用作透明代理端口！透明代理端口要单独设置，本例为 3129。

② 添加 firewalld 规则，将 TCP 端口为 80 的访问直接转向 3129 端口。重启防火墙和 squid。

```
[root@Server02 ~]# firewalld-cmd --permanent --add-forward-port=port=80:proto=tcp:
toport=3129
success
[root@Server02 ~]# firewalld-cmd --reload
[root@Server02 ~]# systemctl restart squid
```

（2）在 Linux 客户端 Server01 上测试代理设置是否成功。

① 打开 Firefox 浏览器，配置代理服务器。在浏览器中按"Alt"键调出菜单，依次单击"编辑"→"首选项"→"高级"→"网络"→"设置"，打开"连接设置"对话框，单击"无代理"，将代理服务器设置清空。

② 设置 Server01 的网关为 192.168.10.20。（删除网关命令是将 add 改为 del。）

```
[root@Server01 ~]# route add default gw 192.168.10.20          #网关一定要设置
```

③ 在 Server01 的浏览器地址栏中输入 http://202.112.113.113，按"Enter"键，显示测试成功。

（3）在 Web 服务器 Client1 上查看日志文件。

```
[root@Client1 ~]# vim /var/log/httpd/access_log
202.112.113.112 - - [28/Jul/2018:23:17:15 +0800] "GET /favicon.ico HTTP/1.1" 404
209 "-" "Mozilla/5.0 (X11; Linux x86_64; rv:52.0) Gecko/20100101 Firefox/52.0"
```

注意 RHEL 8 的 Web 服务器日志文件是/var/log/httpd/access_log，RHEL 6 中的 Web 服务器的日志文件是/var/log/httpd/access.log。

（4）初学者可以在 firewalld 的图形界面设置前文的端口转发规则，如图 11-6 所示。

```
[root@Server02 ~]# firewalld-config                    #需要用 DNF 先安装该软件
```

图 11-6　在 firewalld 的图形界面设置端口转发规则

11.4.4　反向代理的解决方案

1. 使用反向代理

客户端要访问内网 Server01 的 Web 服务器，可以使用反向代理。

（1）在 Server01 上安装、启动 httpd 服务，并设置防火墙让该服务通过。

```
[root@Server01 ~]# dnf install httpd -y
[root@Server01 ~]# systemctl start firewalld
[root@Server01 ~]# firewalld-cmd --permanent --add-service=http
[root@Server01 ~]# firewalld-cmd --reload
[root@Server01 ~]# systemctl start httpd
[root@Server01 ~]# systemctl enable httpd
```

（2）在 Server02 上配置反向代理（特别注意 acl 等前 3 条命令，意思是先定义一个 localnet 网络，其网络 ID 是 202.0.0.0，后面再允许该网段访问，其他网段拒绝访问）。

```
[root@Server02 ~]# firewalld-cmd --permanent --add-service=squid
[root@Server02 ~]# firewalld-cmd --permanent --add-port=80/tcp
[root@Server02 ~]# firewalld-cmd --reload

[root@Server02 ~]# vim  /etc/squid/squid.conf
55 acl localnet src 202.0.0.0/8
56 http_access allow localnet
59 http_access deny all
64 http_port  202.112.113.112:80  vhost
65 cache_peer 192.168.10.1 parent 80 0 originserver weight=5 max_conn=30
[root@Server02 ~]# systemctl restart squid
```

（3）在 Client1 上进行测试（浏览器的代理服务器设为"No proxy"）。

```
[root@Client1 ~]# firefox 202.112.113.112
```

2. 几种错误的解决方案（以反向代理为例）

（1）如果防火墙设置不好，就会出现图 11-7 所示的不能正常连接界面。

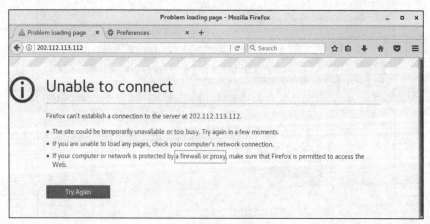

图 11-7　不能正常连接界面

解决方案：在 Server02 上设置防火墙，当然也可以停用全部防火墙（firewalld 防火墙默认是开启状态，停用防火墙的命令是 systemctl　stop　firewalld）。

```
[root@Server02 ~]# firewalld-cmd --permanent --add-service=squid
[root@Server02 ~]# firewalld-cmd --permanent --add-port=80/tcp
[root@Server02 ~]# firewalld-cmd --reload
```

（2）ACL 设置不对可能会出现图 11-8 所示的不能被检索界面。

图 11-8　不能被检索界面

解决方案：在 Server02 上的配置文件中增加或修改如下语句。

```
[root@Server02 ~]# vim  /etc/squid/squid.conf
acl localnet src 202.0.0.0/8
http_access allow localnet
http_access deny all
```

> **特别说明**　防火墙是非常重要的保护工具，许多网络故障都是防火墙配置不当引起的，需要读者理解清楚。为了后续实训不受此影响，可以在完成本次实训后，重新恢复原来的初始安装备份。

11.5　拓展阅读　国产操作系统"银河麒麟"

你了解国产操作系统银河麒麟 V10 吗？它的深远影响是什么？

国产操作系统银河麒麟 V10 面世引发了业界和公众关注。这一操作系统不仅可以充分适应"5G时代"需求，其独创的 kydroid 技术还支持海量安卓应用，将 300 万余款安卓适配软硬件无缝迁移到国产平台。银河麒麟 V10 作为国内安全等级最高的操作系统，是首款实现具有内生安全体系的操作系统，有能力成为承载国家基础软件的安全基石。

银河麒麟 V10 的推出，让人们看到了国产操作系统与日俱增的技术实力和不断攀登科技高峰的坚实脚步。

核心技术从不是别人给予的，必须依靠自主创新。从 2019 年 8 月华为发布自主操作系统鸿蒙，到 2020 年银河麒麟 V10 面世，我国操作系统正加速走向独立创新的发展新阶段。当前，麒麟操作系统在海关、交通、统计、农业等很多部门得到规模化应用，采用这一操作系统的机构和企业已经超过 1 万家。这一数字证明，麒麟操作系统已经获得了市场一定程度的认可。只有坚持开放兼容，让操作系统与更多产品适配，才能推动产品性能更新迭代，让用户拥有更好的使用体验。

操作系统的自主发展是一项重大而紧迫的课题。实现核心技术的突破，需要多方齐心合力、协同攻关，为创新创造营造更好的发展环境。只有瞄准核心科技埋头攻关，才能为高质量发展和国家信息产业安全插上腾飞"翅膀"。

11.6　管理 Linux 文件权限

11-2 慕课

项目实录　配置与管理 squid 代理服务器

为了后续实训正常进行，将《Linux 网络操作系统项目教程（RHEL 8/CentOS 8）（第 4 版）》（人民邮电出版社出版）教材中的管理 Linux 文件权限的内容分享给读者，读者可以扫描二维码下载 PDF 文档，也可以扫描二维码观看管理 Linux 文件权限的视频。

11.7　项目实训　配置与管理代理服务器

1. 视频位置

实训前请扫描二维码，观看"项目实录　配置与管理 squid 代理服务器"。

2. 项目背景

代理服务器的典型应用环境如图 11-9 所示。企业用 squid 作为代理服务器（内网 IP 地址为192.168.1.1），企业所用 IP 地址段为 192.168.1.0/24，并且用 8080 作为代理端口。

3. 项目要求

（1）客户端在设置代理服务器地址和端口的情况下能够访问互联网上的 Web 服务器。

（2）客户端不需要设置代理服务器地址和端口就能够访问互联网上的 Web 服务器，即透明代理。

（3）配置反向代理，并测试。

图 11-9　代理服务器的典型应用环境

4. 做一做

根据项目实录进行项目实训，检查学习效果。

11.8　练习题

一、填空题

1. 代理服务器（proxy server）类似于内网与_____的"桥梁"。

2. 普通的 Internet 访问是一个典型的_____结构：用户利用计算机上的客户端程序（如浏览器）发出请求，远端 Web 服务器程序响应请求并提供相应的数据。

3. 代理服务器处于客户端与服务器之间，对于服务器来说，代理服务器是_____，代理服务器提出请求，服务器响应；对于客户端来说，代理服务器是_____，它接收客户端的请求，并将服务器上传的数据转给_____。

4. 当客户端在浏览器中设置好代理服务器后，所有使用浏览器访问 Internet 站点的请求都不会直接发送给_____，而是首先发送至_____。

二、简答题

1. 简述代理服务器的工作原理和作用。

2. 配置透明代理的目的是什么？如何配置透明代理？

学习情境五（电子活页视频一）
服务器配置与管理

X-1 慕课

项目实录 配置
远程管理

X-2 慕课

项目实录 配置
与管理 NFS
服务器

X-3 慕课

项目实录 配置
与管理 samba
服务器

X-4 慕课

项目实录 配置
与管理 chrony
服务器

X-5 慕课

项目实录 配置
与管理 DHCP
服务器

X-6 慕课

项目实录 配置
与管理 DNS
服务器

X-7 慕课

项目实录 配置
与管理 Web
服务器

X-8 慕课

项目实录 配置
与管理 FTP
服务器

X-9 慕课

项目实录 配置
与管理 VPN
服务器

X-10 慕课

项目实录 配置
与管理电子邮件
服务器

运筹策帷帐之中，决胜于千里之外。
——《史记·高祖本纪》

学习情境六（电子活页视频二）

系统安全与故障排除

XI-1 慕课

项目实录 进程
管理与系统监视

XI-2 慕课

项目实录 配置
网络和 firewall
防火墙

XI-3 慕课

项目实录
OpenSSL 及
证书服务

XI-4 慕课

项目实录 配置
与管理 Web 服务
器（SSL）—1

XI-5 慕课

项目实录 配置
与管理 Web 服务
器（SSL）—2

XI-6 慕课

项目实录 使用
Cyrus-SASL 实
现 SMTP 认证

XI-7 慕课

项目实录 实现
邮件 TLS-SSL
加密通信

XI-8 慕课

项目实录 安装
Linux Nginx
MariaDB PHP
（LEMP）

XI-9 慕课

项目实录 排除
系统和网络故障

千丈之堤，以蝼蚁之穴溃；百尺之室，以突隙之烟焚。

——《韩非子·喻老》

学习情境七（电子活页视频三）
拓展与提高

XII-1 慕课
项目实录
使用 vim
编辑器

XII-2 慕课
项目实录
实现 shell
编程

XII-3 慕课
项目实录 配置
与管理 NFS
服务器

XII-4 慕课
项目实录 配置
与管理 squid 代理
服务器

XII-5 慕课
项目实录 配置
与管理 chrony
服务器

XII-6 慕课
项目实录
配置远程
管理

XII-7 慕课
项目实录 配置
与管理电子邮件
服务器

XII-8 慕课
项目实录 安装
Linux+Nginx+MariaDB
+PHP（LMMP）

吾尝终日而思矣，不如须臾之所学也。
——《荀子·劝学》

参 考 文 献

[1] 杨云，林哲. Linux 网络操作系统项目教程（RHEL 8/CentOS 8）（微课版）[M]. 4 版. 北京：人民邮电出版社，2022.

[2] 杨云. RHEL 7.4 & CentOS 7.4 网络操作系统详解[M]. 2 版. 北京：清华大学出版社，2019.

[3] 杨云，唐柱斌. 网络服务器搭建、配置与管理——Linux 版（微课版）[M]. 4 版. 北京：人民邮电出版社，2022.

[4] 杨云，戴万长，吴敏. Linux 网络操作系统与实训[M]. 4 版. 北京：中国铁道出版社有限公司，2020.

[5] 赵良涛，姜猛，肖川，等. Linux 服务器配置与管理项目教程（微课版）[M]. 北京：中国水利水电出版社，2019.

[6] 鸟哥. 鸟哥的 Linux 私房菜 基础学习篇[M]. 4 版. 北京：人民邮电出版社，2018.

[7] 刘遄. Linux 就该这么学[M]. 北京：人民邮电出版社，2017.

[8] 刘晓辉，张剑宇，张栋. 网络服务搭建、配置与管理大全（Linux 版）[M]. 北京：电子工业出版社，2009.

[9] 陈涛，张强，韩羽. 企业级 Linux 服务攻略[M]. 北京：清华大学出版社，2008.

[10] 曹江华. Red Hat Enterprise Linux 5.0 服务器构建与故障排除[M]. 北京：电子工业出版社，2008.

[11] 夏栋梁，宁菲菲. Red Hat Enterprise Linux 8 系统管理实战[M]. 北京：清华大学出版社，2020.

[12] 鸟哥. 鸟哥的 Linux 私房菜——服务器架设篇 [M]. 3 版. 北京：机械工业出版社，2012.